W0046455

ullstein

Das Buch

Gesa Neitzel wagt sich von Berlin in den Busch, um eine Ausbildung zur Safari-Rangerin zu machen. Das bedeutet: fast ein Jahr in einfachen Zeltlagern übernachten, ohne Internet, ohne Badezimmer, ohne Türen – dafür aber mit Zebras, Erdferkeln und Skorpionen.

Wie schlägt sich eine junge Frau in dieser fremden Welt? Kann sie sich auf ihre Instinkte verlassen? Funktionieren die eigentlich noch?

Die frisch gebackene Rangerin hat ihre Entscheidung keine Sekunde bereut – denn sie hätte sich nie träumen lassen, was Stachelschweinspuren über das Leben lehren und wie glücklich Nächte am Lagerfeuer machen können.

Die Autorin

Gesa Neitzel, Jahrgang 1987, ist eigentlich Fernsehredakteurin, bereist aber am liebsten mit Rucksack und Notizbuch die Welt. 2015 hat sie sich in Südafrika zur Rangerin ausbilden lassen. Wenn sie nicht gerade im Busch Elefanten beobachtet, schreibt sie auf wonderfulwild.com über ihre Abenteuer.

Gesa Neitzel

FRÜHSTÜCK
MIT ELEFANTEN

Als Rangerin in Afrika

Ullstein

Besuchen Sie uns im Internet:
www.ullstein-buchverlage.de

Ungekürzte Ausgabe im Ullstein Taschenbuch
1. Auflage September 2018
© Ullstein Buchverlage GmbH, Berlin 2016 / Ullstein extra
Umschlaggestaltung: zero-media.net, München, nach einer Vorlage von
Fabian Sixtus Körner, Berlin
Titelabbildung und Innenabbildungen: © Gesa Neitzel
Karte: © Peter Palm, Berlin
Satz: L42 AG, Berlin
Gesetzt aus der Albertina MT Pro
Druck und Bindearbeiten: CPI books GmbH, Leck
ISBN 978-3-548-37734-6

Vorbemerkung

Dieser Text basiert auf meinen eigenen Erlebnissen während meiner Ausbildung zur Rangerin im südlichen Afrika. Um zu erzählen, was ich in dieser Zeit erlebt habe, habe ich einige Ereignisse zu einer einzigen Episode zusammengefasst. Ich habe mir die größte Mühe gegeben, die Gespräche, die ich in diesem Jahr geführt habe, wahrheitsgemäß aufzuschreiben. Die Safari-Welt ist ein winzig kleiner Kosmos, in dem jeder jeden kennt. Die Schauplätze meines Abenteuers sind reale Orte, die ich besucht habe. Mit Rücksicht auf ihre Privatsphäre habe ich viele der Namen und Charakterzüge der beschriebenen Personen verändert. Ähnlichkeiten mit real existierenden Personen sind demnach rein zufällig und unbeabsichtigt.

Das hier ist meine persönliche Geschichte, und sie erzählt davon, was geschehen ist, aus meiner Sicht. Ich habe versucht, so authentisch und ehrlich wie möglich zu sein. Ich hoffe, es ist mir gelungen.

Für meine Familie –
meinen unerschütterlichen Kompass,
egal wohin ich gehe.

Inhalt

Prolog

Der Elefantenbulle schlendert auf mich zu, den Rüssel zwischen den Vorderbeinen baumelnd. Eine Rinnspur läuft von seiner Schläfe hinunter in den Mundwinkel. Er ist in der Musth – der Phase, in der Elefantenbullen einen ordentlichen Testosteronschub bekommen und aggressiv werden können, wenn sie keine paarungswillige Elefantenkuh finden. In ihrer Frustration stoßen sie dann schon mal ganze Bäume um und können durchaus gereizt reagieren – auf eine Gruppe von Menschen, die sich im Gebüsch versteckt.

Die Gruppe von Menschen im Gebüsch, das sind wir – fünf Schüler und Alan, unser Mentor. Ganz vorne an der Spitze hocke ich. Denn heute bin ich an der Reihe, meine Mitschüler durch den afrikanischen Busch zu führen. In meiner Hand halte ich ein Gewehr, Kaliber .375. Das ist in diesem Fall aber höchstens als Schlagstock zu gebrauchen. Es ist nicht geladen. Schüler dürfen erst nach Ablegen ihrer Schießprüfung scharfe Munition bei sich tragen. Und die steht mir noch bevor.

Der Bulle ist jung, vielleicht Anfang 20. Sein Schwanz schwingt entspannt hin und her, er hat keine Ahnung, dass wir hier sind, macht einen gemütlichen Nachmittagsspaziergang. Von Gemütlichkeit ist bei mir nichts zu spüren. Die späte Nachmittagssonne steht tief am Horizont und blendet mich,

ich kann kaum fünf Meter weit sehen. Nicolas, unser Back-up-Guide – *sein* Gewehr ist geladen –, zischt aufgeregt »Pssst!« und gestikuliert mir, ich solle doch besser mal nach vorne schauen. Wem schon einmal das Herz in die Hose gerutscht ist, der wird sich ungefähr vorstellen können, wie es mir ergeht, als ich den Bullen direkt auf mich zumarschieren sehe. Jetzt muss ich schnell handeln. Ich deute den anderen, mir zu folgen. Als wir uns bewegen, knistert das Laub unter unseren Füßen. Wir stehen ausgerechnet unter einem Regenbaum, bekannt für seine äußerst trockenen Blätter. Dass der Elefant uns noch nicht gehört hat, grenzt an ein Wunder. Es gibt keinen Fluchtweg für meine Gruppe, wir können nur hier warten. Der Bulle ist weniger als zehn Meter entfernt und macht keinerlei Anstalten, eine andere Richtung einzuschlagen.

Wir hocken uns nieder. Der Elefant schlendert weiter. Ich werfe eine mit Asche gefüllte Socke in die Luft, fange sie wieder auf und teste so den Wind. Wenigstens der steht zu unseren Gunsten. Als ich wieder in Richtung Elefant blicke, muss ich meinen Kopf schon in den Nacken legen. Er ist keine fünf Meter mehr von mir entfernt. Alan raschelt mit seinem Wanderstab im Laub, um dem Elefanten zu signalisieren, dass wir hier sind. Und jetzt hat er uns endlich auch bemerkt. Blitzschnell vergrößern sich seine Augen und er hebt seinen Kopf, um einen näheren Blick auf das zu werfen, was da im Busch vor ihm hockt. Er schaut auf mich hinab. Jetzt liegt es an ihm. Er muss entscheiden, was er aus dieser Situation machen will. Noch nie habe ich mich so klein gefühlt, so wehrlos. Und während ich dem wilden Tier in die Augen sehe, frage ich mich, wie um alles in der Welt ich bloß hier gelandet bin.

1.

Halleluja, Berlin?

Meine Geschichte beginnt in Berlin. In der Stadt, die ich seit zehn Jahren mein Zuhause nenne. Ich sitze in der S-Bahn, auf dem Weg zur Arbeit. Tatsächlich bin ich bereits zwei Stationen zu weit gefahren, ohne es zu bemerken. Das passiert mir öfter. Die Kopfhörer in den Ohren und einen verschwommenen Ausdruck in den Augen, schlürfe ich jeden Morgen gegen halb zehn meinen Coffee to go und krümele meine Jacke mit Blätterteigsplittern vom Croissant voll, während ich von einem Leben träume, in dem es keine Station gibt, an der ich wieder und wieder aussteigen muss.

Ich wollte schon immer weg. Raus. Frei sein. Das steckt so in mir drin. Also bin ich gleich nach dem Abi von zu Hause weg. Allerdings wusste ich mit meinen 19 Jahren auch nicht so recht, wohin mit mir. Darum ging es nach Berlin. Von der Kleinstadt in die Großstadt – das war zumindest eine Veränderung, die sich anhand von Einwohnerzahlen belegen ließ. Über Umwege bin ich zu einem Leben gekommen, das funktioniert.

Ich arbeite als Redakteurin beim Fernsehen – ein Job, der bestimmt nicht langweilig ist. Ich habe meine eigene kleine Wohnung und mache einmal im Jahr eine Reise. Über meine Ausflüge in die weite Welt schreibe ich einen Reiseblog. Ich habe eine Handvoll guter Freunde und einen Park vor der Tür. Ich könnte zufrieden sein. Nein, ich *sollte* zufrieden sein. Nicht zufrieden zu sein, ist sogar ziemlich unfair. Dem Leben, den anderen und mir selbst gegenüber. Ich sollte jeden Tag genießen und dankbar sein, und ich sollte nicht so viel träumen. Aber ich kann's einfach nicht lassen.

Als Kind hatte ich mir das anders vorgestellt, das Leben. Es war für mich ein großes Abenteuer, das Leben. Es war ein leeres Malbuch, das mit Farben gefüllt werden wollte, das Leben. Es war nicht das, was es heute ist, das Leben.

Mir fehlt etwas. Das ist normal, höre ich von allen Seiten, wenn ich es laut ausspreche. Meine Generation schwimmt in einem »Mehr«, kann nicht zufrieden sein und fragt sich stets, was hinter der nächsten Straßenecke wartet. Sicher ist an diesen Behauptungen was dran. Sicher ist das so. Die Welt steht uns offen und sich für das eine Ding zu entscheiden, scheint unmöglich, im reißenden Strom der Möglichkeiten. Ich versuche, mich damit abzufinden. Dass ich etwas anderes will, ist nur eine Illusion, dass ich unzufrieden bin, mein Schicksal als Teil der »Generation Y«. Trotzdem kann ich es nicht lassen. Trotzdem schweift mein Blick immer wieder in die Ferne, muss ich immer wieder raus. Auf der Suche nach einem Ort, an dem ich stillstehen kann, ohne stehenzubleiben.

An der nächsten Station steige ich aus und die Treppen hinunter auf die andere Seite, warte am Bahnsteig auf den Zug zurück in den Alltag. Obwohl ich nur zwei Stationen fahren muss, setze ich mich ans Fenster und beobachte die Stadt, die vorbeizieht. Und die Farben, die verschwimmen. Und die Straßen, die undeutlich werden. Und ich frage mich, wann ich eigentlich das letzte Mal so richtig zufrieden war. Eigentlich ist das gar nicht so lange her. Drei Wochen, um genau zu sein. Vor drei Wochen war ich in Südafrika und saß auf dem offenen Träger eines Pick-ups, der über holprige Straßen ins Nirgendwo fuhr. In der Ferne brüllte eine Löwin, schrien Affen, spielten die Zikaden ein Lied. Nur die Sterne über mir und Fahrtwind in meinen Haaren.

Hier, in der Gegenwart, tut plötzlich etwas weh. Ein Stechen in der Brust, das ich nicht kenne. Ich versuche mir einzureden, dass das normal ist, dass es jedem nach einem Urlaub so geht. Und beruhige mich. Ja genau, bleib ruhig. Natürlich ist es schwer, nach drei Monaten auf Reisen wieder im Alltag anzukommen. Kennst du doch schon, warst doch schon öfter weg von zu Haus. Und dennoch. Dieses Mal komme ich damit nicht klar. Dieses Mal ist etwas anders. Während ich noch versuche, herauszufinden, was es ist, stelle ich fest, dass ich schon wieder meine Station verpasst habe.

Ich glaube, eine Reise beginnt nie erst mit dem Tag des Abflugs. Sie beginnt bereits mit der Entscheidung zu gehen. Eine ganze Woche vergeht, ohne dass ich an Afrika denke. Jeder kommende Morgen sieht so aus wie der davor. Ich bin zurück im Job, zurück im Alltag, habe eingekauft, die Wäsche gewaschen und in den Schrank gehängt und meinen Rucksack obendrauf verstaut. Bis zum nächsten Mal, alter Freund.

Bei der Arbeit bin ich mit Castings und Recherchen abgelenkt. Der Tag, an dem mir aber dann doch der Kragen platzt, ist ein Montag. Natürlich ist es ein Montag. Montage bieten die besten Voraussetzungen für geplatzte Kragen. Mein Wecker klingelt um sieben Uhr. Ich versuche gerade ein wenig früher aufzustehen, damit ich vor der Arbeit noch Zeit für mich habe. Aber es gelingt mir nicht. Nie. Ich drücke alle zehn Minuten die Schlummertaste und stehe nach einer weiteren Stunde im Halbschlaf mit schlechter Laune auf. Die Wohnung ist kalt. Ich stolpere ins Bad, stehe länger als nötig unter der heißen Dusche und suche im Dampf nach einem Gedanken, der mir Zuversicht für den Tag gibt. Mir fällt keiner ein, außer dieser hier: Feierabend. Ich überlege, was ich denn anders machen würde, wenn ich könnte.

So viel weiß ich: Ich will raus aus der Stadt. Ich will Holz hacken und Lagerfeuer machen und Stockbrot über den Flammen rösten. Ich will mich auf einfache Freuden und naturbewusste Lebensweisen besinnen, und ich will nicht länger in dieser Blase leben, in der Unzufriedenheit mit Konsum betäubt wird. Ich will durch Wälder wandern und wilden Tieren begegnen und Steinchen übers Wasser springen lassen. Ich will mit der Sonne aufstehen und der Welt zuschauen, wie sie jeden Morgen aufs Neue erwacht. Ich will wieder Kind sein und mich über die Welt wundern. Wir leben auf einem blauen Planeten, der um einen brennenden Ball kreist, und nachts leuchtet der Mond, der unsere Meere bewegt … Wenn das nicht schon ein Wunder ist, was dann? Nur kriege ich nichts mit von diesem Wunder. Ich bin ein ganz natürlicher Teil davon und habe es völlig vergessen. Ich bin zu digital, zu pixelig geworden.

Ich will wieder auf dem Boden ankommen. Mein Leben verläuft losgelöst von der Erde, auf der ich stehe. Ich könnte hier in Berlin wochenlang in meiner Wohnung überleben, ohne jemals vor die Tür gehen zu müssen! Ich halte mich die meiste Zeit in geschlossenen Räumen auf und weiß nicht, wo die Lebensmittel herkommen, die ich täglich zu mir nehme. Wenn ich Bäume sehe, dann nur solche, die von Menschenhand gepflanzt wurden. Bewegung ist Fitness oder Sport, nicht ein notwendiger Bestandteil meiner Tätigkeiten. Mit meinen Nachbarn trete ich nur dann in Kontakt, wenn sie zu laut sind, und außer Tauben am Bahnhof und Hunden an Leinen sehe ich so gut wie nie ein lebendes Tier, geschweige denn ein wildes. Ich benutze meine Hände nicht. Meine Beine sind faul geworden, meine Sinne abgestumpft. Ich fühle mich wie ein taubes Gliedmaß, das zwar noch an einem lebendigen Körper hängt, dort aber keinerlei Zweck mehr erfüllt. Ich kriege von nichts genug, aber ich habe von allem zu viel.

Ich muss raus. Darum will ich etwas Neues wagen. Eigentlich weiß ich auch schon was. Ich habe mich bis jetzt nur noch nicht getraut, den Gedanken zuzulassen. Er hat mich im Urlaub gepackt und lässt mich seitdem einfach nicht mehr los: Ich will nach Afrika gehen und Rangerin werden. Ich will lernen, mit wilden Tieren zu leben, und mich wieder an meine Instinkte erinnern. Ich will herausfinden, woraus ich gemacht bin. Aber ich traue mich nicht. So was macht man doch nicht einfach so.

Noch in Afrika erschien mir der Gedanke weniger abwegig. Da war ich von Leuten umgeben, die genau das vorleben und als Ranger Safari-Gästen die großen Wildtiere Afrikas zeigen. Zurück in den eigenen vier Wänden klingt diese Idee jetzt aber verrückt. Ich Rangerin – völlig absurd. Ich gehe nie campen. Ich habe keine Haustiere. Ich ekele mich vor Krabbeltieren. Ich habe kein tiefschürfendes Interesse an Biologie, und was ich über Afrika weiß, ließe sich wohl in einem Aufsatz auf drei DIN-A4-

Seiten zusammenfassen. Darf jemand wie ich überhaupt nach Afrika? Oder ist dieses Abenteuer nicht denen vorbehalten, die genau das schon immer wollten? Einer der Lieblingsfilme aus meiner Kindheit ist der Klassiker *Hatari*. Weiß der Geier wieso, aber ich finde den großartig. Rasante Fahrten durch offenes Gelände, wilde Nashörner und süße Baby-Elefanten. Ein junger Hardy Krüger in Khaki. Ganz großes Kino. Ich erinnere mich auch noch an diesen Jungen aus meiner Schulzeit, in den ich verliebt war und der mit seinem Fahrrad nach Afrika fahren wollte. Er kam bis ins Nachbardorf, wo er einen Platten hatte. Am Abend stand er mit einem Kasten Bier zum Grillen wieder auf der Matte. Näher bin ich Afrika jetzt auch kaum.

Ich halte mir den Fön ins Gesicht, und die Luft wärmt meine Haut. Kann die Lösung am Ende so einfach sein? Kann es sein, dass ich bis jetzt einfach nur an den falschen Orten gesucht habe? Afrika … einen größeren Kontrast zu meinem Berliner Leben kann ich mir kaum vorstellen. Vielleicht genau deshalb eine gute Idee.

Meine Haare sind trocken, und ich scrolle mich bei Marmeladentoast und Kaffee durch die Facebook-Timeline bis in die Unendlichkeit. Schaue mit der Bahn-App, wann die nächste S-Bahn fährt. Checke Instagram. Dann wieder Facebook, Twitter, Instagram, in der Hoffnung, irgendwelche sinnlosen neuen Benachrichtigungen in den letzten sechzig Sekunden erhalten zu haben. Und da ist er schließlich – der Moment, in dem ich es nicht mehr länger ertrage. Ich schleudere mein Handy aufs Sofa, als wäre es virenverseucht, und schüttele angewidert den Kopf. Ich muss jetzt los. Die Bahn erwischen. Aber mit der Tür ins Schloss fällt an diesem Morgen auch eine Entscheidung: Ich gehe nach Afrika. Und Berlin bleibt hier.

»Aber alle wollen doch nach Berlin!«

Ich telefoniere mit Mama. Montag ist unser Telefontag. Papa spielt Volleyball, Rieke, meine große Schwester, geht ins Fitnessstudio. Sie hat nicht die braunen Locken, die ich von Mama geerbt habe, und unser Kleidungsstil könnte nicht unterschiedlicher sein, aber wenn wir zusammen durch die Straßen laufen, ist für jeden klar, dass wir Schwestern sind. Beide groß gewachsen, haben wir die gleiche Art zu reden und zu gestikulieren. Seit drei Jahren wohnen wir in zwei identischen Wohnungen in einem versteckten Gartenhaus in Berlin.

Mama und ich werkeln am Herd – sie in ihrer Küche in Hildesheim, ich in meiner. Wir haben beide das Telefon zwischen Ohr und Schulter geklemmt und schnippeln Gemüse – würde mich nicht wundern, wenn wir sogar das Gleiche kochen. Unsere Gespräche drehen sich seit Jahren immer wieder um dasselbe Thema: Berlin. Oder eben nicht. Mama erinnert mich während dieser Telefonate an Rainald Grebe, der in seiner Brandenburg-Hymne die Hauptstadt mit einem pompösen »Halleluja, Berlin« besingt.

»Ja, aber ich nicht. Ich will Berlin nicht mehr – ich muss hier weg. Die Stadt und ich – das funktioniert einfach nicht. Ich hab's doch lange genug versucht.«

»Aber wo willst du denn sonst hin?«

Jetzt ist der Moment, in dem ich die Bombe platzen lassen muss. Das weiß ich. Aber ich kann nicht. Ich bringe es nicht über die Lippen. Vielleicht weil ich selbst finde, dass das, was ich zu sagen habe, ein wenig lächerlich klingt. Statt den Mund aufzumachen, lasse ich darum die Stille an meinem Ende der Leitung Bände sprechen. Funktioniert immer.

»Was? Willst du jetzt wirklich nach Afrika?«

Die Bombe ist geplatzt.

Dass Mama ganz von allein darauf gekommen ist, kommt nicht von ungefähr. Bereits während der abgehackten Skype-Gespräche aus Südafrika war meine Begeisterung für dieses Land buchstäblich durch den Hörer gehüpft.

»Ich glaube ja«, sage ich.

Jetzt ist Mama diejenige, die still ist – und mir Raum gibt, um meinen neuen Plan in Worte zu fassen. Die Situation ist alles andere als neu für uns. Wenn eine Familie so stark zusammenhält wie unsere, kennt jeder die Macken des anderen – und sieht sie aus weiter Entfernung kommen. Meine Macke ist die Rastlosigkeit. Schon als Kind konnte ich nie lange stillsitzen, musste immer irgendetwas machen, neue Ideen umsetzen, neue Ufer erforschen. Ich bin wie ein Haifisch, der ständig in Bewegung bleiben muss. Stillstand wäre der Tod.

Mama sagt immer noch nichts, darum lege ich jetzt los.

»Also, es gibt in Südafrika die Möglichkeit, mich zur Rangerin ausbilden zu lassen, und danach könnte ich zum Beispiel in einer Safari-Lodge arbeiten. Ich glaube, das könnte was für mich sein. Also, ehrlich gesagt, bin ich mir sicher, dass das was für mich ist. Also, genau genommen habe ich mich heute Morgen dazu entschieden. Wenn alles klappt, will ich in einem Jahr los.«

Das alles sprudelt aus mir heraus wie Mineralwasser aus einer Flasche, die vorher ordentlich geschüttelt wurde. Die Worte purzeln durcheinander und tun sich schwer, einen Sinn zu ergeben.

Umso überraschter bin ich darum, als Mama sagt: »Dann mach das.«

»Wirklich?«

»Ja. Mach das. Du musst weg aus Berlin, das weiß ich doch

auch. Wir reden schon so lange darüber. Vielleicht musst du einfach mal was ganz Neues versuchen.«

Damit habe ich nicht gerechnet. Ich wollte mit diesem Anruf nicht um Erlaubnis fragen, aber ich kann und will nichts tun, wohinter meine Eltern nicht stehen können. Meine Familie ist mein Kompass. Jeder von uns nimmt eine Himmelsrichtung ein. Und jeder von uns hat Einfluss auf das Leben der drei anderen.

Ich habe schon so lange nach etwas gesucht, das mich glücklich macht, etwas, das mich in den Bann zieht. Für Eltern muss das ein beinah unerträgliches Gefühl sein, wenn das eigene Kind so verloren scheint. Mir selbst kam es aber nie so vor. Ich wusste immer: Wenn ich nicht aufgebe, wenn ich weitersuche, dann werde ich eines Tages das Richtige für mich finden. Meine Eltern haben mir dabei immer den Rücken freigehalten. Egal was ich über die Jahre angestellt habe, sie konnten noch mit jeder Idee irgendwie ihren Frieden machen. Ich hätte also gar nicht überrascht sein dürfen, dass auch Afrika daran nichts ändern würde.

»Und was lernt man da so, als Rangerin?«, fragt Mama.

»Na ja, das ist vielleicht so ein bisschen wie Pfadfinder«, erkläre ich, »man ist den ganzen Tag draußen und lernt alles über die Tiere und die Natur, lernt Spurenlesen und Sternenkunde, aber eben auch, wie man Safari-Gäste durch die Wildnis führt – entweder mit einem Geländewagen oder zu Fuß.«

»Zu Fuß!?«

»Keine Sorge, Mama. Zu Fuß werde ich das natürlich nicht machen. Ich bin ja nicht irre.«

Danach wechsele ich lieber das Thema. Ich will ihr keine Angst machen. Aber es ist zu spät.

»Jetzt mache ich mir aber schon Sorgen um dich, du«, sagt Mama am Ende dieses Telefongesprächs, »aber andererseits will ich auch, dass du glücklich wirst. Und es klingt so, als könnte das mit diesem Plan klappen. So, und jetzt muss ich Schluss machen. Mein Essen wird kalt.«

2.

Afrika?
Sag mal, hackt's?!

»Kann ich Ihnen helfen? Das hier ist mein Unternehmen«, stellt sich mir ein großer Mann mit jungenhaften Gesichtszügen vor. Er zeigt auf die Broschüre, durch die ich gerade blättere. Auf der internationalen Tourismusmesse in Berlin herrscht reges Treiben. Normalerweise vermeide ich Großveranstaltungen wie diese, aber heute muss ich da durch. Ich habe zielstrebig diesen Stand angesteuert, um mit diesem einen Mann zu sprechen.

Dieser Mann stellt sich mir als Karl vor und bietet mir einen Stuhl an. Er ist um die vierzig, groß gewachsen, mit blondem Vollbart und trägt khakifarbene Hosen und ein schlichtes Hemd. Er sei eigentlich schon auf dem Sprung, sagt Karl mit einem Blick auf seine Armbanduhr, aber für ein kurzes Gespräch habe er noch Zeit.

»Was kann ich für Sie tun?«

»Ich interessiere mich für Ihre Ausbildung zum Ranger«, murmle ich unsicher. »Ich komme gerade von einer dreimo-

23

natigen Reise durch Südafrika zurück. Freunde haben mir Ihr Unternehmen empfohlen. Eigentlich bin ich Redakteurin beim Fernsehen, aber ich suche nach einer beruflichen Veränderung«, umreiße ich ziemlich sachlich, was tatsächlich mein neuer Lebenstraum ist: in der afrikanischen Wildnis mit Löwen und Elefanten leben.

Und ich erzähle Karl, wie sehr mich sein Heimatland in den Bann gezogen hat. Wahrscheinlich erzähle ich auch viel zu viel – ich kenne den Herrn vor mir ja erst seit zehn Minuten –, aber er ist der erste Mensch, dem ich in Deutschland begegne, der wohl verstehen kann, wie sehr mir all das fehlt. Karl hört mir aufmerksam zu und erzählt mir anschließend ausführlich von der Ausbildung, die er anbietet. In glühenden Farben beschreibt er das Leben im afrikanischen Busch und erzählt mir witzige Geschichten aus seiner eigenen Karriere als Ranger im Krüger Nationalpark. Er versteht es offensichtlich, Leute mit Worten in seinen Bann zu ziehen; ich kann mir gut vorstellen, dass er einen ausgezeichneten Safari-Guide abgegeben haben muss. Mit jeder seiner Geschichten leuchten auch meine Augen mehr und mehr auf. Ich will das unbedingt machen – jetzt noch mehr denn je.

»Lass uns gerne in Kontakt bleiben«, schlägt Karl vor, als wir schließlich nach über einer Stunde zum Ende kommen, und fragt mich nach meiner Visitenkarte.

»Ich habe meine leider schon alle rausgegeben«, entschuldige ich mich. Glatt gelogen. Ich habe gar keine. Darum schreibe ich ihm meine E-Mail-Adresse auf einen Papierschnipsel, schüttele seine Hand zum Abschied und spaziere beschwingt von dannen. Der Anfang ist gemacht. Ich habe noch keine Ahnung, wie ich den Rest organisieren soll, aber ich bin meinem

Ziel einen Schritt näher gekommen. Ich habe einen Kontakt nach Afrika hergestellt.

»Afrika? Sag mal, hackt's?!«
»Da wimmelt es doch nur so vor wilden Tieren!«
»Aber du hasst Camping...!«
»Da gibt's doch überall Ebola und Malaria ... Aids!«
Das sind die Reaktionen, die ich bekomme, als ich in den kommenden Wochen Freunden von meinem Plan erzähle. Das, gepaart mit der unterschwelligen Kritik, ich würde vor dem Leben davonlaufen und niemals erwachsen werden. Aber es kommen auch andere Kommentare, die Mut machen. Eine Kollegin beichtet mir, wie gern sie auch einfach was ganz anderes machen würde, wie sie meinen Mut bewundert, aus dem Hamsterrad auszubrechen. Rieke stärkt mir den Rücken und hilft mir bei meiner Reisevorbereitung.

Während ich den Trip plane, ziehen im gewohnten Alltagstrott drei ganze Jahreszeiten an mir vorbei. Ich gehe ganz normal meinem Job nach, drücke weiterhin jeden Morgen die Schlummertaste und verpasse hin und wieder meine Station. Alles wie immer. Nur dass alles anders ist. Denn mein Berliner Leben hat auf einmal ein Verfallsdatum bekommen. Und das macht es plötzlich erträglich. Nein, ich fange sogar an, es ganz nett zu finden. Auf Spaziergängen erforsche ich Orte, die ich noch nicht kenne, sitze in Cafés und beobachte die Leute. Ich investiere mehr Zeit in meine Freundschaften, als ich es je zuvor getan habe. Ich feiere dieses Jahr in Berlin, als wäre es mein Letztes, dabei kehre ich der Stadt doch nur für knapp sieben Monate den Rücken. Aber wenn es gut läuft, dann hat diese Zeit das Potenzial, mein Leben für immer auf den Kopf zu stellen.

Und ehe ich mich versehe, stehe ich am Morgen nach der finalen Fernsehshow in der Küche und braue starken Kaffee. Es ist Dezember. Die Fenster sind vereist. Der Kühlschrank ist gefüllt mit lauter guten Sachen, die ich nach einer durchzechten Nacht immer brauche: Cola, Pizza, Pommes. In der Reihenfolge. Ich schneide das Einlass-Bändchen zur Aftershowparty mit der Küchenschere vom Handgelenk und werfe es in den Müll. Ab jetzt bin ich kein Fernsehmensch mehr. Ab jetzt bin ich … ja was eigentlich?

In einem Monat geht es los, mein Abenteuer. Alle Flüge sind gebucht, alle Impfungen in meinen Arm gejagt, ich habe einen Zwischenmieter für meine Wohnung gefunden und mir ein paar feste Wanderschuhe zugelegt – die ersten meines Lebens. Alles ist in Sack und Tüten. Aber so richtig dran glauben kann ich noch nicht. Die Reise ist nur ein Traum, und auch wenn ich ihm mittlerweile verdammt nah bin, so erwarte ich insgeheim doch, dass noch irgendetwas schieflaufen wird.

Dass ich selbst diejenige sein werde, die kurz vor Abflug schiefläuft, das konnte ja keiner ahnen.

Und wie ich schieflaufe! Auf einmal ist es Ende Januar. Nur noch eine Woche trennt mich jetzt von meinem großen Abenteuer. Aber mit jedem neuen Tag wächst in mir plötzlich nicht mehr die Vorfreude, sondern die Angst. Ich will ums Verrecken nicht mehr losfahren. Ich kann weder vor noch zurück und meine Familie gerät an ihre Grenzen, was Rat und Tat angeht. Sie können nicht verstehen, was in meinem Kopf vorgeht. Ich verstehe es ja selbst kaum. Alles, was ich weiß, ist: Mein Leben wird sich in wenigen Tagen komplett auf den Kopf stellen. Und dafür fühle ich mich nicht bereit. Dabei geht es nicht nur um die Ranger-Ausbildung, es geht auch darum, gewohnte Strukturen einfach hinter mir zu lassen und Ängste zu besiegen, mutig zu sein und an mich selbst zu glauben. Ich habe Angst davor, dass etwas schiefgeht und ich die Reise abbrechen muss. Ich habe Angst davor, Erwartungen nicht zu erfüllen – vor allem meine eigenen. Angst davor, dass die Sache eine Nummer zu groß für mich ist. Angst vor wilden Tieren. Es ist jetzt fünf vor Abenteuer und ich möchte nur noch die Decke über den Kopf ziehen und mich vor der Welt verstecken. Das nennt sich wohl Angst vor der eigenen Courage. Panikzustände, irrationale Gedanken, ein unkontrollierbarer Herzschlag, Taubheit und »Aufschieberitis« werden in diesen Tagen zu meinen ständigen Begleitern.

Ich weiß, warum mir dieser Plan so viel Angst macht: Er ist der erste, den ich tatsächlich durchziehen werde. Über Jahre hinweg hatte ich immer irgendwelche Ideen, die sich aber allzu schnell wieder in Luft aufgelöst haben, noch bevor ich überhaupt Farbe bekennen musste. Ich sehe vor mir dieses riesige Monster namens Neuanfang, und ich glaube nicht, ihm gewachsen zu sein.

Schlussendlich ist es Riekes beste Freundin, die mir den helfenden Ratschlag gibt, ich solle einen Brief an mich selbst schreiben. Im Internet gibt es einen Dienst, mit dem man diesen Brief in einer E-Mail abschicken kann, die dann erst zu einem Zeitpunkt meiner Wahl an mich selbst zugestellt wird. Und so setze ich mich einen Tag vor Abflug an meinen Laptop und schreibe mir alles von der Seele, was niemand verstehen kann. Alle Ängste und Sorgen, alle wirren Gedanken, alles, was ich mir für dieses Jahr wünsche und alles, was ich mir schon immer mal sagen wollte. Als Zustelldatum wähle ich einen Tag

Anfang September, von dem ich weiß, dass ich dann wieder in Berlin sein werde. Erst am späten Abend klappe ich meinen Laptop zu und gehe ins Bad. Ein verheultes Gesicht schaut mich aus dem Spiegel an, und ich mache ein Selfie zur Erinnerung. Dann wasche ich mir den verschmierten Mascara ab und gehe schlafen. Zum letzten Mal in meinem eigenen Bett.

An einem sonnigen Wintermorgen fährt Rieke mich zum Flughafen Tegel. Schneebedeckte Dächer reflektieren die Sonnenstrahlen. Es ist ein Sonntag und kaum Verkehr. Die graue Stadt erscheint mir so schön wie nie zuvor. Mir kullern Tränen die Wangen hinunter, obwohl ich mir vorgenommen hatte, nicht traurig zu sein. Ich bin wie gelähmt. Würde Rieke mich nicht fahren – ich würde keine zehn Meter weit kommen. Am Flughafen schnallt sie mir meinen Rucksack auf und checkt mich ein.

»Melde dich, sobald du gelandet bist, ja?«

»Natürlich.«

»Und jetzt hab halt auch mal Spaß! Das wird ganz großartig, und in ein paar Tagen wirst du über all das hier lachen.«

»Ich weiß.«

Wir drücken uns, als würden wir uns ewig nicht wiedersehen, dabei wird sie mich in drei Monaten bereits besuchen kommen. Aber wir wissen beide, dass das nicht dasselbe sein wird, wie in Berlin auf der Couch sitzen und zusammen *Hatari* gucken. Ich schaue mich noch mal um, während ich durch die Sicherheitskontrolle zum Gate trotte. Rieke winkt zum Abschied, wie immer. Ich wische eine letzte Träne weg und reiche dem Bodenpersonal mein Ticket. Jetzt geht es wirklich los.

Vor der Abreise habe ich mir ein paar Meilensteine gesetzt. Im Flugzeug sitzen und das Bordprogramm genießen, während mir die Flugbegleitung eine warme Mahlzeit serviert, steht als erster Stein auf meiner Liste. Mir ist klar, dass die meisten Menschen Flugzeugessen als widerlich empfinden, ich aber liebe es. Über den Wolken Mikrowellenessen zu schlemmen und dazu die neusten Blockbuster anschauen zu können, erfüllt mich mit Seligkeit. Auf diesem Flug kann ich mich aber nur schwer auf den Film vor mir konzentrieren. Meine Gedanken sind irgendwo in Berlin, mein Körper irgendwo im Transit.

Am Flughafen Dubai habe ich knapp zehn Stunden Aufenthalt. Halleluja. Aber es ist nun mal der günstigste Flug. Mir geht es hundsmiserabel. Statt Aufregung und Vorfreude empfinde ich nur Panik und Sorge. Ich weiß, dass das meinem Abenteuer gegenüber unfair ist, aber ich kann mich einfach nicht freuen auf das, was kommt. Inmitten der Menschenmasse sitze ich in der Abflughalle und schicke Nachrichten an meine Familie, die jetzt schon so weit weg ist, dass sie mir nicht mehr helfen kann.

»Hello. I'm sorry. Were you on the flight from Berlin?«, spricht mich ein Mann von der Seite an, ein Akzent so deutsch wie er nur sein kann. Er ist groß gewachsen und trägt Jogginghose, einen Kapuzenpulli und ein Nackenkissen um den Hals.

»Ja, war ich«, antworte ich in unser beider Muttersprache.

»Ah, ach so. Wie schön. Ich auch. Hast du einen langen Aufenthalt?«

»Bisschen weniger als zehn Stunden.« Ich bin nur halb interessiert an einer Unterhaltung und viel zu beschäftigt mit meinem Lebensplan, als dass ich mich auf Smalltalk einlassen könnte.

»Ich auch. Fliege morgen früh nach Thailand, da besuche ich meine Schwester.« Er setzt sich neben mich. »Ich heiße David. Und du?«

»Gesa. Freut mich, David.«

David erzählt mir von seiner Karriere als Sportler. Mir tut es wahnsinnig leid, dass ich kaum auf seine durchaus spannenden Erzählungen eingehen kann, aber ich bin grad in einer ganz anderen Welt unterwegs. Ich würde am liebsten einfach umkehren. David fragt mich, ob wir in einem der Flugzeugrestaurants einen Happen essen gehen wollen. Ich bin ganz froh über den Vorschlag, jede Ablenkung ist mir in diesem Augenblick willkommen. Die Angst und ich kommen so ja auch nicht weiter.

»Wohin fliegst du denn eigentlich, Gesa?«

»Nach Südafrika.«

»Ah, wie cool. Und was wirst du dort machen? Urlaub?«

»Nein, also, nicht wirklich.«

»Und unwirklich?«

»Also, ähm. Ich mache da eine Ausbildung zum Ranger, um genau zu sein.«

David ist der erste Fremde, dem ich von meinem Plan erzähle.

»Ach was. Echt? Das hätte ich jetzt aber nicht gedacht.«

»Warum?«, frage ich stirnrunzelnd.

»Keine Ahnung. So was hört man ja nicht alle Tage, nicht wahr?«

Nach dem Essen verabschiede ich mich auf einen der Liegestühle für ein Nickerchen und stecke die Kopfhörer in die Ohren. David setzt sich neben mich und spielt mit seinem Smartphone. Ab und an öffne ich die Augen und sehe eine Gruppe buddhistischer Mönche, eine arabische Großfamilie und schließlich auch David vorbeiziehen. Wir haben uns nicht verabschiedet. Wir sind zwei Fremde in Transit, deren Wege sich kurz gekreuzt haben. Dennoch finde ich eine Notiz mit seinem Namen und seiner E-Mail-Adresse auf meinem Arm liegen, als ich ein paar Stunden später erwache. Ich könne mich ja mal melden, schlägt seine krakelige Handschrift vor. Ich stopfe die Notiz irgendwo in die Tiefen meiner Taschen und vergesse sie augenblicklich. Über die Lautsprecher wird in schriller Stimme mein Flug durchgesagt. Boarding für diesen letzten Abschnitt nach Johannesburg: Zweiter Meilenstein.

Ich bin schon auf halber Strecke. Ich bin schon unterwegs.

3.

Ein Hauch von Abenteuer

Der Hof meines Hostels ist üppig begrünt, neben der Rezeption plätschert ein Brunnen. Alle paar Minuten saust ein Flugzeug über meinen Kopf, so tief, dass es sich anfühlt, als müsste ich nur den Arm ausstrecken, um es zu berühren. Vor mir steht ein *Black Label* Bier. Bier trinken im Hostel: dritter Meilenstein. Die letzten Sonnenstrahlen des Tages wärmen meine Haut. Sonne macht ja immer gleich alles besser. Und auch sonst geht es mir recht gut. Es liegt ein vertrauter Geruch in der Luft. Ich kann ihn kaum beschreiben, aber es ist ganz sicher ein Hauch von Abenteuer dabei. Vielleicht bilde ich mir das aber auch nur ein. Ich bin mittlerweile so weit weg von Berlin und so viel näher dran am afrikanischen Busch, dass in mir endlich wieder so etwas wie Abenteuerlust erwacht, ganz langsam, ganz zaghaft. Morgen früh geht es gen Norden über die Grenze am Pont Drift über den Limpopo-Fluss nach Botswana. Die Grundausbildung beginnt in einem abgeschiedenen Camp irgendwo im Nirgendwo. Vier Wochen werde ich hier verbringen, bevor es wieder nach Südafrika geht, wo ich die Prüfungen ablegen muss. Ziel dieser Grundausbildung ist es, sogenannter Field Guide Level 1 zu werden. Diese Qualifikation ist das Einstiegslevel, um im Anschluss einen Safari-Job zu bekommen. Wer besteht, kann weitere Kurse belegen und sich spezialisieren und im Rahmen der Ausbildung erste praktische Arbeitserfahrungen sammeln.

Im Hostel treffe ich bereits ein paar meiner Mitschüler. Luise kommt aus Hamburg und studiert Biologie, Carlo aus Spanien nimmt ein Jahr Auszeit und Kate aus Kalifornien träumt schon ihr Leben lang von Afrika. Ich gehe früh zu Bett, mir ist noch nicht nach Reden. Schlafen möchte ich aber auch nicht wirklich. Denn wenn ich einschlafe, dann muss ich auch wieder aufwachen, an einem neuen Tag. Ein neuer Tag, der mich neuen Mut kosten wird und von dem ich keine Ahnung habe, wie er enden wird. Als mir schließlich doch die Augen zufallen, schlafe ich zum ersten Mal seit Tagen wieder durch, trotz des regen Verkehrs am Nachthimmel über mir.

Am Pont Drift steht der Limpopo so hoch, dass der Grenzübergang nicht mehr passierbar ist. Gegen Ende der Regenzeit sei das ganz normal, versichert uns unser Fahrer, als er die Schiebetür des Kleinbusses öffnet und unsere Rucksäcke aus dem Wagen hievt.

»Und jetzt?«, frage ich ihn, ein wenig verunsichert.

»Ach so, ja. Jetzt müsst ihr über die Grenze. Ich kann leider nicht mit, habe meinen Ausweis nicht dabei. Unten am Flussufer gibt es eine Seilbahn, mit der ihr auf die andere Seite kommt. Sind nur ein paar Hundert Meter. Drüben müsst ihr dann wahrscheinlich noch etwas warten. Ich weiß nicht, wann genau ihr abgeholt werdet.« Alles klar. Das Abenteuer geht los.

An der Grenze stößt eine weitere Mitschülerin zu uns. Megan ist 19 Jahre alt und hat zwei Pässe – einen südafrikanischen und einen amerikanischen. Ihr Vater hat sie hergefahren. Er ist Archäologe und Entdecker für *National Geographic*. (Was man hier für Leute trifft!) Ich denke sofort an *Indiana Jones* und schüttele ihm begeistert die Hand. Ein paar Monate später wird Megans Vater die wohl spannendste archäologische Entdeckung der Neuzeit machen: In einer Höhle nahe Johannesburg wird er Fossilien des Urmenschen »Homo naledi« finden. Das Foto, auf dem er dem knochigen Schädel einen Kuss gibt, wird um die Welt gehen.

Wir schnallen unsere Rucksäcke auf und lassen unsere Pässe stempeln. Schon komisch: Nach nur einem Tag in Südafrika bin ich auch schon wieder draußen. Wir marschieren das matschige Flussufer hinunter, bis wir zu einem zerfallenen Gebäude gelangen, wo ein junges Pärchen auf einem Geländer hockt und Rap-Musik auf dem Handy abspielt. Ich frage mich, in welchem Land wir jetzt überhaupt sind – so hinter der Grenzstation, aber noch vor dem Fluss.

»Hi, wir würden gern auf die andere Seite«, sagt Carlo, und ohne große Worte lädt der junge Mann Carlos, Luises und Kates Rucksäcke in die winzige Seilbahn, wünscht ihnen eine gute Fahrt und macht zum Abschied noch ein Foto von ihnen. Für den Fall, dass sie es nicht auf die andere Seite schaffen? Ach, ich will es gar nicht wissen.

Auch von Megan und mir wird noch ein Foto geschossen, bevor wir über den Fluss schweben. *Wow, das hier ist Afrika*, denke ich, als die Seilbahn uns von einem Land ins andere bringt.

Am Flussufer wärmt sich ein Krokodil in der Sonne, fremde Vogelgesänge dringen an mein Ohr, das rostige Stahlseil rattert über meinem Kopf. Und da ist es endlich: das erste Grinsen seit Wochen. Ich bin wirklich hier.

Auf der anderen Seite werden wir in eine kleine Hütte geführt, wo die Passkontrolle für Botswana erfolgt. Wie wild wird dort in unsere Pässe gestempelt. Und damit ist der letzte Meilenstein, den ich mir gesetzt hatte, erreicht: Der botswanische Stempel in meinem Pass. Jetzt bin ich angekommen in *Mashatu*, dem Reservat, in dem wir uns für die nächsten vier Wochen aufhalten werden. Das sogenannte »Land der Riesen« liegt im Tuli-Block im Osten Botswanas und wird nur von wenigen Touristen besucht. Ich kann mir keinen besseren Ort für den Anfang meiner Ausbildung vorstellen.

Nach der Passkontrolle warten wir im Schatten. Es ist zwölf Uhr mittags, die Sonne knallt erbarmungslos. Wir sprechen über die Ausbildung und das, was in den kommenden Wochen auf uns wartet. Es stellt sich schnell heraus, dass die anderen mehr über die Tierwelt wissen als ich. Kunststück. Genau genommen weiß ich ja gar nichts. Und das macht mich nervös. Ich habe nur knapp zwei Monate bis zur Prüfung. Wie soll ich mir in der kurzen Zeit genügend Wissen aneignen, um mit den anderen mithalten zu können? Kate hat in Florida in einem Zoo gearbeitet, und Luise, der Biologin, macht sowieso niemand was vor. Megan ist hier aufgewachsen und hat die meisten ihrer Familienurlaube im Krüger Nationalpark verbracht. Nur Carlo bleibt während dieser Unterhaltung so still wie ich. Sein Englisch ist so eingerostet wie das Stahlseil, an dem wir grad nach Botswana geschlittert sind.

Zwei Stunden später hören wir endlich einen spuckenden Motor in der Ferne und sehen bald darauf einen Geländewagen am Tor parken. Am Steuer sitzt genau das, was ich mir unter einem Ranger vorgestellt habe. Seine Haut ist ledern und braungebrannt und seine Waden sind unverschämt durchtrainiert. Den Hut mit breiter Krempe ziert eine Vogelfeder, am Handgelenk baumeln ein paar Armbänder, die obersten Knöpfe seiner Khaki-Uniform stehen offen und er trägt Shorts und ein abgetragenes Paar »Vellies«, die klassischen Feldschuhe der Savanne.

»Hi, ich bin Charlie«, stellt sich der knapp Mittdreißiger mit einem verschmitzten Lächeln vor und ich muss auf meine Kinnlade aufpassen, damit sie nicht runterklappt.

Wir laden unser Gepäck auf den offenen Landrover, während Charlie ihn volltankt. »Unser Camp ist knapp zwei Stunden entfernt«, sagt er, als er den Motor startet. »Setzt euch besser einen Hut auf und vergesst nicht eure Sonnencreme. Die Mittagssonne hier ist brutal.«

Er lenkt den Wagen auf eine Sandpiste. Am Wegesrand stehen Zebras und Antilopen, in der Ferne sehe ich Giraffen. Und ein Warzenschwein! Und noch mehr Antilopen, eine Art, die ich noch nicht kenne. Ein Raubvogel saust über meinen Kopf hinweg. Alles um mich herum ist plötzlich lebendig. Heißer Fahrtwind weht mir ins Gesicht, und als dann auch noch eine Herde Elefanten über die Straße läuft, schüttele ich ungläubig den Kopf.

»Willkommen in meinem Wohnzimmer«, lacht Charlie. Es ist Liebe auf den ersten Blick. Nicht Charlie – dieses Land, meine ich.

Charlie erzählt uns, dass er der *Head-Instructor* in Mashatu sei. Außer ihm gibt es im Camp noch zwei weitere Lehrer und an die 15 Mitschüler. Das jagt mir einen Schrecken ein. Ich bin davon ausgegangen, dass meine Klasse mit dieser Wagenladung komplett ist. Dass im Camp noch mehr Schüler warten, verunsichert mich.

Es ist später Nachmittag, als Charlie den »Landy« um eine Kurve lenkt und vor uns ein Wäldchen aus sattgrünen Bäumen auftaucht.

»Dort liegt euer Zuhause für die nächsten vier Wochen. Es ist jetzt nicht mehr weit.«

Wir fahren durch ein Feld voller würzig duftender Sträucher.

»Was riecht hier so?«, fragt Megan.

»Das ist wilder Salbei, den findet ihr hier überall.«

Es heißt, Geruchseindrücke bleiben uns wie keine anderen Sinneswahrnehmungen im Gedächtnis, allerdings nur dann, wenn sie mit einem starken emotionalen Erlebnis oder einer besonders gefühlvollen Erinnerung verknüpft werden. Gespeicherte Gerüche bleiben uns ein Leben lang fast unverändert erhalten und kein anderer Sinn beeinflusst unser Empfinden so sehr wie das Riechen. Der Geruch von wildem Salbei wird mich für immer an diesen ersten Tag in der afrikanischen Wildnis erinnern, mir jedes Mal Gänsehaut verursachen und die Bilder vor meinem geistigen Auge wieder lebendig werden lassen, als der Geländewagen durch hohe Sträucher auf das Wäldchen am Flussufer zufährt, wo ein paar Zelte in der warmen Nachmittagssonne darauf warten, von uns bezogen zu werden.

So fängt mein neues Leben an.

4.

Nachts im Busch

Wahnsinn. So schwarz kann also die Nacht sein. Ich liege im Zelt, halte meine Hand direkt vor die Augen und kann sie trotzdem nicht sehen. Ich habe keine Ahnung, wie spät es ist, ich trage schon seit Jahren keine Uhr mehr, und mein Smartphone hat hier draußen jegliche Relevanz verloren und ist irgendwo in den Tiefen meines Rucksacks verschollen. Im Schein meiner Kopflampe schreibe ich in mein Tagebuch.

Schreibe mit der Kopflampe. Das war heute ganz sicher der verrückteste Tag meines Lebens. Und irgendetwas sagt mir, dass in den nächsten Monaten noch viel verrücktere Tage kommen werden. Ich habe immer noch etwas Angst. Davor, etwas falsch zu machen, mich blöd anzustellen. Und ja, auch Angst davor, dass mir etwas passiert. Draußen brüllen Löwen, kein Scheiß. LÖWEN. Und gestern waren angeblich Hyänen im Camp … ich weiß nicht, ob das nur ein Scherz war. Wahrscheinlich nicht. Das Camp ist ja nicht eingezäunt.

Wir sind angehalten, die Zelte sauber zu halten und nichts auf dem Boden rumliegen zu lassen. Sollte sich doch mal eine Spinne oder Schlange ins Zelt verirren, kann man die dann nämlich viel leichter einfangen. Nee, ist klar.

Die Klasse ist wirklich groß. Ich brauche eigentlich zwischendurch Zeit für mich, zum Nachdenken, aber das wird hier wohl nichts. Ständig unter Leuten. Teile mir ein Zelt mit Luise, der einzigen anderen Deutschen hier. Sie schläft schon. Wie macht sie das bloß?

Mashatu ist aber wunderschön, das Camp liegt direkt an einem trockenen Flussbett. Zum Sonnenuntergang marschierten ein paar Elefanten von einem Ufer zum anderen ... Unglaublich!

Ich kann immer noch nicht begreifen, dass ich wirklich hier bin. Aber ich muss jetzt wirklich mal versuchen zu schlafen. Morgen wird um vier Uhr aufgestanden, und ich habe keine Ahnung, wie spät es jetzt ist. Wenn ich nur nicht so dringend aufs Klo müsste. Aber raus gehe ich jetzt ganz bestimmt nicht mehr. Halte aus bis morgen früh.

Gute Nacht, Afrika ...

– Ein paar Stunden später –

War grad doch noch auf dem Klo und musste mich da drin verschanzen! Draußen lief irgendein Tier rum und hat an der Tür geschnüffelt. Ich konnte nicht sehen, was es war – auf jeden Fall was Großes. Als es dann weg war, bin ich ganz schnell zurück zu meinem Zelt gelaufen. Mann, Mann, Mann, wie soll ich das bloß die nächsten Wochen durchstehen?

Auch nach dem nächtlichen Toiletten-Abenteuer ist an Schlaf nicht zu denken. Ich stelle fest, dass im Dach unseres Iglu-Zeltes zwei Eichhörnchen wohnen. Oder zumindest glaube ich, dass es welche sind. Und sie sind scheinbar in Paarungslaune. Die ganze Nacht hindurch vergnügen sie sich über meinem Kopf. *Großartig*, denke ich, *da hätte ich ja auch gleich in Berlin bleiben können.* Paarungswillige Pärchen eine Etage über mir sind mir aus der Hauptstadt sehr vertraut. Hier in Botswana wechseln sich die ekstatischen Schreie aber außerdem mit Löwengebrüll ab, und vor dem Zelt wuselt irgendein Tier durchs Gebüsch. Mir reicht es. Ich stecke mir Stöpsel in die Ohren, damit endlich Ruhe ist. Wenn sich jetzt ein Löwe heranpirscht und mich aufisst, kriege ich es halt nicht mit. Gute Nacht!

Am Morgen dringen entfernte Trommelschläge an mein Ohr. *Ach wie schön, es ist Samstag*, denke ich. Samstags findet im Gebäude nebenan immer ein Trommelkurs statt. Zu brasilianischen Rhythmen trommeln sich meine Berliner Nachbarn dort seit Jahren in Trance und sind weder mit netten Worten noch mit polizeilichen Abmahnungen zum Schweigen zu bringen. Als ich die Augen öffne, muss ich aber feststellen, dass ich statt Raufaser Zeltplane anstarre. *Hoppla, ich bin ja in Afrika.* Das Trommeln ist der morgendliche Weckruf. Noch vor Sonnenaufgang müssen zwei Schüler – das »Duty Team« – Kaffeewasser aufsetzen und die anderen wecken. Ich taste mich durch meinen Rucksack und suche ein Outfit für den Tag. Auf der Packliste, die mir im Vorfeld geschickt wurde, stand »neutrale Farben«. Ich habe also sämtliche bunten Kleidungsstücke, die ich im Schrank hatte, auch dort gelassen und hauptsächlich Schwarzes und Weißes eingepackt. Neutral eben. Mit meiner Kleiderauswahl trete ich aber bereits an diesem ersten Morgen ins Fettnäpfchen. Als ich aus dem Zelt stolpere, stelle ich fest: Alle anderen tragen ausschließlich grün und beige. Schwarz und weiß, so lerne ich später, trägt hier draußen nur Beute – Zebras zum Beispiel. Ich erkenne meinen Fehler sofort, als ich mich für Kaffee und »Rusks« – ein afrikanisches Trockengebäck – zu den anderen geselle, aber ändern kann ich es jetzt auch nicht mehr. Das einzig Grüne in meinem Gepäck ist meine Regenjacke. Ziehe ich eben die an.

»Hi, ich bin Biff«, sagt das Mädchen neben mir am Frühstückstisch und streckt mir ihre Hand entgegen. »Das ist die Kurzform für Elizabeth, meine Schwester konnte das nie aussprechen, darum hat sie mich immer Biff genannt und der Name ist bis heute irgendwie hängengeblieben.«

Biff hat ein offenes freundliches Gesicht und ihre langen aschblonden Haare zu einem wilden Pferdeschwanz gebunden – gerade so als ob sie am Morgen nur eilig aus dem Schlafsack gesprungen sei, um die Welt zu entdecken. Sie ist mir schon am gestrigen Abend beim Essen aufgefallen. Sie ist vielleicht Anfang zwanzig und sieht aus wie ein Astrid-Lindgren-Charakter (Polly aus *Polly hilft der Großmutter*). Sie scheint mit allen gut klarzukommen und sorgt bereits vor Sonnenaufgang für viele Lacher am Tisch.

»Hi Biff, ich bin Gesa«, ich schüttele ihre Hand.

»Wo kommst du her?«

»Aus Deutschland. Und du?«

»Australien«, sagt sie. Also, genau genommen sagt sie nur »Straya« mit einem unverwechselbaren australischen Akzent.

Ich erzähle Biff, dass ich da auch mal war, und wir reden über Orte in Sydney, die wir beide besucht haben.

»Ich mag dich, Gesa«, sagt Biff nach einer Weile und drückt meine Hand, einfach so.

Ich mag Biff auch.

Bevor die erste Unterrichtsstunde beginnt, müssen wir zunächst eine Schadenersatzerklärung unterschreiben und willigen damit ein, dass wir auf eigenes Risiko in die Wildnis aufbrechen und im Fall einer Verletzung, eines Angriffs oder gar unseres Todes die Schule nicht verantwortlich machen können. Ich überlege kurz, ob ich das unterschreiben will. Aber jetzt, wo ich schon mal hier bin …

Während die Sonne aufgeht, habe ich noch ein wenig Gelegenheit, mich im Camp umzuschauen. Es liegt am Motloutse-Fluss. Im Gegensatz zum Limpopo fließt im Motloutse kein Wasser, und eine brache Sandlandschaft zieht sich schlangenhaft durch das Reservat. Der Motloutse spielt eine entscheidende Rolle in der Geschichte Botswanas: Nur ein wenig flussaufwärts von hier wurden die ersten Diamanten gefunden, die zum Wohlstand des Landes führten. Das Ufer säumen Galeriewälder, unter deren Ästen auf unserer Flussseite an die zwanzig Zelte aufgestellt sind, die bei unserer Klassengröße auch allesamt belegt sind. Das Badezimmer ist »outdoor«, die Toiletten sind mit einfacher Zeltplane voneinander getrennt – große Geschäfte erledigt hier gewiss keiner gern. In einer kleinen Hütte befindet sich die Küche. Zwei botswanische Damen, Marylin und Katie, bereiten hier unsere Mahlzeiten zu. Kleine Pfade führen zu den Zelten und zum auf Stelzen gebauten »Study Deck«, wo der tägliche Unterricht stattfindet und alle Mahlzeiten eingenommen werden. Am Flussufer wurde eine gemütliche Feuerstelle errichtet, von der aus man durch die Zweige in den Himmel schauen kann.

Um fünf Uhr morgens werden wir in kleine Lerngruppen eingeteilt, die wir für die kommenden Wochen beibehalten.

Zwei Drittel der Klasse springen auf die beiden Geländewagen unter dem Carport. Das letzte Drittel macht sich zu Fuß auf den Weg. Je ein Lehrer begleitet die Aktivitäten. Ich lasse den Blick über die Menge schweifen und suche nach Biff, aber sie ist leider nicht in meiner Gruppe. Hopsend sehe ich sie mit der fußläufigen Gruppe im Salbei verschwinden. In meiner Gruppe sind Megan und Kate, die ich schon von der Fahrt kenne. Außerdem zwei afrikaanssprachige Jungs aus Südafrika: Quintin und Louis, und dann ist da noch Kirsty aus Washington. Megan und Kate sind im gleichen Alter und scheinen sich bereits nach einem Tag prächtig zu verstehen. Die zwei Jungs plaudern in Afrikaans, das ich nicht verstehe. Kirsty ist wohl noch etwas müde und versteckt sich hinter ihrer Sonnenbrille. Ich selbst kann mich gar nicht recht auf ein Gespräch einlassen, viel zu gespannt bin ich auf das, was auf uns zukommt. Unser Lehrer für den heutigen Tag ist George. George ist ein gemütlicher Botswaner mit einer warmen Ausstrahlung, den so schnell nichts aus der Ruhe zu bringen scheint. Er spricht ein angenehm langsames Englisch und lacht gern. Er erzählt uns, dass er im Okavango-Delta aufgewachsen ist und dort sein ganzes Leben lang als Ranger gearbeitet hat. Wenn jemand dieses Land kennt, dann er.

George fährt ein paar Meter und stoppt, fährt und stoppt und fährt und stoppt. Und bei jedem Stopp spricht er über Bäume, Sträucher, Vögel oder Säugetiere, die unseren Weg kreuzen. Ich bin zunächst verwundert, dass er so viel von Dingen erzählt, die überhaupt nichts mit Tieren zu tun haben. Aber während ich ihm lausche, begreife ich, dass das gar nicht stimmt. Die Erde, auf der wir stehen, ist verantwortlich für die Art von Bäumen, die hier wächst, und somit auch welche Tiere hier leben, weil die sich von den Bäumen ernähren. Es klingt so banal, aber es sind diese einfachen Verbindungen, die mich begeistern.

George parkt den Landy im Schatten eines riesigen Baumes mit dunkelgrünen Blättern.

»Das hier ist ein Mashatubaum«, erklärt er, «nach diesen Bäumen ist das Reservat benannt. Mashatu grenzt an drei Flüsse, den Shashe, den Motloutse und den Limpopo. Sie bieten die perfekten Bedingungen für diese großen Bäume. Trotz der drei Flüsse kann die Gegend hier aber sehr trocken werden. Ihr wisst sicher, dass Mashatu im Tuli-Block liegt. Tuli ist das Tswana-Wort für ›Staub‹. Im Winter liegt oft so viel Staub in der Luft, dass der Himmel zum Sonnenuntergang aussieht, als stünde er in Flammen.«

Meine Mitschüler machen sich Notizen in kleinen Heftchen. Ich habe keins dabei und nicke nur interessiert in Georges Richtung. Ich tue so, als würde ich alles genau verstehen, dabei habe ich null Ahnung. In den nächsten zehn Minuten im Busch lerne ich aber tatsächlich mehr über das Leben als in den letzten zehn Jahren in Berlin. Ich weiß plötzlich, wie es im Inneren eines Termitenhügels aussieht, dass ein Kuhreiher mit Elefanten in einer Symbiose lebt – und was Symbiose überhaupt bedeutet – und dass Augenbrauenmahalis ihre Nester meist auf der westlichen Seite von Bäumen bauen und mir das bei der Orientierung helfen kann, falls ich mich mal verlaufen sollte. Ab und an stellt George uns ein paar Fragen, wohl um zu testen, was wir schon wissen. In solchen Momenten suche ich intensiv einen imaginären Stift am Wagenboden.

»Seht ihr den Vogel dort?«, fragt George und zeigt auf das wohl größte Federvieh, das ich, abgesehen von einem Strauß, jemals gesehen habe.

»Das ist der größte fliegende Vogel der Welt«, erklärt er uns.

Ich nehme all meinen Mut zusammen und stelle eine Frage: »Wie heißt der denn?«

»Das ist ein Pangolin«, antwortet George und Kirsty gluckst. Warum? Das werde ich in ein paar Tagen erfahren.

Wir verbringen den ganzen Tag mit George. Am Nachmittag führt er uns auf unseren ersten Busch-Walk in Mashatu. Für mich ist es der erste meines Lebens. Ich trage noch immer meine Regenjacke und schwitze wie Sau. Ich kann nicht fassen, dass ich schon am ersten Tag genau das mache, was ich vorher meinem Papa versprochen hatte, auf keinen Fall zu tun. Und zwar »nichts, was er nicht auch tun würde«. Aber dann hätte ich wohl in Deutschland bleiben müssen, denn zu Fuß durch den Busch zu marschieren, ist etwas, was Papa ganz gewiss niemals machen würde. Bevor wir losmarschieren, gibt George uns eine Sicherheitseinweisung. Es gibt fünf goldene Regeln, die wir stets beachten müssen, wenn wir zu Fuß durch den Busch marschieren:

1 Gänsemarsch: Der Guide läuft mit dem Gewehr vorweg, die Gäste – oder in unserem Fall die Schüler – laufen im Gänsemarsch hinterher. Das gibt dem Guide die Möglichkeit, potenzielle Gefahren sofort zu erblicken. Außerdem werden wir so als eine Einheit wahrgenommen und nicht als eine Herde, die ein Angreifer zerstreuen könnte. Der Guide ist so außerdem der Erste, der in ein Erdferkel-Loch fällt oder auf eine Schlange tritt.

2 Aus der Schusslinie bleiben: Wer kein Gewehr hat, bleibt hinter denen, die eins haben. Und den letzten beißen dann

die Löwen, oder was? Nein. Tatsächlich sind beide Gewehre deshalb ganz vorne, weil dort auch am wahrscheinlichsten die Gefahr herkommt. Und außerdem: Sollte der Letzte tatsächlich von Löwen gebissen werden, ist es besser, keinen Gewehrträger zu verlieren.

3 Mucksmäuschenstill sein: Beim Marschieren im Busch wird nicht gesprochen. Die Stille dient aber nicht nur der Entspannung, sondern ermöglicht es, Warnsignale frühzeitig zu hören. Außerdem besteht so eher die Chance, auch schüchternere Buschbewohner wie Leoparden zu erspähen.

4 Ansagen befolgen: Wenn der Guide eine Ansage macht, dann ist unverzüglich Folge zu leisten. Manchmal wird erst später ersichtlich, warum plötzlich ein Termitenhügel erklommen oder der schnelle Rückzug angeordnet wurde, aber in dem Moment, in dem der Guide einen Befehl gibt, kann man sicher sein, dass eine ernste Situation bevorsteht. Darum: Keine Fragen stellen, einfach machen.

5 Niemals weglaufen: Usain Bolt läuft 12,27 Meter in der Sekunde, ein Löwe im Schnitt 22,2 Meter. Noch nicht mal der schnellste Mann der Welt könnte also einem Löwen davonlaufen. Bei einem Zusammenstoß mit einem Löwen wegzulaufen, ist darum auch das Dümmste, was man machen kann. Denken wir mal an die einfache Hauskatze: Solange ein Ball ruhig vor ihr liegt, wird sie einfach nur dasitzen und ihn gespannt anschauen. Aber sobald der Ball ins Rollen kommt, wird sie sich auf ihn stürzen.

Zusammen mit der etwas fortgeschrittenen Schülerin Liliane führt George uns in die Wildnis. Beide tragen ein großes Gewehr bei sich, und ich fühle mich zu meinem eigenen Erstaunen absolut sicher. Ich habe schließlich auch keine andere Wahl. Entweder ich vertraue George und Liliane, dass sie in der Lage sind, uns zu beschützen, oder ich mache mir vor Angst ins Hemd.

Wir folgen einer frischen Leopardenspur einen Hügel hinauf. George hält inne, stützt sich auf sein Gewehr und erklärt uns die Fährte.

»Das hier war ein Männchen, der Fußabdruck ist recht groß. Wisst ihr, woran man den Unterschied zwischen einer Katzen- und einer Hundespur, zum Beispiel einer Hyäne, erkennt?«

Allgemeines Kopfschütteln in der Runde. Gott sei Dank, ich bin nicht die einzige Dumme.

»Katzen haben im hinteren Bereich der Spur drei von diesen runden Ballen, Hyänen oder Wildhunde haben nur zwei. Außerdem werdet ihr feststellen, dass die Zehen der Katzen etwas abgesetzt vom Rest des Fußes liegen. Und die Spur sieht insgesamt sehr viel runder aus als die von einem Hund.«

Wir folgen der Spur für ungefähr eine halbe Stunde. Ich habe keine Ahnung, wie George sie noch nicht verlieren konnte, führt sie uns doch durch dichtes Gebüsch und über Felsen, auf denen überhaupt keine Abdrücke mehr zu sehen sein können.

»Vielleicht ist er zur Quelle gegangen, um zu trinken. Nicht weit von hier gibt es eine Wasserstelle. Wollt ihr nachschauen?«

Wir nicken aufgeregt.

»Cool. Aber wenn wir zu der Quelle kommen, müsst ihr besonders leise sein.«

Die Quelle liegt auf einer Lichtung umgeben von Schäfer-bäumen, sattes Gras bedeckt den Savannenboden. Es könnte so idyllisch sein, wenn es nicht so entsetzlich stinken würde.

»Was ist denn hier gestorben?«, fragt Quintin. Und er hat recht, es riecht eindeutig nach Verwesung. George führt uns näher an den Gestank heran, bis vor uns ein halb verwester Kadaver auftaucht. Ein paar schwarz-weiße Streifen sind noch zu sehen und sogar ich erkenne: Das war mal ein Zebra.

»Hat der Leopard es getötet?«, frage ich.

»Wahrscheinlich nicht, die Leopardenspuren waren frischer. Dieser Riss ist schon ein paar Tage alt. Und du kannst sehen, dass dem Zebra die Nase abgebissen wurde. Das ist typisch für Löwen. Sie beißen ihrer Beute die Nase ab, damit sie erstickt.«

Wow, das klingt brutal. Aber gleichzeitig auch clever. Was mich überrascht, ist, dass ich totes Tier so leicht wegstecke. Klar, es riecht tausend Mal schlimmer als die Mäusekadaver, die Papa früher wöchentlich vom Dachboden geholt hat, aber es hat auch etwas Natürliches. Fressen oder gefressen werden – darauf läuft alles hinaus. Heute habe ich gelernt, dass jedes Element der Natur eine Geschichte erzählt. Jedes Tier – auch jedes tote –, jeder Baum, jeder Stein, jede Pflanze ist hier aus einem bestimmten Grund. Nichts geschieht aus Willkür, alles erfüllt einen Zweck.

Auf dem Weg zurück zum Camp komme ich nicht umhin, mich zu fragen, welchen Zweck ich eigentlich erfülle. Und auch, wenn ich die Antwort noch nicht kenne, so glaube ich, dass ich ihr heute ein großes Stück näher gekommen bin.

5.

Mein erstes Mal

In den nächsten Tagen rotieren wir zwischen unseren drei Lehrern Charlie, George und James. James ist der Älteste der drei Lehrer und arbeitet in Südafrika als Freelance-Guide für verschiedene Safari-Lodges, nebenbei unterrichtet er in Botswana Nachwuchs-Ranger wie mich. Schon beim ersten Walk mit James wird klar, dass der Mann eine wandelnde Enzyklopädie ist. Sein Wissen ist erstaunlich. Außerdem ist er einfach – und es gibt kein treffenderes Wort dafür – cool. Bei einem Buschmarsch durchs trockene Flussbett bringt er uns alles Mögliche bei, von einer Impala-Spur bis zu den Merkmalen von Rotschnabelmadenhackern und Schabrackenhyänen[1]. Besonders beeindruckt bin ich, als wir an einer Elefantenspur halten und James mit seinem Wanderstab ein Abbild des Elefanten in den Sand malt, der hier gelaufen ist. Das funktioniert

---

[1] Unfassbar, wie bescheuert all diese Tiere auf Deutsch klingen. Schabrackenhyäne! Auf Englisch heißt die schlicht »Brown Hyena«.

so: Man nehme den Durchmesser des Vorderfußes eines Elefanten (der ist im Gegensatz zum Hinterfuß sehr viel runder) und multipliziere den mit 7,5, so erhält man die Schulterhöhe des Tieres. Und sobald man die hat, kann man frei nach Schnauze einen Elefanten drum herummalen, mit einem großen Schädel, einem Rüssel und vier Beinen. Das muss ich irgendwann auch mal ausprobieren.

James schließt den Tag mit einer Unterrichtseinheit Sternenkunde am sandigen Flussufer ab. Er zeigt uns das Kreuz des Südens und wie wir mit Hilfe dieses Sternenbildes die Himmelsrichtungen bestimmen können. Wir finden Venus, Jupiter und Mars am Nachthimmel und Orion, den Jäger.

»Die griechische Mythologie besagt, dass Orion, der Jäger, in seinem Größenwahn alle Tiere der Welt erlegen wollte. Um zu verhindern, entsendete Gaia, die Göttin der Erde, einen Skorpion, der Orion besiegen sollte. Seitdem gelten Orion und Skorpion als ewige Gegner, die nie zur gleichen Zeit am Nachthimmel zu sehen sind. Das Sternbild des Skorpions befindet sich genau auf der anderen Seite der Erde und geht immer dann auf, wenn Orion untergeht«, erklärt uns James.

Als ich an diesem Abend zu Bett gehe, raucht mir der Kopf. Über jeden Tag im Busch müssen wir Buch führen und die genaue Stundenanzahl sowie das Gelernte eintragen. Im hinteren Teil des Logbuchs müssen unsere Lehrer außerdem jede Lehreinheit abzeichnen. Dort stehen nicht nur die offensichtlichen Dinge, wie Pflanzenkunde, Tierverhalten und Sternenkunde, sondern auch so spannende Sachen wie »Reifen wechseln«. Jeder Schüler muss bis zum Ende des Kurses beweisen, dass er oder sie einen platten Reifen am Geländewagen ohne Hilfe von anderen wechseln kann. Klingt für viele Männer wahrscheinlich nach Pipifax – für uns Frauen ist es aber tatsächlich nicht ganz so einfach, den schweren Ersatzreifen erst *aus* dem und schließlich *an* den Wagen zu bekommen. Beim Ausfüllen meines Logbuchs kann ich kaum glauben, dass wir erst vier Tage hier sind. Und gleichzeitig ist die Zeit so schnell vergangen, dass ich nicht weiß, wo sie geblieben ist. Merkwürdige Mischung. Aber so ist das wohl, wenn man eine gute Zeit hat.

Am nächsten Tag eröffnet uns Charlie, dass ab heute wir an der Reihe sind. Ich lache, halte das für einen schlechten Scherz und muss feststellen, dass dem nicht so ist. An Tag fünf übernehmen die Schüler die Aktivitäten. Mit Geländewagen fahren und Sicherheitseinweisung geben und allem Pipapo. Wer den Anfang macht, wird uns überlassen. Natürlich setzen wir uns prompt erstmal alle auf den Rücksitz und stellen uns dumm. James setzt sich entspannt auf den Beifahrersitz und fragt in die Runde, wer heute Ranger sein möchte.

Keiner möchte.

»Kommt schon, Leute. Früher oder später seid ihr sowieso alle dran.«

Keiner möchte.

Ich sehe meinen Arm in die Höhe schießen, noch bevor ich ihn davon abhalten kann.

»Na gut, ich mach's«, höre ich mich selber sagen.

»Großartig!«

Ich klettere auf den Fahrersitz und frage mich, was ich mir bloß dabei gedacht habe. Wahrscheinlich möchte ich es einfach hinter mich bringen. Dann bin ich damit durch und kann mich wieder entspannen, anstatt tagelang schwitzen zu müssen und mir Sorgen zu machen. Das kleinere Übel also.

»Okay, bist du schon mal einen Geländewagen gefahren?«, fragt James.

»Ja, aber das ist schon länger her.«

Ich fahre vorsichtig über Huckel und Hügel. Nach 200 Metern tauchen zwei Elefanten am Wegesrand auf. Herrje, was nun? Ich halte in sicherer Distanz von ihnen und stelle den Motor ab. Was dann passiert, nennt sich wohl »Fake it till you make it«. Ich stelle mir vor, ich wäre schon längst Rangerin und wüsste genau, was ich hier tue. Und ich kopiere, was ich in *Hatari* gesehen habe. Ein bisschen zu lässig setze ich mich auf den Türrahmen und falle dabei natürlich fast runter. Dann drehe ich mich zu meinen Mitschülern, um ihnen zu erklären, was wir hier vorliegen haben.

»Das sind zwei Elefantenbullen, glaube ich. Wenn das Offensichtliche zwischen den Beinen mal nicht sichtbar sein sollte, erkennt man das männliche Geschlecht daran, dass die Tiere besonders runde Köpfe haben. Bei Elefantenkühen ist der Kopf etwas eckiger. Elefantenbullen werden im Teenager-Alter von ihrer Herde verstoßen und ziehen fortan allein durch die Gegend. Manchmal schließen sie sich auch zusammen, wie diese beiden Jungs hier zum Beispiel. Was ich ja so bemerkenswert an Elefanten finde, ist, dass wir sie kaum hören können, wenn sie durch den Busch laufen – und das, obwohl sie so riesig sind.«

Die beiden Bullen trotten jetzt gemütlich über die Straße.

»Wenn wir uns mal die Füße genau anschauen, dann können wir sehen, dass sie wie Wattebausche aussehen. Elefanten haben nämlich besonders viel Fett unter den Füßen, damit sie ihr Gewicht beim Laufen abfedern können.«

Wir beobachten die beiden Bullen für eine Weile, und ich

frage mich insgeheim, wo sich das die ganze Zeit versteckt hat, was da grad alles aus meinem Mund kam. Als die Elefanten vorbeigezogen sind, starte ich den Motor und fahre weiter, benenne die Bäume, die ich bereits kenne, und frage James nach denen, die ich noch nie zuvor gesehen habe. Nach einer Weile schlägt er vor, dass wir noch auf einen kurzen Marsch gehen, und bittet mich, vorne wegzumarschieren, während er mir mit dem Gewehr den Rücken freihält. Die Tatsache, dass Löwen und Leoparden und Elefanten jederzeit unseren Weg kreuzen können, ignoriere ich besser.

Unsere kleine Gruppe wandert um einen Felsen, der sich »Lion's Head« nennt. Dort oben lägen die Stammeshäuptlinge begraben und man dürfe nur mit einer Sondergenehmigung hinaufklettern, erklärt uns James. In der Ferne grasen ein paar Gnus, Impalas springen an uns vorbei, ich identifiziere einen Gelbschnabeltoko und bin stolz wie Bolle (Gelbschnabeltokos sind so ziemlich die am weitesten verbreiteten Vögel im südlichen Afrika, das war jetzt also nicht unbedingt eine Meisterleistung), und ich erkläre meinen Mitschülern die ökologische Bedeutung von Erdferkelbauten. Zum Abschluss des Walks sehe ich dann noch einen Pangolin und kann mein Glück kaum fassen: Auf diesem Spaziergang sind wirklich nur Tiere aufgetaucht, die ich tatsächlich kenne!

»Das da vorne ist ein Pangolin, der größte fliegende Vogel der Welt«, erkläre ich stolz, und alle prusten los vor Lachen.

»…ist kein Pangolin oder?«, frage ich in die Runde und erinnere mich, dass Kirsty am ersten Tag gluckste, als George den Vogel so nannte.

»Das ist ein *Kori Bustard* (zu deutsch: Koritrappe)«, grinst James, »ein *Pangolin* ist ein sehr seltenes Schuppentier.«

»Ich bring George um…«, knurre ich, und stimme in das Gelächter der anderen mit ein. So ein Halunke.

Am Abend wird gegrillt – ge-*braait*, wie man in Südafrika sagt. Das ist, genau wie in Deutschland auch, Männersache. Die Jungs machen Feuer und diskutieren, ob die Würstchen durch sind, die Mädchen sitzen beim Sundowner im Flussbett und kichern. Megan möchte wissen, wer von den Jungs mir denn gefallen würde. Ich habe daran noch keinen Gedanken verschwendet. Nach Männergeschichten steht mir im Moment gar nicht der Sinn. Als ich ihr das sage, fragt sie mich: »Wie alt bist du eigentlich, wenn ich fragen darf?«

»Ich bin fast 28«, antworte ich.

»Oh wow, dann wirst du ja bald heiraten!«, ruft sie aufgeregt aus.

»Na ja, dafür brauche ich erstmal einen Mann«, lache ich.

»Der kann ja schneller kommen, als du denkst.«

Megan erzählt mir, dass sie diesen Kurs macht, weil sie schon immer die afrikanische Wildnis geliebt hat. Im Herbst wird sie aber nach Miami gehen, um dort Meeresbiologie zu studieren. Auch für sie wird also bald ein ganz neues Leben anfangen.

»Wenn ich älter bin, möchte ich Wildlife-Fotografin werden, das war schon immer mein Traum«, gesteht sie mir. Ihre Zielstrebigkeit gepaart mit ihrer offenen, fröhlichen Art ist absolut entwaffnend.

»Ich glaube, du hast ein spannendes Leben vor dir.« Ich zwinkere ihr zu.

»Meinst du wirklich?«

»Absolut. Du weißt, was du willst, und du hast keine Angst davor, es anzupacken. Das wird gut werden, echt.«

Wir gesellen uns zu den anderen ans Feuer. Biff sitzt barfuß mit zwei großen Jungs im Sand – Paul aus Irland und Mike aus Johannesburg. Die drei sind seit Tag eins unzertrennlich. Biff unterhält sich angeregt mit Paul und lächelt mir zu. Noch immer hatte ich keine Gelegenheit, sie besser kennenzulernen, aber früher oder später wird es dazu sicher noch kommen.

Mike spielt Gitarre, und ich setze mich neben ihn, um zuzuhören. Er ist ein großgewachsener, blonder Junge mit blauen Augen. Ich kann mir gut vorstellen, dass viele der Mädchen hier auf ihn fliegen.

»Kannst du spielen?«, fragt er mich, nachdem er seinen Song beendet hat.

»Ein bisschen«, sage ich schüchtern.

»Lass hören«, er nickt mir aufmunternd zu und reicht mir die Gitarre.

Oh Gott! Ich habe doch schon ewig nicht mehr gespielt. Zu Hause in meiner Wohnung steht eine Gitarre rum, aber die hat über die Jahre eine dicke Staubschicht angesetzt. Ich spiele einfach das einzige Lied, von dem ich denke, dass ich es noch hinbekomme. »Wonderwall« von Oasis. Ganz zaghaft und leise, damit es bloß niemand außer Mike hören kann. Aber auf einmal verstummen die Gespräche ums Feuer und nach und nach steigen die anderen in den Gesang mit ein. Ich komme nicht umhin, mir diese Szene aus der Vogelperspektive vorzustellen. Da sitzen wir, im Schein der Flammen, irgendwo in der afrikanischen Wildnis, über uns die Sterne, um uns wilde Tiere und die Nacht. Und in diesem Moment bin ich sicher: Wenn wir alle mehr Zeit singend unter den Sternen am Lagerfeuer verbringen würden, dann wäre die Welt schon mal ein ganzes Stückchen mehr in Ordnung.

6.

Achtundzwanzig

Am Nachmittag des 14. Februars bricht unsere sechsköpfige Lerngruppe mit Charlie und seinem Back-up Sam auf zu einem neuen Abenteuer: Wir machen einen »Sleepout« – eine Nacht in der Wildnis, ohne Zelt am Lagerfeuer unter den Sternen. Was die anderen nicht wissen: Heute ist mein Geburtstag. Ich bin jetzt 28 Jahre alt. In den letzten zehn Jahren habe ich meinen Geburtstag nie richtig gefeiert. Mal ein Abendessen im kleinen Kreis, mal kamen meine Eltern zu Besuch. An ungefähr fünf von den zehn Geburtstagen war ich aber gar nicht in Deutschland, sondern irgendwo auf Reisen in Ländern, in denen es wärmer ist.

Auf der mehrstündigen Wanderung zu unserem Schlafplatz bin ich wegen meines großen Tages in Gedanken versunken. Ich komme nicht umhin, zu erkennen, dass mein Weg nicht gerade so verlaufen ist, wie ich ihn mir vorgestellt hatte. Und ich frage mich, ob ich das schlimm finden soll. Mit 28, so hatte ich mir das ausgemalt, würde ich den Partner fürs Leben gefunden haben und, genau wie meine Eltern in diesem Alter, so langsam an Nachwuchs denken, in einer Berliner Fernsehredaktion Karriere machen und in einer Altbauwohnung mit Dachterrasse wohnen. Aber irgendwann bin ich von diesem geraden Weg abgekommen und habe mehr Gefallen an den Trampelpfaden gefunden. Da gibt es einfach mehr zu entdecken!

Dieser hier gefällt mir zum Beispiel ganz besonders gut. Vom Camp marschieren wir die »East-West-Ridge« hinauf – einen Hügelkamm, der sich einmal quer durchs Reservat zieht. Von dort oben blicken wir auf eine sattgrüne Flussaue. Eine Herde Elefanten badet in einem Wasserloch, Impalas grasen auf weiter Flur, ich höre die Senegalliesten singen, die tropischen Eisvögel, die sich nur von Oktober bis April im südlichen Afrika aufhalten und deren Gesang sich anhört, als würden sie eine Treppe herunterfallen. Und schon sind alle Gedanken an Zukunft und Vergangenheit, an Pläne und Sorgen vergessen. Alles, was zählt, ist dieser Moment.

Wir bahnen uns einen Weg hinunter ins grüne Gras. Zwischen den langen Halmen erspähe ich einen Vogel, der mir ganz besonders vertraut ist: Ein weißer Storch stakst mit seinen langen Beinen durch die Landschaft. Ich kenne und liebe dieses Tier seit meiner Kindheit. Während der sonntäglichen Spaziergänge mit meiner Familie konnten wir früher oft das eine oder andere Storchenpaar in ihrem Nest auf einem alten Scheunendach beobachten. Dieser hier wird schon bald den Weg in seine zweite Heimat antreten und zurück nach Europa fliegen, wo er die warmen Sommermonate verbringt, bis es ihm wieder zu kalt wird. Genau wie ich ist dieser Vogel immer unterwegs. Ja, er muss schon viel gesehen haben von der Welt. Und vielleicht fliegt er jetzt sogar geradewegs zu dem Scheunendach aus meiner Kindheit. *Grüß mir die Heimat*, rufe ich ihm in Gedanken zu, als er schließlich zum Flug ansetzt.

Charlie steuert auf die Elefantenherde zu, testet immer wieder die Windrichtung mit seiner Asche-Socke und signalisiert uns, uns hinter einem umgeknickten Regenbaum zu verstecken. Aus sicherem Abstand beobachten wir die Herde. Es sind an die dreißig Familienmitglieder, einige von ihnen nur wenige Wochen alt.

»Der Wind hat sich gedreht«, sagt Charlie nach einer Weile, »sie werden uns jeden Moment riechen können. Beobachtet genau, wie sie sich verhalten.«

Ich spüre, wie eine leichte Brise von hinten über meinen Nacken fährt und kann fast sehen, wie sie meinen Geruch hinüber zu der Herde trägt. Ein paar Sekunden später heben die älteren Damen der Herde ihre Rüssel in die Luft, einige der Jüngeren imitieren diese Geste, die ganze Herde steht plötzlich mucksmäuschenstill da. Dann rücken sie alle näher aneinander, Kälber werden von ihren Müttern und Tanten mit sanften Berührungen der Stoßzähne zwischen die Beine gelenkt. Eine besonders große Elefantendame tritt aus der Menge heraus und macht ein paar mutige Schritte in unsere Richtung. Irgendetwas stinkt ihr hier gewaltig.

»Das ist höchstwahrscheinlich die Matriarchin«, flüstert Charlie, »das Oberhaupt der Herde. Sie wird uns jetzt eine kleine Schau bieten. Bleibt genau hier stehen und gebt keinen Laut.«

Die Matriarchin hebt ihren Kopf, um besser sehen zu können. Elefantenaugen zeigen normalerweise auf die Erde. Um geradeaus schauen zu können, müssen sie also ihren Kopf anheben – eine Haltung, die durchaus bedrohlich wirken kann.

Sie breitet ihre Ohren aus und schüttelt wütend den Kopf. Ich bin nicht sicher, ob sie uns sehen kann, aber es besteht kein Zweifel daran, dass sie weiß, dass wir hier sind. Plötzlich stampft sie ein paar eilige Meter vorwärts und trompetet inbrünstig. Ich merke, wie sich mein Oberkörper stark zurücklehnt. Genau genommen geht mir grad der Arsch auf Grundeis. Es ist ein merkwürdiges Gefühl, einem riesigen wilden Tier so nahezukommen, ohne zu wissen, wie man sich verhalten soll. Alles, was ich tun kann, ist Charlie zu vertrauen.

Die Matriarchin weicht jetzt einige Meter zurück, ihr Schwanz zeigt starr in die Luft. Immer wieder dreht sie sich zu uns um, während sie ihre Familie schließlich weg vom Wasserloch und in ein nahe gelegenes Wäldchen führt.

»Kommt, wir geben ihnen ein bisschen mehr Raum«, sagt Charlie und führt uns in die entgegengesetzte Richtung. Auch er blickt sich immer wieder um. Aber die Herde ist weitergezogen.

Unter einem Schäferbaum machen wir Rast. Charlie möchte wissen, was wir aus dieser Situation über das Verhalten von Elefanten gelernt haben.

Wir zählen alles auf, was wir beobachtet haben, und Charlie erklärt: »Was wir grad gesehen haben, war ein Warnangriff. Wir unterscheiden zwischen einem Warnangriff und dem tatsächlichen Angriff eines Elefanten. Warnangriffe sollen Feinde abschrecken, ihnen Furcht einflößen. Deshalb sind sie sehr laut und aggressiv. Sie werden in der Regel aber nicht zu Ende geführt, es erfolgt also keine tatsächliche Attacke. Das ist es, was wir eben gesehen haben. Die Matriarchin hätte uns nicht angegriffen – *noch* nicht jedenfalls. Dafür war ihre Darstellung viel zu lautstark. Wenn ein Elefant aber leise wird, die Ohren anlegt und den Kopf senkt, handelt es sich um einen tatsächlichen Angriff, der bis zum Ende durchgeführt wird. Dazu soll es aber bei einer ethisch vertretbaren Vorgehensweise des Rangers gar nicht erst kommen. Im Idealfall nähert ihr euch den Tieren und zieht euch wieder zurück, ohne dass sie euch überhaupt bemerken. Und auch, wenn das hier nur ein Warnangriff war, so ist es doch ein ernst zu nehmendes Signal: Ihr seid dem Tier eindeutig zu nahe gekommen und habt es in seiner Komfortzone gestört. Das sollte niemals auf die leichte Schulter genommen werden.«

Wir marschieren im Gänsemarsch weiter Richtung Norden, alle wieder in die eigenen Gedanken vertieft. Ich gehe im Kopf die Elefanten-Begegnung noch mal durch. Auch wenn es beeindruckend und lehrreich war, das Verhalten der Matriarchin zu beobachten, haben wir doch eindeutig gestört. Familie Elefant hatte eine gute Zeit im Schwimmbad, und plötzlich kommen wir Menschen vorbei und spannen.

Am späten Nachmittag erreichen wir eine massive Felsformatierung, die mich an das Kolosseum in Rom erinnert. Ich bin nicht überrascht, als Charlie uns erzählt, dieser Ort werde das »Amphitheater« genannt. In einer kreisförmigen Anordnung ragen Sandsteinfelsen empor, und durch einen Spalt gelangen wir ins Innere des »Theaters«. Charlie ist ein bisschen aufgeregt, weil er in der Ferne eine Schabrackenhyäne erblickt, doch sie ist zu weit weg, um ihrer Spur noch zu folgen, die Sonne wird bald untergehen. Wir schlagen unser Camp im Sand am Fuße eines Felsens auf. Die Schlafplätze der anderen bestehen aus einer Isomatte und einem Schlafsack. Mein Schlafplatz besteht aus einer Isomatte und einem Badehandtuch. Wie immer bin ich perfekt vorbereitet und habe meinen Schlafsack zu Hause in Deutschland gelassen. Den wollte ich nicht mit-schleppen, Afrika ist ja warm. Jetzt fehlt er mir natürlich.

Wir sammeln Äste für unser Lagerfeuer und errichten es gegenüber dem Schlafplatz, damit wir besser geschützt sind. Oben auf den Felsen haben sich ein paar Paviane für die Nacht eingerichtet. Ihr Brüllen hallt lautstark von den Felswänden wider. Sie sind offenbar nicht allzu beeindruckt von unserer Gegenwart.

Zum Abendbrot essen wir Pellkartoffeln und grillen ein paar Steaks. Charlie verkündet, dass heute Nacht jeder für eine Stunde Wache halten muss. Mit der Taschenlampe sollen wir regelmäßig umherleuchten und nach reflektierenden Augen-paaren in der Dunkelheit Ausschau halten.

Gelbe Augen = gut.

Rote Augen = schlecht.

Ich erhalte die erste Schicht des Abends. Von 22 bis 23 Uhr soll ich aufpassen, dass wir nicht gefressen werden. Danach muss ich Sam, Charlies Back-up, wecken. Er wird die Schicht nach mir übernehmen. Sam ist auch einer der weiter fortge-schrittenen Studenten, genau wie Liliane, die George an mei-nem ersten Tag im Busch begleitet hat. Er trägt die khakifar-bene Uniform, ein verschmitztes Grinsen und einen üppigen Bart, der im Camp meist in irgendeinem Buch steckt. Jetzt setzt er sich neben mich ans Feuer und bietet mir eine Ziga-rette an.

»Nein danke, ich rauche nicht mehr.«

»Gut gemacht. Ich höre auch gerade auf«, antwortet er und grinst.

»Ach wirklich? Scheint ja richtig gut zu laufen für dich«, kontere ich und wir lachen beide. Ich stelle Sam ein paar Fragen zu der Ausbildung und wie man Back-up wird und was das überhaupt genau bedeutet.

»Du kannst Back-up-Guide in Mashatu und in einem der anderen Camps in Südafrika, Makuleke, werden. In diesen beiden Camps finden die meisten Busch-Walks statt, mit teilweise recht großen Gruppen. Darum brauchen die Lehrer ein zweites Paar Augen und Ohren – und auch ein zweites Gewehr. Dafür bin ich zuständig. Du kannst auch Back-up in einer Safari-Lodge werden, aber für mich ist das hier eine super Chance, noch etwas länger in dieser Lernatmosphäre zu bleiben und von ausgezeichneten Mentoren zu lernen. Ich muss am Ende dreihundert Stunden zu Fuß im Busch in einem Logbuch nachweisen und mindestens fünfzig Begegnungen mit gefährlichen Wildtieren gehabt haben – dann erst kann ich die Prüfung zum sogenannten ›Lead Trails Guide‹ ablegen.«

»Und was musstest du tun, um Back-up zu werden?«

»Dafür musst du den ›Trails Guide Course‹ erfolgreich bestehen und das Schießtraining für Fortgeschrittene«, erklärt Sam. »Und du musst halt gut sein – sie nehmen nicht jeden für diesen Job.«

»Oh, willst du damit also sagen, dass du besonders gut bist?«, scherze ich.

»Vielleicht«, grinst Sam, »aber das müssen andere entscheiden. Dein Akzent klingt übrigens so ganz und gar nicht deutsch. Bist du sicher, dass du nicht in England geboren bist?«

»Ich glaube, das kommt vom Reisen. Unterwegs habe ich den deutschen Akzent wohl irgendwo verloren.«

Sam und ich reden noch lange, während das Feuer herunterbrennt und die anderen Schüler sich nach und nach in ihren Schlafsäcken verkriechen. Er erzählt mir, dass er in England aufgewachsen sei, bevor seine Eltern sich entschieden, nach Südafrika auszuwandern. »Da war ich zwölf Jahre alt«, sagt er und legt noch ein Stück Holz auf die Kohlen, »meine Mutter hatte Verwandtschaft hier in Südafrika, das machte die Einreise leichter. Jetzt haben sie ein Gästehaus in Knysna an der Küste eröffnet.«

»Knysna? Da war ich schon mal, letztes Jahr mit meiner Schwester.«

»Ja, der Ort liegt an der Garden Route. Es kommen viele Touristen dort durch. Deshalb läuft das Gästehaus auch ganz gut.«

Wir schweigen für eine Weile und starren in die Flammen.

»Höhlenmenschen-Fernsehen«, sagt Sam.

»Soll ich dir ein Geheimnis verraten?«, flüstere ich.

»Dein Vater ist nicht dein Vater und du bist eigentlich von einem englischen Milchmann?«

»Haha, nee. Ich bin auf jeden Fall die Tochter meines Vaters, kein Zweifel«, lache ich. »Nein, ich habe heute Geburtstag.«

»Und das sagst du erst jetzt? Dein Tag ist fast vorbei! Wir hätten dir einen Kuchen gebacken und dich hochleben lassen und dich furchtbar betrunken gemacht und all das!«

»Nein, nein, ist schon gut. So ist es perfekt. Der Tag war großartig. Wie eigentlich jeder Tag hier bis jetzt großartig war.«

»Du weißt ja, was sie über das Leben im Busch sagen...«

»Nein, was sagen sie?«

»Auch ein schlechter Tag im Busch ist immer noch tausend Mal besser als ein guter Tag irgendwo anders.«

Da ist etwas Wahres dran.

»Moment mal, heute ist doch Valentinstag! Du hast am Valentinstag Geburtstag?«

»Ja, aber die Tatsache ignoriere ich seit ungefähr 15 Jahren.

Valentinstag ist doch nur ein Anlass, um den Leuten das Geld aus der Tasche zu ziehen und einmal im Jahr so zu tun, als wäre man so verliebt wie am ersten Tag.«

»Ihr Deutschen … immer so ernst und sachlich. Wo ist euer Sinn für Romantik?«, fragt Sam, springt plötzlich auf und verschwindet in der Nacht. Nach einer gefühlten Ewigkeit kommt er zurück und hält mir eine kleine Wildblume hin.

»Litogyne gariepina«, sagt er und steckt mir die Blume an den Hemdkragen.

»Wie bitte?«

»Litogyne gariepina – das ist der botanische Name dieser Pflanze. Sie wächst hauptsächlich in feuchteren Gebieten, an Flussufern zum Beispiel. Ich glaube, sie gehört zur Familie der Gänseblümchen. Reib sie mal in deinen Händen. Sie riecht wirklich gut.«

Ich reibe und rieche an meiner Hand, die jetzt einen blumig-erdigen Duft angenommen hat.

»Wow … beeindruckt das Mädchen normalerweise, wenn du sie mit botanischen Namen erschlägst?«

»Oh Mann, du bist wirklich eine harte Nuss«, lacht Sam.

»War nur Spaß. Die ist wirklich sehr schön.«

»Alles Gute zum Geburtstag, Gesa. Ich hau mich jetzt für eine Weile aufs Ohr. Deine Schicht fängt gleich an. Es ist etwas ganz Besonderes, zum ersten Mal allein hier draußen zu sitzen. Vor allem an deinem Geburtstag. Genieß es. Und wenn du etwas siehst oder hörst, weck bloß nicht mich – weck Charlie!«

Ich bleibe allein sitzen und vergrabe meine Füße im Sand. Die Nacht ist ohne Mond und dementsprechend finster. Es hat etwas Befreiendes und Ehrliches, allein an einem Feuer in der Wildnis zu sitzen. Und es ist außerdem das erste Mal seit Tagen, dass ich ganz für mich allein bin. Ab und an sehe ich ein recht großes Krabbeltier über den Sand laufen. *Walzenspinne,* denke ich und lasse die Spinne Spinne sein. Merkwürdig, wie viel weniger Angst einem die Dinge machen, wenn man sie einzuordnen weiß. Von weit her höre ich eine einsame Hyäne nach ihren Verwandten rufen. Aber ihr Ruf bleibt ungehört, und schließlich verstummt sie. Meine Stunde am Feuer vergeht viel zu schnell. Nachdem ich Sam für seine Schicht geweckt habe, liege ich unter meinem Badehandtuch noch eine Weile wach, während ich die Wildblume in meinen Händen zerreibe.

Alles Gute zum Geburtstag, wünsche ich mir selbst. Dann schlafe ich ein.

7.

Schüsse in der Nacht

Früh am nächsten Morgen kochen wir Kaffee über den Flammen. Alle sehen reichlich verpennt aus, aber das ist egal. Ich trage seit Tag eins kein Make-up mehr. Für mich eine ganz neue Erfahrung. In Berlin hätte ich mich nur zögerlich ohne Schminke vor die Tür gewagt. Hier erscheint es mir aber maximal unnötig, mich morgens anzumalen. Es gibt Wichtigeres zu tun. Das Feuer löschen zum Beispiel und die abgebrannten Kohlen im Sand vergraben. Denn nichts soll darauf hindeuten, dass hier Menschen die Nacht verbracht haben. Dieser Ort soll wild bleiben. Sogar unsere Fußspuren verwischen wir, bevor wir uns auf den Rückweg machen.

Wir wandern durch einen Wald aus Mopanes, mittelhohen Bäumen mit schmetterlingsförmigen Blättern, die besonders gern von Elefanten verspeist werden. Charlie pflückt ein paar der Blätter und reicht sie uns.

»Kostet mal«, sagt er und beißt selbst ein Stück ab. »Merkt ihr, wie bitter die schmecken?«

Wir nicken.

»Mopanes haben einen natürlichen Schutzmechanismus entwickelt. Sie sind in der Lage, mehr von diesen bitteren Gerbstoffen zu produzieren, wenn zu viele Tiere ihre Blätter abfressen. Aber was daran noch viel beeindruckender ist: Sie können andere Mopanebäume warnen, indem sie einen Duftstoff entsenden, der mit dem Wind zu den anderen Bäumen transportiert wird, die daraufhin auch mehr Gerbstoffe produzieren und somit die Blätter unappetitlich werden lassen. Das nennt man ›Jasmination‹.« Charlie ist jetzt voll in seinem Element. »Das ist für mich das Bemerkenswerte an der Wildnis, wisst ihr? Es gibt noch so viel, von dem wir nichts wissen oder das wir nicht verstehen. Es gibt noch so viel zu entdecken und zu lernen. Nicht nur über Tiere, sondern eben auch über die Pflanzen, über die Erde, den Himmel. Genau genommen haben wir noch nicht mal den leisesten Hauch einer Ahnung.«

Ich kaue auf meinem Blatt herum und denke darüber nach, was Charlie da grad gesagt hat. Wahrscheinlich ist das der Grund, warum Leute wie er diesen Job machen, überlege ich. Er ist ein cleverer Kerl, keine Frage. Und mit Sicherheit könnte er in der Stadt einen gut bezahlten Job bekommen, mit Anzug und Krawatte und allem. Aber wahrscheinlich würde ihn das nach kürzester Zeit tierisch langweilen. Keiner wird für das Geld Ranger. Aber unsere drei Lehrer haben eines gemeinsam: Sie haben einen unstillbaren Wissensdurst. Sie wollen mehr verstehen von der Welt, ihre Geheimnisse erfahren. Und hier in der Wildnis ist das möglich. Egal, wie viel du lernst, egal, wie gut du als Ranger wirst: Es wird immer Neues zu entdecken geben. Jeder Tag ist anders. Jeder Tag kann erstaunliche Begegnungen und Erkenntnisse bringen – nicht nur über die Natur, sondern auch über dich selbst. Und du darfst hier den ganzen Tag draußen spielen. Keine schlechte Sache.

Den Nachmittag verbringen wir im Camp und vergraben uns in unseren Büchern. Jeden Tag lernen wir zwischen den Aktivitäten eine Theorie-Einheit im wilden Klassenzimmer: Ökologie, Geologie, Säugetiere, Amphibien, Reptilien, Vögel, Insekten … Mein Kopf steht kurz vor der Explosion. Vor allem die Vögel machen mir zu schaffen. An unserem ersten Schultag haben wir eine Liste mit neunzig verschiedenen Vogelarten in die Hand gedrückt bekommen, dazu eine Playlist mit den entsprechenden Vogelrufen, die wir auf unseren Smartphones zum Üben abspielen können. Für mich klingen sie alle gleich. Neunzig Vögel! Ich komme zu Hause allerhöchstens auf zehn – und das auch nur, wenn ich im Kopf *Die Vogelhochzeit* von Rolf Zuckowski singe. Gott sei Dank wird der Vogeltest aber erst im kommenden Monat auf uns zukommen. Aber auch die englische Sprache macht mir zum ersten Mal in meinem Leben wirklich zu schaffen. All die biologischen Fachbegriffe sind für mich schon auf Deutsch schwer genug zu verstehen. Auf Englisch stellen sie sich fast als unmögliches Hindernis heraus. Weil ich nur die Hälfte von dem verstehe, was ich in meinem Lehrbuch lese, fange ich kurzerhand an, alles auswendig zu lernen. Sam hilft mir, indem er mir seine Karteikarten vermacht, mit denen er selbst für diesen ersten Teil der Ausbildung gelernt hat. Unermüdlich fragt er mich an diesem Nachmittag den Stoff ab. Und als die Trommeln schließlich das Abendessen ankündigen, bin ich tatsächlich um einiges schlauer.

Abendessen im Camp ist immer eine laute und lustige Angelegenheit. Das »Duty Team« spielt Gastgeber, indem sie den anderen das Essen präsentieren und servieren. Auch das müssen wir lernen, denn es gehört zum normalen Arbeitsalltag eines Safari-Guides. Nach dem Essen müssen die Nachwuchs-Guides für den nächsten Morgen außerdem das Gäste-Briefing üben. Es ist wichtig, zu lernen, vor einer Gruppe von Menschen frei zu sprechen und die Gäste mit Regeln und Sicherheitsvorkehrungen vertraut zu machen, bevor es in die Wildnis geht.

Unsere Tage im Camp beginnen früh und enden dementsprechend auch nie zu später Stunde. Heute Abend höre ich Regentropfen auf die Zeltplane fallen und Donner heranrollen.

»Unser erster afrikanischer Sturm«, flüstert Luise und kuschelt sich in ihren Schlafsack. Ich decke mich mit meinem Handtuch zu und zähle die Sekunden zwischen Donner und Blitz. Sie werden immer kürzer, bis das Blitzen unmittelbar auf das Donnern folgt. Und dann höre ich noch etwas anderes. Es lässt mir das Blut in den Adern gefrieren. Ich höre Gewehrschüsse. Plötzlich sitze ich aufrecht im Bett.

»Hast du das gehört?«, frage ich Luise.

Aber sie schläft schon wieder tief und fest.

Habe ich es mir nur eingebildet? Nein, da folgt ein weiterer Schuss! Ich kenne das Geräusch nur aus dem Fernsehen, aber trotzdem bin ich mir sicher, dass da draußen geschossen wird. Ich kann nicht sagen, wie weit weg die Schüsse gefallen sind. Insgesamt waren es drei. Vorsichtig stecke ich meinen Kopf aus dem Zelt. Draußen tobt und wütet der Sturm durch die Bäume, die sandigen Gehwege sind bereits zu kleinen Bächen geworden. Niemand sonst scheint die Schüsse bemerkt zu haben. Zumindest scheint niemand der Sache nachgehen zu wollen. Verständlich, das ist wirklich ein Mistwetter.

Ich lege mich wieder hin, die Ohren gespitzt. Doch Schüsse

höre ich keine mehr. Nur das Prasseln der dicken Tropfen auf der Zeltplane. Dass ich irgendwann doch einschlafe, merke ich gar nicht mehr.

Am Morgen werde ich von Stille geweckt: das Ausbleiben der Trommeln lässt mich hochschrecken, weil ich glaube, verschlafen zu haben. Es regnet noch immer stark. Ich klettere hastig aus dem Zelt, stelle aber fest, dass draußen nur Quintin und Louis umherwandern.

»Habt ihr heute Nacht die Schüsse gehört?«, frage ich.

»Ja, waren wahrscheinlich Wilderer«, sagt Quintin.

»Wilderer? Wirklich?« Ich mache große Augen.

»Ja, die sind gerne in Gewitternächten unterwegs, damit man ihre Schüsse nicht hört. Verdammte Wilderer!«, schimpft Louis.

Besonders beunruhigt wirken die beiden aber nicht, also lasse ich mir meine Sorge auch nicht anmerken. Wir beschließen, dass wegen des Wetters heute Morgen wohl keine Aktivität stattfinden wird, und Quintin und Louis legen sich wieder schlafen. Ich bin allerdings hellwach und schaue mich im Camp um. Der Sturm hat es ordentlich verwüstet. Die Stühle und Tische vom Study Deck liegen kreuz und quer im Gebüsch verteilt, die Pfade sind kaum mehr zu erkennen, ja ganze Bäume hat es umgerissen. Ein riesiger Regenbaum liegt zwischen Study Deck und Luises und meinem Zelt. Nur um wenige Zentimeter hat er den Wassertank verfehlt, der auf einem zehn Meter hohen Gerüst sitzt. Hätte er den getroffen, wäre der Tank wohl auf unserem Zelt gelandet – Glück gehabt.

Ich bringe das Study Deck ein wenig in Ordnung und setze in der Küche Wasser auf. Als es kocht, rühre ich mir eine Tasse

Instant-Kaffee an und setze mich mit meinem Tagebuch aufs Deck, während der Regen weiter prasselt.

Ich bin noch keine zwei Wochen hier, und doch fühlt es sich an wie mehrere Monate. Nichts, was sich hier täglich auf so kleiner Ebene abspielt, lässt sich mit meinem Leben zu Hause vergleichen.

Bin endlich in der Gruppe angekommen und es fällt mir leichter, mich den anderen zu öffnen. Wir sind jetzt schon wie eine große Familie, und ich fühle mich hier so wohl, dass ich bereits mit bangen Gedanken an das Ende der Ausbildung denke. Ich kann das gar nicht richtig beschreiben, aber ich habe das Gefühl, hierher zu gehören. Jeden Tag draußen zu sein, im Einklang mit der Natur und den Tieren zu leben, macht so viel mehr Sinn, als zwischen Betonklötzen in Berlin von einem tristen Tag in den anderen zu trotten.

Ich vergesse Zeit und Datum und weiß doch, dass die Tage gezählt sind. Im Moment zu leben wird zur einzigen Möglichkeit. Mein Herz ist jetzt schon nicht mehr nur in Deutschland zu Hause. Ich will mehr von Afrika sehen, will mehr lernen, mehr verstehen …

»Guten Morgen, Gesa.«

Ich blicke auf und schaue in die warmen Augen von George, der seine Tasse Kaffee auf seinem Bauch abstellt und neugierig über meine Schulter schaut.

»Was schreibst du da?«

»Oh, nur mein Tagebuch.«

»Hast du letzte Nacht die Schüsse gehört?«

»Ja, habe ich. Quintin meint, es wären vielleicht Wilderer gewesen?«

»Ja. Wilderer sind leider oft in Gewitternächten unterwegs. Wir haben die Park-Ranger verständigt. Sie kümmern sich um die Verwaltung und die Sicherheit hier im Reservat und werden der Sache nachgehen.«

»Was glaubst du, auf was sie geschossen haben? Elefanten?«

»Nein, das ist sehr unwahrscheinlich. Ich schätze, sie werden eine Antilope oder zwei geschossen haben, für ihre eigene Fleischversorgung. Das afrikanische Wort für ›Wildtiere‹ ist ›nyama‹ – das bedeutet Fleisch, weißt du? Für Hunderte von Jahren war es das Normalste von der Welt, Wildtiere zu jagen. Das war bei dir zu Hause in Deutschland ja auch nicht anders. Aber heutzutage ist es verboten. Für viele Leute ist so was wie Wilderei aber gar nicht in den Köpfen, sie sehen es nicht als ein Verbrechen an, sondern als Geburtsrecht, weil sie das schon immer so gemacht haben. Aber Elefanten werden hier in Botswana Gott sei Dank kaum gewildert.«

»Warum sind die Stoßzähne von Elefanten überhaupt so wertvoll?« Mir ist klar, dass das Thema Wilderei zu groß und zu komplex ist, um es noch vor der ersten Tasse Kaffee zu besprechen, aber es ist nur eines der vielen Dinge, die ich besser verstehen möchte. George setzt sich neben mich und nimmt sich Zeit für seine Antwort.

»Also, das ist so. Stoßzähne bestehen aus Elfenbein. Elfenbein wird vor allem in China seit Jahrhunderten benutzt, um kunstvolle Schnitzereien anzufertigen, aber auch ganz alltägliche Dinge wie Knöpfe oder die Tasten vom Klavier. Es gilt dort als Statussymbol. Über 70 Prozent von allem Elfenbein, das in Afrika gewildert wird, wird illegal nach China transportiert. Im letzten Jahr wurden mehr als 20 000 Elefanten für ihr Elfenbein getötet.«

»20 000?«, frage ich schockiert. Dass die Zahl so hoch ist, hätte ich nicht gedacht.

»Aber wer braucht denn so viel Elfenbein?«

»Nun ja. Seitdem die Wirtschaft in China boomt, gibt es dort eine sehr reiche Mittelklasse und die legt Wert auf Statussymbole. Und Elfenbeinschnitzereien sind leider nach wie vor *das* Statussymbol.«

»Aber wie können die sich etwas ins Wohnzimmer stellen, von dem sie wissen, dass es von einem Tier stammt, das nur zu diesem Zweck getötet wurde?«

»China ist weit weg, weißt du? Ich denke nicht, dass ihnen klar ist, dass die Elefanten nur zu diesem Zweck getötet wurden.«

»Wie viele Elefanten sind noch übrig?«

»In ganz Afrika? 500 000 vielleicht. Ich weiß, das klingt nach einer Menge. Aber tatsächlich ist die Zahl allein in den letzten zehn Jahren um mehr als 95 Prozent gesunken.«

George schweigt für einen Moment.

»Es ist ein schwieriges Thema«, sagt er, »aber wir können nicht genug darüber sprechen. Weil es ein ernstes Problem ist. Was wäre es für eine Schande, wenn unsere Zeit die sein wird, in der die großen Wildtiere Afrikas aussterben? Und nicht nur die Elefanten! Ich will gar nicht erst anfangen von all den Nashörnern, die im letzten Jahr getötet wurden, weil man in Korea daran glaubt, dass die Hörner heilende Kräfte hätten. Dabei besteht Nashorn nur aus Keratin, das ist nichts anderes als Fingernagel.« George schüttelt traurig den Kopf. »Aber Botswana ist auf einem guten Weg, denke ich. Afrikas Wirtschaft ist zu einem großen Teil abhängig von dem Abbau von Mineralien – und eben leider auch von der Jagd auf Wildtiere. Aber irgendwann, und zwar eher früher als später, sind diese natürlichen Rohstoffe aufgebraucht. Und was dann? Mein Land versucht, Geld aus dem Tourismus zu generieren und den Leuten zu zeigen, dass es nachhaltiger ist, die Tiere zu schützen, anstatt sie zu töten. Ich denke, das ist ein guter Weg.«

Er erhebt sich und verschwindet in der Küche. Unsere Unterhaltung hat mich mit mehr Fragen als Antworten zurückgelassen. Und ich schäme mich für meine Ignoranz. Sicher, ich weiß, dass Wilderei in Afrika ein Problem ist, aber bis jetzt hat sie mich nicht betroffen. Zu Hause haben wir andere Probleme besprochen, alltägliche Sorgen, Dinge, die uns unmittelbar betreffen. An das Aussterben bedrohter Arten verschwendet kaum jemand einen Gedanken. Es ist schon merkwürdig: Wir fristen heutzutage ein Dasein, das völlig losgelöst von der natürlichen Welt funktioniert und gleichzeitig – oder vielleicht gerade deshalb! – geht die Natur den Bach runter. Ich kenne so viele junge Leute, die unzufrieden sind, weil sie nicht das vermeintlich Richtige für sich finden. Auf ewiger Sinnsuche ziehen sie als Backpacker durch Asien oder wählen einen Prestige-Studiengang, nur um ihre Eltern glücklich zu machen. Wenn man all diese cleveren jungen Menschen bloß mobilisieren und ihnen wieder den Wert von Wildnis und Natur vermitteln könnte – da müsste doch was zu machen sein! Mich gehen wilde Tiere plötzlich auch etwas an. Wie kann es mir da noch egal sein, dass viele von ihnen vom Aussterben bedroht sind?

Der Regen hält den ganzen Tag an, und so bleibt uns ein weiterer Nachmittag zum Selbststudium. Ich kann mich heute aber einfach nicht auf den Stoff konzentrieren. Georges Worte kreisen noch immer durch meinen Kopf und der Regen tut sein Übriges, um mich nachdenklich zu stimmen. Kurz vor Sonnenuntergang klart es aber endlich doch noch auf, und meine Gruppe beschließt spontan, für einen Sundowner zum

Mmamagwa zu fahren. Mmamagwa ist ein beachtlicher Felsvorsprung in der Savanne, der sich ohne große Schwierigkeiten erklimmen lässt. Oben streifen wir durch hohe Gräser, die mich an den Film *Gladiator* erinnern, in dem Russell Crowe durch ein goldgelbes Getreidefeld in die untergehende Sonne ins Elysium wandert. An der westlichen Spitze steht ein uralter Affenbrotbaum – einer der Bäume mit den dicken Stämmen und eine afrikanische Ikone. In seinen Stamm ist etwas geschnitzt. Mit ein bisschen Mühe und viel Fantasie lässt sich dort noch der Name *Cecil Rhodes* in der alten Rinde ertasten. Cecil John Rhodes war ein britischer Geschäftsmann und einer der Hauptakteure im *Wettlauf um Afrika* – der Kolonialisierung des afrikanischen Kontinents im 19. Jahrhundert. Gleich zwei ganze Länder wurden nach ihm benannt: Nordrhodesien und Südrhodesien – heute Sambia und Simbabwe. Aber offenbar genügte ihm das nicht als Vermächtnis, und so erdachte er den bescheidenen Plan, eine Eisenbahnlinie vom Kap bis nach Kairo zu bauen, um auch ganz sicher einen Platz in der Geschichte zu bekommen. Die Schienen sollten direkt durch Mashatu verlaufen. Während die Sonne den Horizont küsst, kann ich von hier oben ganz Mashatu überblicken. Zum Glück stellte sich Rhodes' Vorhaben als logistischer Albtraum heraus und scheiterte. Dieser Ort durfte wild bleiben. Vielleicht, weil er beleidigt war, wollte Rhodes zumindest noch seinen Namen in den Affenbrotbaum schnitzen.

Wir sitzen in Ehrfurcht vor dem Ausblick auf die Savanne, der sich uns bietet. Keiner spricht ein Wort. Jeder trinkt sein Bier für sich allein. Hin und wieder huscht eine Elefantenspitzmaus um unsere Füße. Die Mystik von Mmamagwa hilft kaum, um mich aus meinen Gedanken zu reißen, aber ich lasse sie zu.

Hier oben umhüllt mich ein Gefühl von Demut und Ruhe. Ich atme tief ein und aus. Meine Sinne arbeiten auf Hochtouren. Ich sehe am Fuße des Felsens eine Herde Gnus grasen, ich rieche noch immer den Regen, vom Lion's Head höre ich ein Zebra und mit meinen Händen ertaste ich den Stein, auf dem ich sitze, rau und warm. Mein ganzer Körper ist hellwach. Und ich fühle mich endlich wieder als ein aktiver Teil dieser Welt, nicht mehr wie ein Trauerkloß, der mit Kopfhörern in der S-Bahn sitzt, fühle mich nicht mehr wie ein freies Teilchen, losgelöst von seiner Umwelt.

Mit dem Sonnenuntergang beginnen die Schakale und Hyänen ihren nächtlichen Chorus, und es wird Zeit, vom Hügel hinunter und wieder auf den Geländewagen zu klettern. Während der Fahrt schaue ich noch einmal zurück. Mmamagwa strahlt warm im schwindenden Licht der Sonne, und ein Schauder fährt durch meinen Körper. Ich weiß nicht, was es ist, aber dieser Felsen hat etwas Magisches an sich. Von seinen Wänden hallt das Echo vergangener Tage, und von seinem Rücken lässt sich ein letztes Stück Wildnis erblicken – nicht nur in Afrika, sondern auch in mir selbst.

8.

Elefantenmist und Löwengebrüll

Nach drei Wochen fühlt sich das *Land der Riesen* wie zu Hause an. Die tägliche Routine, frühes Aufwachen, mehrstündiger Buschmarsch am Vormittag, Unterricht und noch eine Fahrt mit dem Geländewagen vor Sonnenuntergang lassen mir keine Zeit zum Nachdenken. Abends falle ich wunschlos glücklich ins Bett. Langsam ergeben auch die Lerninhalte mehr Sinn für mich, und ich stelle mich mit jedem neuen Tag ein bisschen weniger dumm an. Außerdem gibt es in einem der Schränke auf dem Study Deck ein paar Khaki-Uniformen, die ich kaufen kann. Jetzt bin ich also auch endlich richtig gekleidet. Im Camp laufe ich barfuß. Das ist, man glaubt es kaum, im Grunde genommen auch nicht weniger sicher, als wenn man Schuhe trägt. Der Unterschied ist schlichtweg der, dass man barfuß besser darauf achtet, wohin man tritt und was um einen herum geschieht.

Das Beste aber ist, was uns tagtäglich in der Wildnis begegnet. Elefanten sind unsere ständigen Weggefährten. Es vergeht kein Tag, an dem wir nicht mindestens einer Herde begegnen. Aber es gibt noch so viel mehr hier draußen. An einem Morgen schafft es George, uns mit Hilfe einer Reihe von Alarmrufen verschiedener Tiere bis auf wenige Meter an einen Leoparden heranzuführen. Nur anhand der Richtung, aus der die Rufe jeweils kommen, kann er erkennen, wo die Gefahr lauert, wegen der die Tiere so einen Krach machen. Von Osten schreien Paviane, von Norden ein paar Impalas, von Westen ein Kudu – eine große, graue Antilope mit spiralförmigen Hörnern.

»Kudus lügen nie«, sagt George und meint damit wohl, dass Kudus niemals grundlos Alarm schlagen (wie das zum Beispiel Zebras gerne tun, die wiehern ständig). Die cleveren Antilopen wittern mit großer Wahrscheinlichkeit ein Raubtier. Und er soll recht behalten: Keine zehn Minuten später beobachten wir den Leoparden, wie er sich einen Weg hinauf auf *Solomon's Wall* bahnt. Von dort oben hat er einen guten Blick und lässt sich von der frühen Morgensonne wärmen.

Als ich meine Gruppe das nächste Mal als Guide führe, sind wir zu Fuß unterwegs. James begleitet den morgendlichen Buschmarsch, und mein Herz macht einen kleinen Hüpfer, als sich uns außerdem Sam als Back-up anschließt. In den letzten Tagen habe ich mich dabei ertappt, wie ich ihn immer wieder unauffällig beobachtet habe. Die Wildblume, die er mir geschenkt hat, habe ich in ein Taschentuch zwischen die Seiten meines Tagebuchs gepresst. Vielleicht bin ich doch ein bisschen romantischer veranlagt, als ich das zugeben wollte.

Wir wandern durch das trockene Flussbett gen Süden. In der Ferne sehen wir eine Herde Elefanten. Wir beschließen aber, sie in Frieden zu lassen, und tauchen stattdessen in ein Dickicht aus sattgrünen, mittelhohen Fieberbeerbäumen ein. Auf versteckten Pfaden bahnen wir uns einen Weg durchs Gestrüpp. Während mich noch in der ersten Woche alles überwältigt hat, entwickele ich nun langsam ein Auge für die kleinen Dinge. Ein Mistkäfer ackert sich fleißig durch einen großen Haufen Elefantenmist. Wir beobachten, wie er einen Ball aus den halb verdauten Blättern und Sträuchern formt und ihn fortkullert. Mistkäfer können das Hundertfache von ihrem eigenen Körpergewicht tragen. Das ist, als würde ich mal eben einen ausgewachsenen Elefanten über die Straße schieben. Der Mistkäfer bringt seinen Mistball nach Hause zu seiner Mistkäferfrau, die dort entscheiden wird, ob er gut genug ist, um ein Ei darin zu legen. Wenn nicht, macht sie ihn kaputt und Herr Käfer muss noch mal von vorn anfangen. Es gibt Mistkäfer, die nur einmal im Jahr einen solchen Mistball formen und nur ein einziges Ei darin legen. Wer also versehentlich auf einen solchen Mistball tritt, hat mit einem einzigen Schritt mal eben die Vorbereitungen eines ganzen Jahres zunichte gemacht.

James steckt seinen Zeigefinger prompt in das, was der Elefant da gemacht hat. Dann leckt er den Finger ab.

»Jupp, ist frisch«, sagt er und grinst.

»Iiiiiieh«, machen alle Mädchen im Chor.

»Alter Ranger-Scherz«, lacht James, »ihr steckt den Zeigefinger in den Haufen, aber dann den Mittelfinger blitzschnell in den Mund – werden eure Gäste nie merken. Gesa, versuch du's auch mal.«

Klar, kein Problem. Ich wollte schon immer mal meinen Finger in einen dampfenden Haufen Kacke stecken, denke ich, versuche aber mir nichts anmerken zu lassen, als ich meinen Zeigefinger mutig in den Haufen stecke. Mhhhhm. Er ist noch warm.

»Jupp, ist frisch«, zitiere ich James und lecke unbeholfen an meinem Mittelfinger. Gut, das üben wir dann noch mal.

»Leute, ich würde der Spur gern folgen, aber es ist in diesem Dickicht nicht unbedingt ratsam«, sagt James, »der Elefant könnte gleich hinter dem nächsten Baum sein. Ich schlage vor, wir bahnen uns einen Weg ins Freie und gehen trotzdem grob weiter in seine Richtung. Vielleicht können wir einen Blick auf ihn werfen. Was meint die Rangerin?«, fragt er mich.

»Klingt nach einem Spitzen-Plan.« Was bleibt mir auch anderes übrig, wenn Ranger James Elefanten finden will?

Wir marschieren weiter über eine offene Graslandschaft südlich der Fieberbeeren. Tatsächlich war dem Elefanten das Dickicht wohl auch zu dicht, denn auch hier draußen finden wir alle paar hundert Meter einen großen, dampfenden Haufen.

»Prima. Hier draußen kannst du jetzt versuchen, seiner Fährte zu folgen. Elefanten fressen und defäktieren quasi die ganze Zeit. Und sie bewegen sich immer von einer Wasserstelle zur nächsten. Ich denke, dass dies hier ein junger Bulle ist, der vielleicht der Herde folgt, die wir im Flussbett gesehen haben.«

Ich arbeite mich langsam vor, von Haufen zu Haufen, immer weiter Richtung Westen durch die Steppe. Die Laufrichtung des Tieres weiß ich mittlerweile zu bestimmen: Elefanten kicken im Lauf den Sand nach vorne, und da ihr Gewicht auf dem Ballen lastet, bildet sich im hinteren Teil des Fußabdrucks außerdem eine Art Halbmond, der ausgeprägter ist als der vordere Teil. So weit die Theorie.

Wir laufen ungefähr eine halbe Stunde durch die Gegend, ohne dass etwas großes Graues auftaucht. Keine Ahnung, ob ich das hier richtig mache oder nicht, aber James läuft weiter hinter mir her, ohne sich zu beschweren. Die Sonne steigt indes höher und höher, es sind bestimmt schon an die vierzig Grad. Ich sehe mich zu meinen Mitschülern um, die sichtlich mit der Hitze zu kämpfen haben. Wer gut vorbereitet ist, hat einen Camelbak auf dem Rücken – eine Art blasenförmige Trinkvorrichtung mit einem Schlauch, der aus dem Rucksack ragt, so dass sich im Laufen etwas Wasser trinken lässt. Ich aber muss meine Wasserflasche immer umständlich aus dem Rucksack holen und schlage darum eine Pause im Schatten vor. Zurück unter den Fieberbeeren erkläre ich einen trockenen Ausläufer des Motloutses zu unserem Rastplatz. Zu beiden Seiten des trockenen Baches ragen steile Böschungen empor. Und gerade als James zu bedenken gibt, dass dies hier mit echten Gästen wohl nicht der idealste Platz für eine Rast sein würde, hören wir nördlich von uns unverkennbar das Trompeten eines Elefanten.

Alle springen auf, das Geräusch ist nicht weit von uns entfernt.

»Wahrscheinlich ist es die Herde, die wir im Fluss gesehen haben. Es sind meist die Elefantenkühe, die so aufgeregt rumtrompeten. Die Bullen sind wesentlich entspannter, genau wie bei uns Menschen«, sagt James und zwinkert mir zu.

Wir hören raschelnde Blätter und das Knacken von Ästen im Dickicht vor uns. Ich halte den Atem an. Aus den Augenwinkeln beobachte ich Sam, der sich nach allen Seiten umsieht, wohl, um eine mögliche Deckung für uns zu finden. Es gibt keine.

Ich erinnere mich an unsere erste Begegnung mit der Elefantenherde an meinem Geburtstag und an die wütende Matriarchin. Das möchte ich hier lieber nicht noch einmal erleben.

Sollte die Herde beschließen, in unsere Richtung zu kommen, sind wir ihr schutzlos ausgeliefert, und durch die steile Uferböschung ist sie uns eindeutig überlegen.

»Alles gut. Sie bewegen sich weg von uns«, flüstert James nach einer Weile. Die Geräusche werden leiser, das Trompeten scheint jetzt aus einer größeren Entfernung zu kommen. Ich atme auf und höre auch Quintin einen Seufzer machen. Ich lasse mich erleichtert in den Sand plumpsen.

»Oh Shit!«, ruft Sam plötzlich aus und zeigt mit großen Augen in Richtung der gegenüberliegenden Uferböschung.

Zwei Meter über uns und keine fünf Meter vor uns stolpert ein junger Elefantenbulle aus den Fieberbeeren und schaut erschrocken auf uns hinab – zweifelsohne ist es sein Mist, in den ich erst kürzlich meinen Finger gesteckt habe. Blitzschnell bin ich wieder auf den Beinen und sehe mich panisch nach James um. Der scheint aber nach wie vor die Ruhe selbst zu sein. Er begibt sich mit großen, aber beherzten Schritten zwischen seine Schüler und den Elefanten.

»Hey, mein Junge«, sagt James mit ruhiger Stimme zu dem Elefanten und dann über die Schulter zu Sam: »Führ sie die Böschung rauf und komm dann zurück zu mir.«

Sam gestikuliert uns, ihm zu folgen, und wir kraxeln den Abhang hoch. Das scheint dem Elefanten gar nicht zu gefallen, denn jetzt trompetet er wild drauf los. So viel zum Thema, die Bullen seien entspannter…

»Alles gut, kleiner Kerl. Bleib ruhig«, sagt James. Der Bulle ist noch im Teenager-Alter. Es kann noch nicht lange her sein, dass seine Herde ihn ausgestoßen hat. Übermütig stemmt er sich gegen eine Fieberbeere, um uns zu zeigen, wer hier der Boss ist. Der Elefant trompetet und schnaubt und schüttelt wild den Kopf. Er scheint nicht recht zu wissen, was er mit uns anfangen soll. Immer wieder macht er ein paar Schritte auf uns zu, weicht dann aber wieder zurück, als James ihm Paroli bietet. Schlussendlich wird dem Elefanten die Nummer aber wohl zu heiß und er trollt sich.

»Na dem haben wir einen ordentlichen Schrecken eingejagt«, sagt James, »armer kleiner Kerl.« Aber irgendwie wirkt er doch recht zufrieden mit diesem Zwischenfall. Mir hingegen pocht das Herz noch auf dem gesamten Heimweg bis zum Hals. Als »kleinen Kerl« hätte ich diesen Elefanten ganz sicher nicht eingestuft, und mit meinem minimalen Erfahrungsschatz in Sachen Elefanten konnte ich während dieses Zusammenstoßes auch nicht sonderlich viel ausrichten. Dass James als mein Lehrer in einer solchen Situation eingreift und die Führung übernimmt, ist notwendig, um unsere Sicherheit während der Ausbildung zu garantieren. Zu meiner Überraschung hat mich diese Begegnung mit dem jungen Elefantenbullen aber nicht abgeschreckt. Im Gegenteil: Ich möchte mehr davon.

Während des Mittagessens verschwinden James, Charlie und George mit einem der Landys. Über dem Lion's Head wurde eine große Ansammlung Geier gesehen. Sie wollen der Sache nachgehen, denn Geier sind ja bekanntlich immer ein Zeichen dafür, dass etwas gestorben ist – und das ist im Busch so ziemlich das Aufregendste, was passieren kann. Vielleicht hat ein Raubtier Beute gemacht, hoffentlich waren es keine Wilderer. Nach dem Essen lege ich mich für ein Nickerchen zur heißesten Tageszeit ins Zelt, komme aber nicht dazu, weil da auch schon wieder die Trommeln losgehen. Viel zu früh allerdings. Irgendetwas muss passiert sein.

»Die Löwen sind nördlich der East-West-Ridge in den Mopanes, sie haben letzte Nacht Beute gemacht und ruhen sich jetzt aus«, erklärt Charlie, als wir uns alle auf dem Study Deck versammeln. Aufgeregtes Gemurmel geht durch die Reihen. Löwen haben wir in Mashatu noch nicht gesehen. Das Rudel hält sich in dieser Gegend meist nicht lange auf und zieht stetig weiter.

»Ich schlage vor, dass wir in die zwei Landys steigen und versuchen, sie zu finden.«

Das muss er uns natürlich nicht zweimal sagen. Sofort wuseln wir los, schnappen Rucksäcke und Kameras und sitzen keine zehn Minuten später allesamt im Wagen. Ich bin aufgeregt. Letztes Jahr im Krüger Nationalpark habe ich zwar Löwen gesehen, aber nur aus dem Inneren eines Mietwagens, hinter verschlossener Scheibe, umgeben von mindestens zehn anderen Autos. Das war zwar beeindruckend, aber irgendetwas sagt mir, dass es dieses Mal etwas anderes sein wird.

Zwischen den Mopanes ist nicht viel zu sehen. Außerdem weht ein starker Wind, so dass wir nur schlecht hören können. James steuert unseren Landy gekonnt über den Acker, der die Straße sein soll, als hätte er sein Leben lang nichts anderes gemacht. Wenn ich so darüber nachdenke, stimmt das wohl auch. Plötzlich bremst er abrupt.

»Pssssst!«, macht er in unsere Richtung, »hört ihr das?«

Wir spitzen die Ohren. Und durch den Wind hören wir es zweifellos: das Brüllen eines Löwen, markerschütternd und wunderschön zugleich.

Charlie fährt im zweiten Landy vor, mit Sam auf dem Beifahrersitz.

»Pass auf, Sam und ich schauen kurz zu Fuß nach. Mit den

Wagen kommen wir hier nicht weit, und ich will nicht unnötig *offroad* fahren«, schlägt Charlie vor.

»Kein Problem«, sagt James.

Wenn er selbst gerne mitgekommen wäre, um die Löwen zu Fuß zu suchen, lässt er es sich jedenfalls nicht anmerken. So wie ich ihn einschätze, müssen ihm aber ganz gewaltig die Finger jucken, als Charlie und Sam ihre Gewehre laden und in den Mopanes verschwinden. Ich frage mich, ob es James wohl manchmal schwerfällt, Anweisungen von dem deutlich jüngeren Charlie anzunehmen. Aber eigentlich ist er dafür zu cool.

Es vergehen an die zwanzig Minuten, in denen nichts passiert. Ich habe mich schon fast von der Aussicht auf ein Rudel Löwen verabschiedet, als Sam mit einem Mal aus den Mopanes springt.

»Wir haben sie gefunden! Ungefähr hundert Meter westlich von hier. Charlie ist dageblieben und wartet auf uns. Heilige Scheiße, ich bin der Löwin fast auf den Schwanz getreten! Liegt da im Gebüsch und macht keinen Mucks! Wow!«

Sam ist wie elektrisiert und springt hinters Steuer des anderen Landys.

»Na, dann mal los«, sagt James entspannt und lenkt unseren Wagen in die Mopanes.

Von weitem sehen wir Charlie auf einem Felsen sitzen. Sam fährt vor und Charlie springt neben ihn in den Landy. Ich suche die Löwen unter jedem Busch, an dem wir vorbeifahren – erwarte ich doch, sie halb dösend irgendwo im Schatten zu finden. Wahrscheinlich bin ich deshalb so erschrocken, als eine ausgewachsene Löwin völlig unvermittelt vor unserem Wagen entlangspaziert. Man macht sich ja keine Vorstellung davon, wie gewaltig diese Tiere sind! Jeder Körperteil ist Muskel, jede

Tatze so groß wie ein Teller, jeder Schritt so anmutig und bedacht, jedes Fellhaar so golden wie die Sonne und die Augen – die Augen so durchdringend und wild, dass mir das Blut in den Adern gefriert.

Sie schleicht zwischen beiden Wagen umher. Keine zwei Meter ist sie entfernt. Mir wird klar: Das hier ist keine der Löwinnen aus dem Krüger, die vielleicht eher an Autos gewöhnt sein dürften. Diese hier wird in ihrem Leben noch nicht sonderlich viele Menschen gesehen haben. Wir Schüler haben gelernt, wie wir uns in so einem Fall auf dem Wagen zu verhalten haben: keine unnötigen Bewegungen, keinen Mucks machen, bloß nicht aufstehen. Raubkatzen nehmen Geländewagen als einheitliches Objekt wahr. Sie sehen nicht in Farbe, sondern in Grautönen. Genau deshalb soll ich auch neutrale Farben tragen. Trotzdem wird mir ein wenig mulmig, als die Löwin für einen langen Moment in meine Richtung starrt. Ich halte den Atem an. Kann sie mich riechen? Weiß sie, dass ich hier bin? Springt sie mich gleich an? Und diese Augen … Kein einziges Zwinkern, nur ein eiskalter Blick. *Aber sie hat ja grad gefressen,* beruhige ich mich selbst.

Bei ihr sind drei männliche Löwen, deren Mähnen allesamt noch im Wachstum sind – Söhne, die noch ihre Mutter brauchen. Die drei Jungs liegen im Gebüsch. Sie scheinen neugierig, aber gleichzeitig auch zu faul, um sich groß um uns zu kümmern. Löwenmännchen verbringen die meiste Zeit ihres Lebens dösend. Sie deshalb aber als faul zu bezeichnen, würde ihnen nicht gerecht. Denn nur, weil sie mehr Stunden am Tag schlafend als wachend verbringen, heißt das noch lange nicht, dass sie zu nichts zu gebrauchen sind. Es ist allgemein bekannt, dass die Löwinnen eines Rudels für die Jagd zuständig sind.

Doch in jungen Jahren müssen auch die Männchen selber ran. Bevor sie ein neues Rudel gefunden haben, schließen sich Brüder oft zusammen und gehen gemeinsam auf die Jagd. Sobald ein Männchen sich sein eigenes Rudel erkämpft hat, ist er für die Patrouillen zuständig. Auf kilometerlangen Wanderungen muss er sein Revier gegen andere Löwen oder Raubtiere wie Hyänen verteidigen. Als Belohnung scheint es da nur fair, dass seine Frauen ihm am Ende der Schicht eine Mahlzeit warmhalten.

Die Löwenmutter hat genug von uns und schreitet gemächlich von dannen. Sie blickt sich um und lässt ein kurzes, aber bestimmtes Knurren ertönen. Auf dieses Kommando erheben sich ihre Söhne und folgen ihr. Sie besteigen den Felsen, auf dem Charlie noch vor wenigen Minuten gestanden hat. Dort oben lassen sich die drei Brüder die letzten Sonnenstrahlen des Tages auf den Pelz scheinen. Die Löwin aber bleibt wachsam. Sie lässt uns nicht einmal aus den Augen.

Die Begegnung mit meiner ersten wilden Löwin bleibt mir unvergesslich. Wer einmal diesem durchdringenden Blick standgehalten hat, der kann nicht anders, der wird für immer verändert. Ein Stück von ihrer Wildheit geht in diesem Moment auf dich selbst über und du willst fortan mehr, willst es noch einmal hautnah erleben, willst dich noch einmal daran erinnern, woraus du gemacht bist, und voller Ehrfurcht der Natur ins Auge blicken.

9.

Ein kleines bisschen Sterben

Die Zeit in Mashatu vergeht schnell, zu schnell. Eben noch haben wir in den Mopanes Löwen gesucht und jetzt sitzen wir schon auf dem Study Deck und müssen einen Test schreiben. Mich bringt er ganz schön ins Schwitzen. Ich kämpfe mich durch die Fragen und weiß am Ende, dass ich, wenn überhaupt, nur ganz knapp bestanden habe. An unserem letzten Tag in Mashatu stehen außerdem die sogenannten *Field Observations* an. *Field Obs* sind eigentlich lustig, wenn das Ergebnis nicht in unsere Gesamtnote einfließen würde. Mit der gesamten Klasse marschieren wir am Morgen los in den Busch. Charlie zieht mit seinem Wanderstab eine Linie in den Sand, und wir sind angehalten, dahinter zu warten. George, James und er gehen voraus und kreisen beliebig Dinge ein, die auf dem Boden oder in der Umgebung zu sehen sind. Fährten, Blätter, Bäume, irgendwelche Haufen oder sonstige Zeichen, die Tiere im Busch hinterlassen. Daneben stehen Zahlen von eins bis fünfzig. In Dreier-Gruppen und mit Klemmbrettern bewaffnet, arbeiten wir uns durch alle Nummern, während Liliane und Sam darauf achten, dass wir nicht mogeln. Hier etwa die Antworten auf die Fragen 1-15:

1. Um den Mist welchen Tieres handelt es sich? – Impala
2. Was haben Impalas für ein Verdauungssystem? – Wiederkäuer
3. Um welche Fährte handelt es sich? – Elefant
4. In welche Richtung ist das Tier aus Frage Nummer 3 gelaufen? – Osten
5. Um welchen Baum handelt es sich hier? (Zusatzpunkt für den lateinischen Namen) – Fieberbeere (»Croton megalobotrys«)
6. Welcher Vogel hat dieses Nest gebaut? – Augenbrauenmahali
7. Welche Pflanze ist das? – Wilder Salbei
8. Welches Insekt hat diesen Haufen gebaut? – Termiten
9. Um welche Fährte handelt es sich? – Warzenschwein
10. Was liegt hier vor? – Schleifspuren von den Stacheln eines Stachelschweins
11. Wie heißt der Fluss neben dem Camp? – Motloutse
12. Welcher Vogel ruft hier? – Diedericks Kuckuck
13. Welcher Vogel ruft hier? – Rotschnabelmadenhacker
14. Nenne die vier verschiedenen Mistkäfer-Arten! – Telecoprid, Endocoprid, Paracoprid, Kleptocoprid
15. Um welche Fährte handelt es sich? – Leopard

Bei den Field Obs stelle ich mich besser an, ich war schon immer eher praktisch veranlagt. Nach dem Mittagessen erhalten wir die Ergebnisse des Theorietests. Mit Ach und Krach bestehe ich. Erst im nächsten Monat kommt aber der große Test, bei dem es ans Eingemachte geht. Bestehen oder nicht bestehen entscheidet dann darüber, ob ich als Rangerin weitermachen kann oder nicht.

Im Camp herrscht eine merkwürdige Stimmung. Keiner will Mashatu verlassen. Nicht nur für mich ist dieser Ort zu etwas ganz Besonderem geworden. Für uns alle ist er das Sinnbild für einen Neuanfang.

Für unseren letzten Buschmarsch in Mashatu führt Charlie uns zu Solomon's Wall. Auch Sam ist wieder dabei.

»Du schon wieder«, zwinkert er mir zu.

»Na, ich kann mir die Gruppe ja nicht aussuchen – du schon«, sage ich und zwinkere zurück.

Unsere Flirtereien der letzten Wochen sind noch intensiver geworden. Ich bin sicher, dass auch er meinen Blick sucht, und ich habe das Gefühl, dass er sich die Lehrer, die er begleitet, danach aussucht, welche Gruppe sie begleiten – nämlich diese hier. Wenn nur die Zeit nicht so sehr drängen würde. Sam wird uns nicht begleiten, wenn wir Mashatu morgen verlassen. Er bleibt hier. Wann und ob ich ihn wiedersehe, weiß ich nicht.

»Kommt, Leute, der Aufstieg ist recht steil, aber der Blick von da oben ist atemberaubend«, ruft Charlie uns zu und geht voran. Das ist das Wunderbare an Mashatu: Es gibt so viele Hügel und Felsen, von denen aus sich das weite Land überblicken lässt. Solomon's Wall ist ein natürlicher Basalt-Damm, der am Flussufer des Motloutses emporragt. Die Mauer hielt einst einen riesigen See zurück, dessen Wasser in Strömen über den Damm rauschte. Heute sind die Wände zerklüftet, und großblättrige Felsenfeigen ragen senkrecht aus dem Stein, ihre kräftigen Wurzeln schlängeln sich wie Adern bis zum sandigen Grund und pumpen Wasser bis zu 30 Meter in die Höhe. Der Aufstieg ist anstrengend, und wir kommen ordentlich ins Schwitzen. Oben sucht sich jeder ein kleines Plätzchen, um zu verschnaufen. Unter einem Felsvorsprung finde ich einen großen glatten Stein, der von dem Wasser, das hier einmal in den Abgrund floss, über Jahrzehnte geformt wurde und dem Stein die Form eines Sessels gegeben hat. Ich setze mich und lasse die Beine über dem Abgrund baumeln. Durch die Zweige der Felsenfeigen schaue ich hinunter ins Flussbett. Diverse Fährten ziehen sich durch den Sand und verschwinden zu beiden Seiten in dichten Wäldern. Ein paar Paviane jagen einander und rufen laut, auf einer Lichtung steht ein majestätisches Kudu-Männchen mit beeindruckendem Geweih.

»Gesa, komm mal her«, ruft Sam und mein Herz schlägt ein bisschen schneller. Ich gehe zu ihm hinüber. Meine Mitschüler und Charlie sind nirgends zu sehen. Sam steht direkt an der Spitze von Solomon's Wall und schaut in die Ferne.

»Pass bloß auf, dass du nicht runterfällst«, sage ich und berühre wie zufällig seine Schulter, dabei ist jeder Körperkontakt zwischen ihm und mir alles andere als zufällig.

»Guck mal hier«, sagt er und zeigt auf einen relativ frischen Elefantenhaufen auf dem Felsvorsprung zu seinen Füßen.

»Was ist damit?«, frage ich.

»Ist das nicht merkwürdig?«, fragt Sam zurück, »Elefantenmist hier oben auf Solomon's Wall, direkt am Abgrund?«

»Was ist daran merkwürdig?«

»Nun ja, der Aufstieg ist nicht gerade leicht über all die spitzen Steine, oder? Und steil ist er auch. Außerdem gibt es hier oben für einen Elefanten reichlich wenig zu holen. Keine Bäume, kein Wasser – nichts.«

»Warum glaubst du, ist er dann hier hochgeklettert?«

»Keine Ahnung. Aus welchem Grund sind wir denn hier hochgeklettert?«

»Um die Aussicht zu genießen?«

»Genau«, sagt Sam und schaut mich an, als versuche er, in meinen Augen zu lesen. »Ich meine … ich weiß nicht, aber irgendwie gefällt mir der Gedanke, dass der Elefant das Gleiche gemacht haben könnte, dass er sich tatsächlich den Abhang hochgekämpft hat, nur um die Aussicht zu genießen«, sagt er leise. »Wahrscheinlich hältst du mich jetzt für völlig verrückt oder?«

»Nein.« Ich sehe ihn für einen langen Moment an. »Nein, ganz und gar nicht.«

Und ohne groß zu überlegen, nehme ich seine Hand in meine. Und er drückt sie fest zurück.

Unseren letzten Abend in Mashatu verbringen wir im sandigen Flussbett mit einem großen Lagerfeuer, Cricket, Trommeln und Gitarren. Wir haben die letzten vier Wochen hauptsächlich in unseren kleinen Lerngruppen verbracht und kennen uns in der großen Gruppe noch gar nicht so gut. Heute Abend vermischen sich die Teams und jeder plaudert mal mit jedem. Das ist meine Chance: Ich setze mich neben Biff.

»Hello girl!«, ruft Biff fröhlich und klopft mir munter auf die Schulter, »setz dich zu mir! Wie geht's dir?«

»Gut«, sage ich, »nur ein bisschen traurig, dass wir morgen gehen müssen.«

»Mir geht's genauso. Mashatu ist ein ganz besonderer Ort. Ich will hier am liebsten nie mehr weg.«

Biff erzählt mir, dass Afrika schon immer ihr großer Traum

gewesen ist. Als Kind hätte sie immerzu Bilder von Elefanten und Löwen gemalt, und im Teenager-Alter plante sie bereits, diese Ausbildung zu machen.

»Meine Familie hat hart dafür gespart, dass ich jetzt hier sein kann, und ich bin ihnen sehr dankbar dafür. Darum versuche ich, jeden Tag zu genießen und immer mein Bestes zu geben. Es ist keine Selbstverständlichkeit, dass wir hier sein dürfen, weißt du? Ich meine, schau dich doch nur mal um«, ruft Biff aus und reißt die Arme in den Himmel, »das hier ist das Paradies!«

Biff trägt eine Wärme in sich, die jeden in den Bann zieht. »Empathisch« ist wohl das Wort, das sie am besten beschreibt. Und vielleicht liegt es daran, dass sie erst zwanzig ist, aber sie hat außerdem etwas von dem, was Kinder in sich tragen: unstillbaren Hunger auf die Welt und eine fast schon naive Neugier. Im Gespräch mit ihr kann es passieren, dass sie plötzlich den Fokus verliert, weil irgendein Käfer in ihrem Sichtfeld auftaucht, den sie sofort untersuchen muss. Wie kein anderer Mensch gehört Biff an diesen wilden Ort, und ich kann sie mir nirgendwo anders vorstellen.

»Ich wollte schon die ganze Zeit mit dir reden, nur irgendwie hat es sich nie ergeben. Aber ich wusste, dass es früher oder später passieren wird«, gesteht sie mir.

»Wirklich jetzt? Denn mir ging es ohne Witz genauso. Aber ich habe mich nicht getraut, dich anzusprechen.«

»*Du* hast dich nicht getraut, *mich* anzusprechen? *Ich* habe mich nicht getraut, *dich* anzusprechen!« ruft Biff aus.

»Na, wir sind ja beide schön bescheuert«, sage ich.

Aber jetzt ist er ja endlich gemacht, der Beginn unserer Freundschaft.

Während Biff und ich über Gott und die Welt reden, bricht die Nacht herein. Eine Schabrackenhyäne tänzelt durchs Flussbett und beobachtet neugierig unser Feuer. Sam setzt sich zu Biff und mir, und dieses Mal nimmt er meine Hand in der Dunkelheit, so dass es niemand sehen kann. Mein Herz sitzt an diesem Abend abwechselnd steinschwer und federleicht in meiner Brust. Einerseits ging es mir nie besser, andererseits weiß ich nicht, was der Abschied von Mashatu morgen mit mir machen wird.

Es ist die erste Nacht, in der wir alle lange aufbleiben. Keiner möchte, dass der Tag zu Ende geht. Der Mond steht hoch am Himmel und erleuchtet das Flussbett. Eine Herde Elefanten wagt sich lautlos durch die Nacht, um die Fieberbeeren zu erreichen. So viele auf einmal habe ich zuvor noch nicht gesehen. Als ich bei der Zahl Hundert angekommen bin, höre ich auf zu zählen. Einige von ihnen bleiben stehen und heben ihre Rüssel, um uns besser sehen zu können. Sie stehen nur da und schauen zu uns herüber, fast so als würden sie uns Lebewohl sagen wollen.

Als es Zeit wird, schlafen zu gehen, folgt Sam mir mit einigen Minuten Abstand zu meinem Zelt, damit niemand Verdacht schöpft. Aber wahrscheinlich weiß eh schon das ganze Camp, dass wir uns mögen. Wir stehen unbeholfen auf dem Pfad und wissen nicht, worüber wir reden sollen. Ständig stolpert jemand durch die Dunkelheit an uns vorbei. Luise liegt schon im Zelt. Wir bekommen keine Zeit allein geschenkt.

»Also, ähm, das klingt jetzt vielleicht etwas merkwürdig hier draußen im Busch«, druckst Sam herum, »aber gibst du mir vielleicht deine Telefonnummer?«

»Oh, ja natürlich!« Ich lache erleichtert.

»Ja dann … gute Nacht.«

»Gute Nacht.«

Es folgt eine Umarmung, die länger dauert, als sie dauern müsste. Unter anderen Umständen wäre dieser Abend sicher anders ausgegangen. Aber heute gehen wir beide in das jeweils eigene Zelt. Ich starre an die Zeltdecke und spiele mit dem Gedanken, mich zu ihm zu schleichen. Mehrmals habe ich die Schuhe schon an, entscheide mich dann aber doch wieder dagegen.

Am Morgen herrscht Gewusel im Camp. Alle packen und schleppen Gepäck zu den Wagen, suchen irgendwelche Kleidungsstücke, Ferngläser oder Logbücher. Noch immer habe ich die Hoffnung auf einen Kuss nicht aufgegeben, aber ich weiß nicht, wie ich es anstellen soll, ohne dass es jemand mitbekommt. Sam scheinen die gleichen Gedanken durch den Kopf zu gehen, aber er muss Charlie helfen, da einer der Geländewagen ausgerechnet heute Morgen einen Platten hat.

George steht mit einer Tasse Kaffee auf dem Study Deck und beobachtet das Treiben. Er nimmt ein Stück Kreide und schreibt einen Satz an die Tafel. Ich geselle mich zu ihm, schaue an die Tafel und lächele traurig. Wenn das überhaupt geht, traurig lächeln.

»Sehen wir uns irgendwann mal wieder, George?«, frage ich ihn.

»Weißt du, Gesa. Das Gute an meinem Land ist, dass es so wunderschön ist. Jeder, der einmal hier war, kommt wieder. Du hast bis jetzt nur einen ganz kleinen Teil von Botswana gesehen. Herrje, du kennst noch nicht mal das Okavango-Delta, meine Heimat! Das Okavango-Delta muss jeder, der Afrika liebt, einmal gesehen haben. Und wenn es für dich so weit ist, dann kommst du mich dort besuchen und ich zeige dir alles.«

Ich drücke ihn fest zum Abschied und bedanke mich für alles, was er mir beigebracht hat, und verspreche ihm, dass es nicht umsonst war. Außerdem schreibe ich mir seine Kontaktdaten auf, damit wir das mit dem Wiedersehen auch tatsächlich irgendwann angehen können.

»Vielleicht findest du irgendwann auch mal einen Pangolin«, ruft George mir nach und lacht.

Schließlich stehen alle Schüler in der Einfahrt, bereit sich von George und den Back-ups zu verabschieden. Megan muss weinen, als sie sich von George verabschiedet. Ich habe einen dicken Kloß im Hals. Sam und ich versuchen den Moment so lange es geht hinauszuzögern. Ich weiß nicht, wie ich das machen soll, weiß nicht, was ich ihm sagen soll. Sobald ich den Mund aufmache, gebe ich den Startschuss für die Tränen. Zu guter Letzt kommt er auf mich zu und nimmt mich so fest in den Arm, wie es nur geht, und ich vergrabe meinen Kopf in seiner Schulter.

»Wir sehen uns wieder«, flüstert Sam mir ins Ohr, »… und dann machen wir das anständig!«

Daraufhin muss ich dann doch kurz lachen und klettere schließlich in den Wagen. Biff nimmt neben mir Platz und drückt meine Hand. Sie sagt nichts, aber sie versteht.

James und Charlie starten die Motoren, um uns zum Pont Drift zu bringen, wo wir die Grenze zurück nach Südafrika überqueren werden. Mir kommt ein guter Gedanke: In dem Land, das ursprünglich meine Liebe zu Afrika geweckt hat, geht mein Weg von jetzt an weiter. Aber trotzdem: Als der Landy durch den wilden Salbei vorbei an Mashatu-Bäumen und Fieberbeeren fährt, als ich die Senegalliesten singen höre und zum letzten Mal einen Blick zurück zum Camp werfe und dort Sam, George und Liliane winken sehe, kullern die Tränen. Das Land der Riesen wird für mich immer ein Stück Zuhause bleiben. Für immer werde ich die Menschen und die Tiere vermissen, denen ich hier begegnet bin. Und für immer werden mir die Worte in Erinnerung bleiben, die George an diesem Morgen an die Tafel schrieb: »Jeder Abschied ist ein kleines bisschen wie Sterben.«

10.

Head-Instructor Harris

Ich sitze auf dem Rücksitz des Vans, der uns ins nächste Camp bringen soll, mein Tagebuch auf dem Schoß. Wir sind jetzt wieder in Südafrika.

Schon vier Stunden unterwegs. *Drei müssen wir noch. Mir ist kalt in der Klimaanlagen-Luft. Eben haben wir an einer Tankstelle gehalten und uns mit so verrückten Sachen wie Chips, Schokolade, Cola und Zigaretten eingedeckt. Abgesehen von diesem kleinen Luxus gefällt es mir in der »echten Welt« aber überhaupt nicht. Lauter Verkehr und Handy-Empfang. Alle anderen hängen an ihren Telefonen und checken Facebook und WhatsApp. Ich habe kurz eine SMS nach Hause gesendet. Alles andere ist zu teuer, weil ich keine südafrikanische Nummer habe.*

Aber eigentlich will ich grad auch nicht an zu Hause denken. Und online sein will ich auch nicht. Ich will nur den Asphalt hinter mir lassen und so schnell es geht wieder in die Wildnis.

Selati heißt unser neues Heim. Das Reservat liegt am Ufer des gleichnamigen Flusses, westlich vom Krüger Nationalpark.

»Selati ist anders«, hat Sam mich noch in Mashatu gewarnt.

»Inwiefern anders?«

»Nun ja, die Vegetation ist um einiges dichter. Das ist halt richtiger ›Busch‹. Tiere zu finden, ist nicht so einfach dort. Es können Tage vergehen, an denen ihr keine großen Säugetiere sehen werdet. In Selati geht es eher um die kleinen Dinge. Spinnen, Schlangen, Skorpione…«

Spinnen. Schlangen. Skorpione. Das sind doch mal drei gute Gründe, um nervös zu werden. Aber nicht nur »die drei S« bereiten mir Sorge. In Selati wird es auch um die Frage gehen, ob ich als Rangerin etwas tauge oder nicht. Hier warten die Prüfungen auf uns.

Am Gate des Reservats steht ein tarnfarbener Geländewagen. Hinter dem Steuer sitzt ein mittelgroßer Mann. Sein blondes Haar ist kurzrasiert und sein Bart zu einem perfekten Schnauzer gestutzt. Die Khaki-Uniform ist gestriegelt und gebügelt, dazu trägt er schwere Boots.

»Hallo, ich bin Harris, euer Head-Instructor. Willkommen in Selati«, sagt er förmlich und begrüßt jeden von uns Schülern mit einem kräftigen Händedruck, nach dem mir die Finger schmerzen. Wir laden unsere Rucksäcke ein und nehmen auf dem Rücksitz Platz. Die Fahrt zum Camp ist ein erster Vorgeschmack auf das, was uns in diesem Monat erwartet: Head-Instructor Harris testet uns auf unser Wissen. Links und rechts der Schotterpiste zeigt er auf alles, was sich bewegt oder auch nicht: Bäume, Sträucher, Vögel, Gestein, Insekten – alles. Und wir sollen möglichst zügig antworten.

»Hört ihr den Vogel? Was ist das für ein Vogel?«

Wir schütteln unsicher den Kopf.

»Ihr wisst nicht, welcher Vogel grad ruft? Dieser Vogel kann über Leben und Tod entscheiden! Ihr müsst diesen Vogel kennen!«

Head-Instructor Harris ist bestürzt darüber, dass wir den Vogel noch nie gehört haben. (Ich persönlich höre ihn einfach mal *gar nicht* rufen.) Er erklärt uns, dass es ein Rotschnabelmadenhacker sei.

»Der Rotschnabelmadenhacker sitzt auf dem Rücken von Nashörnern oder Büffeln, um sich von ihren Zecken zu ernähren«, erklärt er, »das heißt, wenn ihr ihn draußen im Busch hört, müssen sofort alle Alarmleuchten angehen! Ansonsten könnt ihr ruckzuck ein Nashorn auf dem Schoß sitzen haben!«

Rotschnabelmadenhacker ... sag das mal zehn Mal ganz schnell hintereinander.

In Mashatu gab es keine Nashörner. Darum hoffe ich, wir werden bald eines zu Gesicht bekommen.

Sam behält recht mit seiner Einschätzung über Selatis Vegetation. Abseits der Wege versperrt dichter Busch jegliche Sicht, und bis wir schließlich im Camp ankommen, sehen wir nicht ein einziges Säugetier. Das bedeutet aber nicht, dass sie nicht trotzdem da sind. Meine Augen sind mittlerweile geschult für die Zeichen, die Tiere in der Wildnis hinterlassen. Ich sehe große Haufen und kleine, umgestoßene Bäume, Kratzspuren in der Rinde, Spinnenweben, Trampelpfade – alles deutet darauf hin, dass diese Gegend nur so von Tieren wimmelt, auch wenn wir sie nicht sehen können.

Im Camp angekommen, gibt Head-Instructor Harris uns die große Tour. Genau wie in Mashatu ist dieses Camp nicht eingezäunt. Und doch wirkt es wesentlich zivilisierter. Die Pfade sind frisch geharkt, es gibt ein Klassenzimmer mit vier Wänden und auch die Küche und die Toiletten befinden sich in einem richtigen Gebäude – Jungs und Mädchen dieses Mal sogar voneinander getrennt. Unter Akazienbäumen verteilen sich unsere Zelte über das Gelände, und auch hier gilt: die Jungs bitte nach rechts, die Mädchen bitte nach links. Auf grünem Rasen zwischen den Zelten grasen ein paar Nyalas – reh-artige Antilopen mit weißen Streifen auf dem Rücken. Neben der Feuerstelle führt ein steiler Abhang hinunter ins Flussbett. Auch der Selati ist zurzeit trocken, und massive Granitfelsen ragen aus dem Sand hervor. Auf der anderen Flussseite erstreckt sich wieder das Dickicht. Es dürfte interessant werden, in diesem Unterholz zu Fuß unterwegs zu sein.

Ich habe dieses Mal ein Zelt für mich allein bekommen. Ich weiß noch nicht, ob das gut oder schlecht ist. Gut, weil ich nachts alleine bin. Schlecht, weil ich nachts alleine bin. Head-Instructor Harris bittet uns, nur kurz unsere Sachen in den Zelten zu verstauen und ihn dann für eine Sicherheitseinweisung im Studierzimmer zu treffen. Mir macht Head-Instructor Harris Angst. Alles, was er sagt, klingt nach einem Befehl, und ich komme mir plötzlich vor wie auf einer Militärschule. Darum sitze ich nur wenige Minuten später stramm im Klassenzimmer.

Außer Head-Instructor Harris wird uns in Selati noch Craig unterrichten. Craig hat ein verschmitztes Dauergrinsen im Gesicht und sieht noch sehr jung aus. Er kann nicht älter als 25 Jahre sein. Seine Haut ist überraschend blass, dafür, dass er täglich in der afrikanischen Sonne brät, und sein Gesicht ist über und über voll von Sommersprossen. Seine roten Haare stehen in alle Richtungen ab. Er erinnert mich ein bisschen an Pumuckl, den Klabautermann.

Für unseren ersten Sundowner in Selati nehmen uns die zwei mit zu einer *Kopjie* – afrikaans für Hügel. Erst, als ich das Reservat von oben sehe, wird mir so richtig klar, warum die afrikanische Wildnis »Busch« genannt wird. Kilometerweit erstreckt sich das Dickicht aus Bäumen und Büschen, die Erde ist nirgends zu sehen. In der Ferne liegen die Drakensberge, auf deren Rücken sich gewaltige Wolkenformationen angesammelt haben. Mir gefällt es hier noch nicht recht. Ich vermisse die Weite Botswanas. Auch meine Mitschüler lassen eher die Köpfe hängen, als dass sie den Ausblick genießen. Wir sind ein wenig wie ausgesetzte Kinder. Und wir wollen zurück auf unseren Spielplatz.

Am Abend sitzen wir gemeinsam am Lagerfeuer. Es ist die wohl älteste Tradition auf Safari, vielleicht sogar in Afrika: In der Nacht ums Feuer sitzen und sich Geschichten erzählen. Ich fühle mich gleich heimischer. Das schafft ein Feuer immer. Das Knacken und Ächzen des Holzes und das Flackern der Flammen lassen mich aufatmen, und ich vergesse für eine Weile den Druck, den die nächsten Wochen mit sich bringen.

Head-Instructor Harris möchte unsere Geschichten hören. Zu diesem Zweck reicht er ein großes Kudu-Horn durch die Reihen. Nur wer das Horn in Händen hält, darf sprechen, soll sich kurz vorstellen und außerdem erzählen, was ihn oder sie dazu gebracht hat, diese Ausbildung zu beginnen. Es ist ein ehrlicher Moment. Unsere Beweggründe, diesen Weg einzuschlagen, ähneln sich: Wir wollen weg aus der Stadt, wollen im Einklang mit der Natur leben und unsere Hände wieder benutzen. Wir wollen die Welt besser verstehen und das eigene Leben entschleunigen. Zum ersten Mal blicke ich an diesem Abend über mein eigenes Sichtfeld hinaus und schaue wirklich in die Gesichter ums Feuer. Wir sind ein bunt gemixter Haufen, aus aller Herren Länder. Nur die Hälfte von uns stammt tatsächlich aus Afrika. Die Worte von Paul, dem Iren, der jetzt schon wie ein Bruder für Biff ist, beschreiben am besten, was auch mich bewegt: »Mein Name ist Paul. Ich habe vorher als Lehrer in London gearbeitet. Und das war ein guter Job, keine Frage. Aber irgendetwas hat mir gefehlt. Irgendwie hat mich der Gedanke nie losgelassen, dass es doch mehr geben muss, als tagein tagaus nur für den Gehaltsscheck am Ende des Monats zu leben. Das Verrückte war: Als ich meinen Freunden erzählt habe, dass ich das hier machen will, hat mir niemand davon abgeraten. Alle haben mir Mut zugesprochen und gesagt, sie würden das auch gerne machen. Aber sie könnten ja nicht. Zu viele Verpflichtungen, haben sie gesagt. Ich weiß noch gar nicht, ob ich am Ende tatsächlich Ranger werde. Aber das ist auch egal. Was zählt, ist, dass ich jetzt hier bin. Das war die beste Entscheidung meines Lebens. In den alten Job kann ich immer zurück. Aber so eine Erfahrung hier macht man nur einmal im Leben.«

Paul reicht mir das Horn. Eigentlich hat er schon alles gesagt.

»Ich bin Gesa. Und ich habe eigentlich keine Ahnung, wie ich hier gelandet bin«, sage ich, »ich bin einfach meinem Bauchgefühl gefolgt. Irgendwie kommt es mir so vor, als hätte ich die letzten zehn Jahre verschlafen. Aber der letzte Monat hat mich aufgeweckt. Ich weiß nicht, was ich mit dieser Ausbildung anfangen werde, genau wie Paul, aber eins weiß ich: Ich will nicht wieder einschlafen.«

Geschlafen wird aber irgendwann doch an diesem Abend. Alle sind müde von der langen Fahrt. Während ich allein in meinem Zelt liege und den Geräuschen der Nacht lausche, denke ich an zu Hause. Es ist März und der deutsche Winter neigt sich dem Ende zu. Schon bald werden die Leute wieder draußen in den Cafés sitzen und die dicken Winterjacken im Keller verstauen. Ein fremder Mensch schläft grad in meinem Bett. Rieke ist bestimmt wieder beim Fernsehen auf ihrem Sofa eingeschlafen. Mama und Papa sitzen in Hildesheim im Wohnzimmer in ihren »Haussies« – das sind bequeme Klamotten, die man in unserer Familie nur dann anziehen darf, wenn die Arbeit des Tages erledigt ist. Bestimmt denken sie an mich. Und bestimmt fragen sie sich, welche Version von mir sie am Ende meiner Auszeit wiedersehen werden. Ich hätte nicht für möglich gehalten, dass ich in dieser Sache so sehr aufgehen würde. Schon jetzt, nach nur einem Monat, kann ich mir nicht mehr vorstellen, jemals wieder in Berlin anzukommen. Und auch wenn ich versuche, den Moment zu genießen und mich auf die Ausbildung zu konzentrieren, kann ich die Gedanken an das »Danach« doch nicht abstellen. Wird das hier nur eine Auszeit bleiben? Und was mache ich eigentlich, wenn die Antwort nein lautet?

11.

Die Löwenattacke

Head-Instructor Harris führt uns am Nachmittag auf unseren ersten Buschmarsch durch Selati. Außer unserem Camp gibt es im Reservat einige Safari-Lodges und ein Löwen-Research-Center. Sich über Funk nach den Aufenthaltsorten der Tiere, vor allem der Löwen, zu erkundigen, gehört zum Standard-Prozedere vor jedem Marsch. Zu Fuß in diesem Unterholz möchte man lieber vorher wissen, wo sich potenzielle Raubtiere verstecken. Das Research-Center teilt uns mit, dass die Löwen südlich des Flussbettes unter einem Marula-Baum schlafen.

»Der Anführer des Rudels, Mburri, ist bekannt für seine schlechte Laune. Ich schlage vor, wir gehen nach Norden«, sagt Head-Instructor Harris und zeigt den Weg.

Zu Fuß durch Selati zu marschieren gleicht in keiner Weise unseren Buschmärschen in Mashatu. Alles ist anders. Alles ist neu. In Selati stapfen wir durchs Dickicht, klettern über Stock und Stein, müssen ständig den Netzen der riesigen Radnetzspinnen und pokémon-artigen Kite-Spiders ausweichen und aufpassen, dass wir uns an den tief hängenden Ästen nicht den Kopf stoßen. Quintin und ich machen uns einen Spaß daraus, jedem, der hinter uns läuft, eine akrobatische Meisterleistung vorzuturnen, indem wir so tun, als wäre ein Spinnennetz im Weg. Als die uns folgenden Schüler dann unter den imaginären Spinnennetzen Limbo tanzen, kichern wir jedes Mal vergnügt.

Head-Instructor Harris fordert uns bis zum Ermüden. Wahrscheinlich muss er das auch, denn er hat nur noch zwei Wochen Zeit, um uns auf die Prüfungen vorzubereiten. Besonders die neunzig Vogelarten will er uns nahebringen – eine Aufgabe, die ich bis jetzt vor mir hergeschoben habe. Head-Instructor Harris hat alle neunzig Vögel in mühevoller Bastelarbeit auf Pappen geklebt und an Stöckchen befestigt, die er während des Marsches urplötzlich hochhält – und dann prompt eine Antwort verlangt. Große Raubvögel, kleine Kaprötel, bunte Papageien und hässliche Geier.

Als wir das Ufer des Selatis erreichen, wird die Vegetation zu dicht, deshalb klettern wir hinunter ins Flussbett. Von der anderen Uferseite hören wir Äste brechen und sehen zwei Elefanten. Elefanten haben eher schlechte Augen, ihr Gehör ist aber exzellent. Solange wir jetzt keinen Mucks machen, sollte die Situation unproblematisch sein. *No problemo*, denke ich mir und hüpfe locker von einem Stein zum nächsten. Leider sind die Steine nass. Ich rutsche auf dem glatten Untergrund aus, verliere das Gleichgewicht und plumpse lautstark in eine Pfütze. Doch sind es nicht die Elefanten, die von meinem Sturz aufgeschreckt werden. Plötzlich höre ich ein markerschütterndes Brüllen nur wenige Meter nördlich von uns. So viel zum Thema, die Löwen seien im Süden … und mein Instinkt rät mir das absolut Falsche: *Lauf! Lauf so schnell du kannst!*

Ich springe auf und mache ein paar hastige Schritte. Die allerwichtigste Buschregel »Niemals rennen« ist irgendwo ganz weit in meinen Hinterkopf gerückt. Head-Instructor Harris packt mich gerade noch so am Rucksack und zieht mich zurück.

»Stopp! Sofort!«, zischt er mir zu. Aus den Augenwinkeln sehe ich einen stattlichen Löwen aus dem Busch jagen. Hallo Mburri.

»HEY!«, brüllt Head-Instructor Harris Mburri, den Löwen an. Ich weiß nicht, wer von beiden mir mehr Angst macht. Mburri bleibt wie angewurzelt stehen. Vier Löwinnen folgen ihm aus dem Gebüsch. Das wird ja immer besser. Wir weichen vorsichtig zurück und stehen jetzt wie eine Herde aufgeschreckter Impalas auf einem Felsen zwischen fünf Löwen und zwei Elefanten. Head-Instructor Harris hat das Gewehr im Anschlag und redet bestimmend auf die Löwen ein.

»Du bleibst schön auf deiner Seite. Nein, Mburri! Das ist nah genug!«

Als ich noch ein kleines Mädchen war, habe ich mich mit Rieke im Urlaub in Dänemark mal in einen Zirkus geschlichen, weil Mama und Papa dafür nicht bezahlen wollten. Da hat ein Dompteur ungefähr so mit den Tigern geredet, wie Head-Instructor Harris jetzt mit Mburri. Ich bezweifle aber, dass Mburri diese Tricks je gelernt hat. Trotzdem entschließt er sich, die Sache erstmal in Ruhe zu beobachten und legt sich hin. Seine Mädels tun es ihm gleich. Es scheint, als ob jeder der Löwen je einen von uns Schülern ins Visier genommen hat.

Head-Instructor Harris setzt sich auf einen Stein und bedeutet uns, das Gleiche zu tun. Während mir die Situation noch alles andere als geheuer ist, kramt er seelenruhig in seinem

Rucksack. Ich ahne, was kommt … Na klar: die Papp-Vögel. Schon wedelt er mit irgendeinem Spatz vor meiner Nase rum und verlangt eine Antwort. Ist das ein schlechter Scherz? Was weiß ich denn jetzt, was das für ein Vogel sein soll?!

Ich gerate ins Stottern. Mburri fletscht die Zähne. Die Elefanten heben die Köpfe. Die Situation ist so absurd, dass ich lachen würde, wenn es nicht so ernst wäre. Was für ein Schauspiel: Im Norden fünf Löwen, im Süden fünf Menschen, im Osten zwei Elefanten und im Westen geht die Sonne unter.

Ich weiß nicht, was das für ein verdammter Vogel ist. Head-Instructor Harris gibt auf.

»Leute, ihr müsst lernen, in solchen Situationen einen kühlen Kopf zu bewahren und euch auf mehrere Dinge gleichzeitig zu konzentrieren«, sagt er. Ich komme mir vor wie eine Versagerin. Erst stolpere ich, dann laufe ich weg, und dann weiß ich noch nicht mal, was das für ein blöder Vogel ist.

Ich setze mich auf einen Stein etwas abseits von Head-Instructor Harris, aber hinter sein Gewehr – ich will ja nicht noch eine weitere der goldenen Regeln verletzen. Mburris Augen bohren sich direkt in meine Seele. Ich schaue auf den Boden. Mein Herz schlägt wie wild in meiner Brust. Ich möchte nur noch nach Hause. Während meine Mitschüler vollkommen begeistert sind von dem Erlebnis, fühle ich mich furchtbar. Wenn es drauf ankommt, bin ich eben doch nur ein Stadtmädchen. Was habe ich auch anderes erwartet?

»Hey, geht's dir gut?«, fragt Paul und stupst mich von der Seite an. Wir sind zurück im Camp, und die anderen aus meiner Gruppe erzählen stolz von der Löwenattacke. Ich bleibe still.

»Ja, ist schon in Ordnung«, sage ich geknickt.

»Das hätte jedem von uns passieren können, mach dir nichts draus. Ich habe die Vögel auch noch nicht gelernt.«

Das tröstet mich zwar ein bisschen, aber trotzdem bin ich von dem Vorfall etwas erschüttert. Ich habe die Sache auf die leichte Schulter genommen. Nach einem Monat im Busch habe ich gedacht, dass mir keiner mehr etwas vormacht – und damit meine Gruppe in Gefahr gebracht.

»Ich gehe mich erstmal ein bisschen ausruhen, war ein langer Tag«, sage ich und ziehe mich in mein Zelt zurück. Das Abendessen lasse ich ausfallen.

»Gesa, bist du da drin?«

Es ist Biff. Ich muss eingeschlafen sein, im Zelt ist es stockfinster.

»Darf ich reinkommen?«

»Ja, klar«, sage ich und öffne den Reißverschluss vom Zelt. Biff kuschelt sich neben mich auf die Matratze.

»Du hattest wohl einen blöden Tag, was?«

»Hätte besser laufen können, ja.«

»Hm. Verstehe. Morgen ist ein neuer, dann machst du es besser.«

»Und was ist, wenn nicht?«

»Dann eben übermorgen.«

»Ja, vielleicht«, sage ich.

Wir liegen für eine Weile da und sagen nichts, bis wir draußen im Unterholz das Knacken von Ästen hören.

»Elefanten«, flüstern wir beide gleichzeitig.

»Willst du rausgehen und nachsehen?«, fragt Biff aufgeregt.

»Klar«, sage ich, und wir krabbeln barfuß aus dem Zelt.

Biff schaltet ihre Taschenlampe ein und leuchtet in die Dunkelheit. Wir können nichts sehen, aber hören umso mehr. Die Elefanten kommen.

»Hey Biff, Gesa! Kommt hierher!« Es ist Paul. Auch er leuchtet mit seiner Taschenlampe zwischen die Bäume. Wir schleichen zu ihm hinüber.

»Da, unter dem Baum, seht ihr?«

Paul vermeidet es, dass das Licht dem Tier direkt in die Augen scheint, um es nicht zu blenden, darum sehen wir nur einen großen, grauen Hintern im Mondschein.

Der Elefant weiß, dass wir da sind. Das merken wir nicht daran, dass er uns Beachtung schenkt, sondern daran, dass er so tut, als würde er uns ignorieren. Er steht mucksmäuschenstill und lauscht, schaut aber in eine ganz andere Richtung. Es ist ein ausgewachsener Bulle von stattlicher Größe mit riesigen Stoßzähnen. Es heißt immer, Löwen seien die Könige des Dschungels. Ich finde nicht, dass das stimmt. Das echte Sagen hier draußen haben diese grauen Riesen. Es gibt nichts und niemanden, vor dem dieser Elefant Angst zu haben scheint. Und genau das demonstriert er uns jetzt, als er mit bestimmten Schritten auf uns zumarschiert. Neun Meter, acht Meter, sieben Meter, sechs Meter … Paul und ich werden langsam nervös und weichen ein paar Schritte zurück. Biff bleibt stehen. Fünf Meter, vier … Paul und ich suchen Deckung im Mädchenklo.

»Biff! Biff, komm hierher«, zische ich ihr zu. Drei Meter, zwei Meter … Ich weiß nicht, was sie sich denkt. Und jeden anderen Menschen würde ich für verrückt erklären. Aber Biff? Ich kann mir nicht helfen, aber ich habe das Gefühl, sie weiß, was sie da tut. Manchmal kommt es mir fast so vor, als wüsste sie mehr als wir anderen, als hätte sie einen weiteren Sinn, mit dem sie die Welt wahrnimmt. Erst als Biff ihren Kopf schon in den Nacken legen muss, geht auch sie auf Abstand und setzt sich behutsam auf die Stufe vor dem Klo. Der Elefant folgt ihr. Paul und ich ziehen uns ins Innere zurück. Biff rutscht ein bisschen weiter hinein und lehnt sich mit dem Rücken gegen meine Beine. Was jetzt kommt, ist einer von diesen Jurassic-Park-Momenten. Der Elefant beugt sich langsam hinunter, um zur Tür hereinzuschauen. Wir hören ihn atmen. Das Weiß seiner gewaltigen Stoßzähne scheint im Licht des Mondes. Einer der beiden ist zur Hälfte abgebrochen. Sein Kopf ist so groß, dass er den kompletten Türrahmen einnimmt. Es wäre ein Leichtes für ihn, die kleine Bambushütte umzuhauen. Stattdessen streckt er jetzt seinen Rüssel ins Innere und sucht nach uns. Biff nimmt meine Hand, ich nehme Pauls Hand. Keiner sagt ein Wort. Für ein paar tiefe Atemzüge atmen wir die gleiche Luft wie der Elefant, bis er schließlich die Spannung löst und gemächlich am Klo vorbeistampft. Mir zittern die Knie. Elefanten sind unfassbar mächtige Tiere, die mit ihrer gemächlichen Art sich zu bewegen und ihren großen schwarzen Augen eine wahnsinnige Ruhe ausstrahlen können. Sie aber als friedfertige Riesen, wie zum Beispiel Buckelwale, einzustufen, wäre wohl ein Fehler. Elefanten tragen, genau wie wir, eine aggressive, wütende Seite in sich, die mitunter vielleicht sogar erst wir Menschen in ihnen hervorbringen, indem wir sie jagen. Es kann fatal enden, wenn diese wilden Tiere zu etwas gemacht werden, was sie nicht sind, und wenn ihnen nicht mit dem Respekt begegnet wird, den ihr majestätisches Auftreten verlangt. Es gibt keine Worte, die beschreiben können, wie es sich anfühlt, so einem gewaltigen Tier aus nächster Nähe zu vertrauen. Oder zumindest fallen mir keine ein. Wir drei im Klo versuchen deshalb erst gar nicht, das Erlebte in Worte zu fassen, und halten uns einfach noch für eine Weile an den Händen.

12.

Die drei »S« und das unsichtbare Nashorn

Mein Versagen bei der Löwenattacke hängt mir noch Tage nach und schlägt auf mein Gemüt. Ich habe all das Selbstvertrauen des letzten Monats in Mburris Blick verloren. Zwischen den Aktivitäten verstecke ich mich in meinem Zelt und studiere. Ohne Sams Hilfe fällt es mir um einiges schwerer, den Stoff aus den Lehrbüchern zu verstehen. Ich frage Luise, ob sie ähnliche Probleme hat, aber sie verneint. Aus ihrem Biologiestudium kennt sie all die Begrifflichkeiten und scheint sich überhaupt nicht mit dem Lernen zu stressen. Ich frage mich insgeheim, warum ich es mir überhaupt so schwermache. Es ist ja nicht so, dass ich wirklich Rangerin werden will wie die anderen. Ich mache das hier doch nur zum Spaß. Wenn ich durchfalle, dann ist das eben so. Aber wenn es wirklich nur Spaß sein soll, warum habe ich dann keinen?

Seit der Löwenattacke habe ich außerdem das Gefühl, Head-Instructor Harris hat mich auf dem Kieker. Er testet mich weiterhin auf die Vögel, kritisiert meinen Fahrstil, stellt mich im

Unterricht vor der Klasse auf die Probe. Die anderen versichern mir, dass er auch mit ihnen so streng sei.

»Er will nur das Beste aus uns herausholen«, sagt Mike, »nimm das nicht so ernst.«

»Das ist wie mit Hunden«, scherzt Biff, »du darfst ihm nicht zeigen, dass du Angst hast.«

Die Einzige, die versteht, unter welchem Druck ich stehe, ist Megan. Ich weiß zwar, dass sie den Stoff um einiges besser draufhat als ich, aber sie scheint dafür Prüfungsangst zu haben. Wir schließen uns zu einer zweiköpfigen Lerngruppe zusammen, verbringen die Nachmittage im sandigen Flussbett und fragen uns gegenseitig den Stoff ab. In unseren Lernpausen reden wir über Jungs. Ich beichte Megan, dass ich mich ein bisschen in Sam verliebt habe, und sie möchte alle Details hören.

»Du solltest ihm schreiben!«

»Wie denn? Soll ich eine Brieftaube losschicken?«, scherze ich.

»Schreib ihm auf Facebook!«

»Ach so. Warte, ich geh kurz ins Internetcafé an der Ecke.«

»Nein, du kannst mein Telefon benutzen!«

»Es gibt hier Telefonempfang?«

»Ja, oben auf dem Hügel neben dem Klassenzimmer. Wusstest du das nicht?«

»Ich hatte keine Ahnung.«

Telefonempfang hat für mich wenig Relevanz, weil es für mich viel zu teuer wäre.

»Komm, schick ihm sofort eine Nachricht!«

»Aber wahrscheinlich hat er selbst doch gar keinen Empfang.«

»Wer weiß. Back-ups haben immerhin alle vier Wochen oder

so Urlaub. Was hast du schon zu verlieren? Komm, ein bisschen Ablenkung vom Lernen wird dir guttun – und mir auch!«

Megan holt ihr Telefon aus dem Zelt und reicht es mir. Minuten später stehe ich auf einem Hügel und schreibe an Sam: *Hey du. Melde mich aus Selati. Du hattest recht: Es ist ganz anders hier und uns allen fehlt Mashatu. Ich hoffe, es geht dir gut. Denke an dich. Gesa*

Das Ganze schicke ich zusammen mit einer Freundschaftsanfrage. Safari 3.0. Eine Brieftaube wäre mir lieber gewesen.

Unser Lehrer Craig ist Schlangen-Liebhaber. Schlangen-Liebhaber sind für mich Menschen, die alleine in ihrem Zimmer sitzen und deren wöchentliches Highlight daraus besteht, zur Fütterungszeit eine Maus ins Terrarium zu werfen. Craig belehrt mich eines Besseren, denn er erfüllt dieses Klischee überhaupt nicht. Aber es sind nicht nur Schlangen, die ihn faszinieren, sondern sämtliche Tiere, die Mädchen im Allgemeinen als gruselig einstufen würden: die drei »S«. Schlangen, Skorpione, Spinnen. Als er auf einem Buschmarsch ein perfekt rundes Loch im Boden findet, ruft er begeistert: »Ah cool! In dem Loch sitzt eine *Baboon Spider*, die gehört zu den Vogelspinnen. Die leben in Bauten unter der Erde. Manchmal kann man sie rauslocken, wenn man einen Grashalm ins Loch hält, an dem sie sich festhalten!«

An einem Abend wird er um Hilfe gerufen, um einen Skorpion zwischen Kates Kleidern zu suchen, und während er vorsichtig durch ihre Wäsche wühlt, erklärt er: »Ihr habt bestimmt schon mal gehört, dass richtig giftige Skorpione einen dicken Schwanz und dünne Scheren haben – und weniger giftige Skorpione andersherum –, aber verlasst euch da nicht drauf!

Es ist eine gute Faustregel, aber es kommt viel mehr auf den Umfang vom Schwanz und die Breite der Scheren an!«

Als Craig an einem Nachmittag mit unserer Gruppe unterwegs ist, schlägt er spontan vor, auf einen Barfuß-Marsch durch den trockenen Flusslauf zu gehen. Wir lassen uns das nicht zweimal sagen, ziehen aufgeregt die Schuhe aus und folgen ihm durch den Sand. Ich laufe an zweiter Stelle hinter ihm und halte es für die beste Idee, unmittelbar in seinen Fußstapfen zu bleiben. Fataler Fehler. Auf einmal springt Craig zwei Meter in die Höhe, und vom Boden höre ich ein aggressives Zischen. Um unsere Füße zischelt eine sandfarbene, grob geschuppte Schlange. Sie ist nicht besonders groß, aber sie schnellt mit ihrem Kopf panisch in jede Richtung, aus der sie eine Bewegung wahrnimmt.

»Baby-Puffotter«, sagt Craig, der sich nach seinem Sprung schnell wieder fängt. Dann räumt er die aufgeregte Otter vorsichtig mit der Spitze seines Wanderstabes aus dem Weg.

Danach laufe ich nur noch auf Zehenspitzen und beschließe, lieber meinen eigenen Weg zu wählen, anstatt Craig blind zu folgen.

»Oh, das ist interessant«, sagt Craig und deutet auf eine Spur im Sand. Sie hat in etwa die Größe einer Elefantenspur, ist aber etwas komplexer. Drei Zehennägel – zwei an den Seiten und ein großer in der Mitte – sind deutlich erkennbar. Die Spur hat eine ovale Form und auch wenn ich nicht ganz sicher bin, welches Tier hier gelaufen ist, kann ich doch erkennen, dass die Fährte frisch ist.

»Was glaubt ihr, was das ist?«

»Nashorn«, sagen Quintin und Louis wie aus der Pistole geschossen.

»Sehr richtig.«

Craig folgt der Spur mit seinem Blick. Sie führt weiter durch den Flusslauf.

»Was wisst ihr über Nashörner?«

»Dass sie sehr schlechte Laune haben?«, scherzt Quintin.

»Ja, das sagt man ihnen nach. Also, es gibt Breitmaulnashörner und Spitzmaulnashörner. Die Fährten sehen sich sehr ähnlich. Das hier ist ein Spitzmaulnashorn. Die Zehennägel sind kleiner als beim Breitmaul und die Abstände zwischen ihnen größer. Lasst uns auch mal den Mist untersuchen.« Craig führt uns zu einem großen Haufen zerkauter Sträucher.

»Warum ist das hier kein Elefantenmist, Gesa?«

»Er sieht irgendwie gröber aus«, sage ich.

»Vollkommen richtig. Spitzmaulnashörner ernähren sich eher von Sträuchern als von Gras, und durch die Form ihres Mauls beißen sie die Äste in einem sehr schrägen Winkel ab. Schaut mal hier«, Craig wühlt sich durch den frischen Mist und zeigt uns einen kleinen Zweig, der tatsächlich schräg abgebissen wurde.

»Okay, die Spur ist recht frisch. In ein paar Hundert Metern kommt eine hübsche Quelle, die würde ich euch gern zeigen. Aber es kann sein, dass das Nashorn auf dem gleichen Weg ist, um zu trinken. Seid absolut leise und wenn ihr irgendetwas hört, gebt mir vorsichtig ein Zeichen. Für den Fall, dass das Nashorn plötzlich aus dem Gebüsch geschossen kommt, klettert ihr sofort auf einen der Bäume.«

Wir nicken still, um zu zeigen, dass wir verstanden haben. Ich frage mich aber insgeheim, wie ich barfuß an einer der stacheligen Akazien hochklettern soll. Gut, kümmere ich mich drum, falls es dazu kommt.

Wir schleichen weiter. Da ich eben noch ganz vorne war, muss ich jetzt ganz hinten laufen – und verspüre die ganze Zeit das unangenehme Gefühl, dass mir etwas im Nacken sitzt. Ständig sehe ich mich nach hinten um und rechne schon fast damit, dass das Nashorn aus einem Hinterhalt auf uns lospprescht. Aber für eine Viertelstunde passiert nichts. Plötzlich bringt Craig die Gruppe abrupt zu einem Halt, schaut sich um und hält einen Finger auf seine Lippen. Wenige Meter vor uns liegt die Quelle, und wir hören etwas Schweres mit großer Hast die Uferböschung hinaufstampfen. Craig nickt nur und führt uns auf die gegenüberliegende Uferböschung. Hier liegen so viele Akaziendornen auf dem Boden, dass ich eigentlich die ganze Zeit nach unten schauen müsste, um keinen davon in den Fuß gerammt zu bekommen, aber im Gebüsch auf der anderen Seite schnaubt und poltert es wie wild und ich möchte unbedingt das Nashorn sehen. Wie angewurzelt starren wir auf die Böschung.

»Okay, lasst uns zu der Quelle gehen und dort warten. Vielleicht kommt es noch mal wieder«, sagt Craig.

Die Quelle plätschert auf glatten Steinen. Zu beiden Seiten des Wassers ragen große Jackalberries über das Flussbett. Es ist ein friedlicher Ort. Im Strom des Wassers kühlt sich eine riesige Python die Schuppen, und wir sind für eine Weile abgelenkt vom Nashorn, als die Schlange gemächlich ins Wasser gleitet, um etwas Abstand zwischen sich und uns Störenfriede zu bringen. Wir untersuchen die Spuren im Sand. Das Nashorn hat tatsächlich hier getrunken.

»Ich schlage vor, wir bleiben für eine Weile hier sitzen, keiner macht einen Laut.«

Aber das Nashorn wagt sich nicht wieder ins Freie. Wir hören es noch ein paar Mal schnauben und trampeln, dann verstummt es ganz.

Wie sehr wir Menschen uns doch auf unseren Blick beschränken, überlege ich, als ich versuche, einen Dorn aus meiner Fußsohle zu entfernen. Das Sehen ist vielen Menschen der wohl wichtigste Sinn. Gerade in unserer heutigen Zeit ist doch ein spannendes Erlebnis nur noch eines, wenn wir es auch bildlich dokumentiert haben, wenn wir im Nachhinein beweisen können, dass es wirklich passiert ist. Wir erleben schöne Momente nicht mehr, um sie zu erleben – wir erleben sie, um sie anderen zu zeigen. Aber wenn ich mich zurückentsinne, dann sind mir die liebsten Erinnerungen jene, von denen es gar keine Bilder gibt. Das Nashorn nicht zu sehen, macht diesen Nachmittag zu einer davon. Wäre es aus dem Gebüsch gekommen, hätten wir alle unsere Kameras gezückt, wie wild auf den Auslöser gedrückt und das Tier nur noch durch den Sucher betrachtet. Jetzt betrachten wir es vor allem mit den Ohren, mit der Nase, wir spüren es in unserer Nähe und bleiben gleichzeitig empfänglich für alles andere an der Quelle. Die Python, die in gleichmäßigen Bewegungen durchs flache Wasser schlängelt, einen Riesenfischer, der mit seinem Schnabel versucht, einen Fisch zu fangen, eine Ameise auf der Haut und das gleichmäßige Gurren der Kapturteltauben – und bestimmt an die dreißig andere Vögel, deren Rufe ich noch immer nicht kenne.

13.

Mondscheinsafari

Unser Safari-Alltag passt sich dem täglichen Rhythmus der Natur an. Der Höhepunkt eines jeden Tages ist der Schichtwechsel am frühen Morgen: Die nachtaktiven Tiere verstecken sich wieder in ihren Bauten und Höhlen und werden von den am Tag Aktiven abgelöst, die langsam aufwachen, ihre Glieder strecken und beginnen, Futter und Gefahren zu erschnüffeln. Mittags herrscht dann erstmal Flaute – den meisten Tieren ist es zu heiß und sie verziehen sich in den Schatten. Am Nachmittag wacht langsam alles wieder auf, und die Tiere versuchen, ihre Antriebslosigkeit wieder abzuschütteln. Nachts passiert natürlich am meisten, verborgen in der Finsternis bekommt man das aber gar nicht mit. Nachtsafaris sind darum bittersüß: Entweder man sieht etwas Phantastisches – Löwen bei der Paarung, einen Leoparden, der ein erlegtes Gnu in den Baum hievt, um seine Beute vor anderen Raubtieren zu sichern, einen Honigdachs, ein Erdferkel – oder gar nichts.

Bevor die Sonne untergeht, fahren wir heute mit Craig zu

seinem Lieblingsplatz in Selati, bevor wir eine Nachtfahrt machen wollen. Etwas abseits des Weges liegt eine kleine Lichtung unter einem riesigen Marulabaum, von der aus man auf ein entferntes Wasserloch schauen kann, wo kurz vor Sonnenuntergang viele Tiere für ihren eigenen Sundowner vorbeischauen. Wir hocken uns auf den Boden und plaudern, während die Bier- und Cola-Dosen zischen. Lange müssen wir nicht warten, bis die ersten Besucher vorbeischauen. Eine Gruppe Giraffen wagt sich aus den umliegenden Büschen.

Giraffen sind eigentlich Einzelgänger, schließen sich zum Schutz aber oft mit anderen Familienmitgliedern zusammen. An die sieben Giraffen schreiten nun mit ihren eleganten, langen Beinen zum Wasser, zwei von ihnen sind noch ganz klein. Durch unsere Ferngläser beobachten wir, wie sie zum Trinken weit die Beine spreizen und den Kopf nach unten senken. Giraffen sind niemals so angreifbar wie in dieser Position. Wenn sie trinken, stellen sie leichte Beute für Raubtiere dar, weil sie ihre Beine nicht schnell genug wieder nach oben bekommen. Diese Giraffen hier sind deshalb so clever, sich beim Trinken abzuwechseln. Eine der Baby-Giraffen tut sich noch sehr schwer, mit den langen Stelzen zurechtzukommen, und stolpert immer wieder auf halber Strecke zum Wasser. Schließlich kniet sie sich vorsichtig hin und reckt und streckt die lange Zunge unermüdlich, bis sie ein paar Tropfen abbekommt. Wäre ja gelacht, wenn sie das nicht schafft! Die Zunge einer Giraffe ist immerhin so lang, dass sie sich damit das Auge ablecken könnte.

»Wie macht die Giraffe?«, fragt Craig.

Wir überlegen, aber keinem fällt ein, was Giraffen für Geräusche machen. Machen sie überhaupt welche?

»Giraffen sind sehr leise Tiere, die hauptsächlich auf nonverbaler Ebene kommunizieren«, flüstert Craig, »wie genau sie sich verständigen, ist noch wenig erforscht, aber sie haben ein ausgefeiltes System. Es ist faszinierend zu beobachten! Man glaubt sogar, dass Giraffen sich auch über Infraschall verständigen, genau wie Elefanten oder Wale, also auf einer Frequenz, die das menschliche Ohr gar nicht wahrnehmen kann. Deswegen sagt man Tieren mit diesen Fähigkeiten angeborene Frühwarnsignale für bevorstehende Gefahren wie zum Beispiel Naturkatastrophen nach. Giraffen kommunizieren eigentlich die ganze Zeit – wir Menschen sind nur zu dumm, um es zu verstehen.«

Mit Einbruch der Dunkelheit werden die älteren Familienmitglieder sichtlich nervös. Nach und nach ziehen sie sich ins hohe Gras und schließlich in den Schutz der Wälder zurück.

»Wir sollten auch langsam aufbrechen«, mahnt Craig, als es um uns herum finster wird.

»Quintin, bist du bereit für deine Nachtfahrt?«

»Ja klar, auf jeden Fall.« Quintin verstaut die leeren Getränkedosen in der Kühlbox.

»Wer muss noch lernen, mit dem Spotlight umzugehen?«, fragt Craig in die Runde.

Ich bin die Einzige, die das Leuchten mit dem Spotlight noch nicht in Mashatu erledigen konnte, darum bin ich an der Reihe. Ich schließe die übergroße Taschenlampe an die Batterie des Geländewagens an und setze mich auf den Tracker-Seat – einen Sitz vorne links über der Motorhaube, von dem aus sich Spuren auf dem Boden und Tiere im Gebüsch besser sichten lassen. Von hier aus muss ich nun mit dem Spotlight durch die Nacht leuchten und nach reflektierenden Augenpaaren in der Dunkelheit Ausschau halten. Quintin startet den Motor.

»Pass gut auf mich auf«, rufe ich ihm zu, und Quintin lenkt

den Landy auf den schmalen Weg durch die Akazien. Nacht-
fahrten sind für den Guide hinterm Steuer eine doppelte Herausforderung, vor allem, wenn der Tracker-Seat besetzt ist.
Die Verständigung zwischen Tracker und Guide ist unglaublich
wichtig, sonst kann man spannende Entdeckungen in der Dunkelheit ganz schnell verpassen. Quintin und ich verständigen
uns darum auf ein paar Handsignale. Das Spotlight zu bedienen ist noch mal eine ganz andere Herausforderung. Vorne auf
der Motorhaube kriegt man schnell einen warmen Hintern,
Mücken und Motten werden vom Schein des Spotlights angezogen und schwirren permanent um den Kopf herum (den
Mund also besser geschlossen halten), und wenn der Guide
hinterm Steuer mal einen Akazienast übersieht, hat man ruckzuck einen fetten Dorn in der Wange. Abgesehen davon ist es
aber ein großer Spaß, nach Augen in der Dunkelheit Ausschau
zu halten. Bei einem großen Haufen gelber Augen leuchte ich
sofort auf den Boden, denn es handelt sich um eine Herde Impalas, die nicht von dem Licht geblendet werden sollen. Bei roten Augen bitte ich Quintin zu stoppen und halte weiter mit
der Lampe drauf, denn es könnte ein nachtaktives Tier sein.

Auf dieser Fahrt begegnet uns zunächst nicht viel. Ich fla-
ckere mehrere Male hektisch mit dem Spotlight in die Bäume,
weil ich rote Augen sehe, doch die gehören jedes Mal zu einem
Buschbaby. Buschbabys, oder auch Galagos, sind kleine affen-
artige Wesen mit riesigen Augen, die, als hätten sie Sprungfe-
dern an den Füßen, meterweit von Ast zu Ast hüpfen können.
Diese kleinen Tierchen sind so süß, dass es in der Vergangenheit Versuche gab, sie als Haustiere zu halten – was sich jedoch als keine gute Idee herausstellte. Buschbabys markieren
ihr Territorium, indem sie auf ihre Hände pinkeln und so die

eigene Duftmarke automatisch an allem hinterlassen, was sie berühren. Stubenrein sind diese trollgleichen Wesen nicht zu bekommen.

Durch das ohrenbetäubende Singen der Zikaden ruft ein Perlkauz in die Nacht hinein. Es klingt wie ein besonders schöner Orgasmus: Der Ruf fängt in den unteren Oktaven an und steigert sich immer mehr bis zum Höhepunkt, auf den eine Art befreiender Seufzer folgt. Und dann hören wir noch etwas: das Heulen von Hyänen, nicht weit von uns entfernt. Ich leuchte aufgeregt mit dem Spotlight durch die Gegend, aber sehen kann ich nichts. Das Heulen steigert sich mehr und mehr und plötzlich sehen wir im Licht der Scheinwerfer, keine zehn Meter vor uns, zuerst einen Kudu-Bullen und dann die Hyänen über den Weg laufen! Ich ziehe vor Schreck die Füße ein. Mit einem Rudel Hyänen in unmittelbarer Nähe fühle ich mich vorne auf der Motorhaube ganz und gar nicht mehr wohl!

Dann hören wir einen furchtbaren Aufschrei und das aufgeregte Lachen der Hyänen. Es klingt barbarisch. »Fahr noch ein paar Meter weiter vorwärts, Quintin. Alles okay da vorne, Gesa?«, ruft Craig in die Nacht. Ich zeige nur mit dem Daumen nach oben. Adrenalin pumpt wie wild durch meine Adern. Ich weiß gar nicht so genau, ob ich das sehen will, was ich da gleich mit der Lampe anscheinen soll. Trotzdem leuchte ich dann in die Büsche rechts von unserem Wagen, doch das grausame Schauspiel passiert Gott sei Dank zu weit entfernt. Noch immer lachen die Hyänen, schreit der Kudu vor Schmerz.

»Macht mal die Lichter aus«, sagt Craig, woraufhin Quintin die Scheinwerfer ausschaltet und ich, wider Willen, das Spotlight. Für einen Moment ist es stockfinster, bis sich meine Augen an die Dunkelheit gewöhnt haben. Nur der Mond und die Sterne beleuchten die Szenerie, und wir hören, wie sich die Hyänen an ihrer Beute zu schaffen machen. Die lauten Schreie werden allmählich von röchelnden Seufzern abgelöst, bis wir schließlich nur noch die Hyänen lachen hören. Das, was mir *Der König der Löwen* über Hyänen beigebracht hat, kann ich hiermit über Bord werfen. Hyänen sind alles andere als dumme Aasfresser. Im Gegenteil: Sie sind geschickte Jäger, die ihre Beute bis zur Ermüdung jagen.

Ich versuche mir auszumalen, was dort in den dunklen Büschen passiert. Die Hyänen brechen mit ihren starken Kiefern die Knochen ihrer Beute – von allen Tieren hier draußen haben sie den mit Abstand stärksten Biss. Beim Fressen halten sie sich streng an ihre Rangordnung: Hyänen werden von einem Alpha-Weibchen angeführt. Sie ist es, die sich zuerst an diesem Festmahl laben darf. Zum ersten Mal erlebe ich heute Nacht aus nächster Nähe, dass Natur nicht nur schön und friedlich sein kann, sondern auch brutal und grausam. Ich erinnere mich daran, was ich mal in einem Buch von Daphne Sheldrick gelesen habe, und zumindest dieser Gedanke macht das, was ich höre, etwas erträglicher: Wenn Antilopen bei lebendigem Leib gefressen werden, empfinden sie angeblich keinen Schmerz. Sie befinden sich dann in einer Art Schockzustand, weil ihr Hirn Endorphine freisetzt, die die Nerven lähmen und jegliches Gefühl in ihrem Körper auslöschen. Gleiches passiert angeblich auch im menschlichen Körper, zum Beispiel bei Soldaten im Krieg. Trotzdem ist mir diese Tatsache jetzt nur ein kleiner Trost, und ich muss an den stattlichen Kudu-Bullen denken, den ich an meinem letzten Tag in Mashatu von Solomon's Wall aus beobachtet habe.

Aber nicht nur mich bringt das Lachen der Hyänen aus der

Fassung. Die Elefanten trompeten jetzt aufgeregt durch die Dunkelheit und trampeln ungestüm durch die Büsche. Die Nacht ist noch nicht vorbei.

»Okay, es könnte hier vielleicht etwas ungemütlich werden«, sagt Craig, »lasst uns langsam zurück ins Camp fahren.«

Quintin startet den Motor und schaltet die Scheinwerfer ein. Ich strahle mit dem Spotlight, jetzt mit zitternder Hand. Die Elefanten scheinen direkt in den Büschen um uns herum zu sein. Wir sind mittendrin in einer Herde aufgebrachter Elefanten. Als Quintin um eine Kurve fährt, trompetet einer von ihnen in mein Ohr, und als wir an ihm vorbei sind, läuft er aufgebracht hinter uns her.

»Was ist bloß mit denen los heute?«, fragt Craig, wohl mehr sich selbst als einen von uns. »Quintin, was dagegen, wenn ich uns nach Hause fahre?«

»Absolut nicht.« Quintin seufzt erleichtert und tauscht den Platz mit Craig.

»Gesa, setz du dich lieber auch nach hinten. Die Fahrt wird jetzt etwas holprig.« Das lasse ich mir nicht zweimal sagen.

»Okay, gut festhalten«, ruft Craig und tritt aufs Gas. Ich habe ja bis jetzt nur wenig Erfahrungswerte, auf die ich zurückgreifen kann, aber anhand von Craigs Reaktion erkenne ich, dass die Situation zumindest ein kleines bisschen heikel zu sein scheint.

Trotzdem finde ich es bemerkenswert, dass er es schafft, ruhig zu bleiben, und uns Schülern das Gefühl gibt, bei ihm in sicheren Händen zu sein. Auch seine Fahrkünste durch die Dunkelheit sind beeindruckend. Auf dem Weg zurück ins Camp lenkt er den Wagen mit der einen und leuchtet mit dem Spotlight mit der anderen Hand. Ständig muss er umgestoßenen Bäumen ausweichen. Die Elefanten haben für ordentlich Verwüstung gesorgt. Ein riesiger Baumstamm versperrt uns schließlich komplett den Weg, wir kommen nicht weiter.

»Und darum, liebe Freunde, hat ein guter Ranger immer eine Machete im Wagen«, sagt Craig schulterzuckend. Dass er nach wie vor Witze macht, ist typisch für ihn. Er springt beherzt aus dem Wagen und fängt an, die Äste abzuhacken, stellt aber bald fest, dass das nicht ausreichen wird. »Quintin, Kumpel, ich brauche deine Hilfe: Auf dem Rücksitz liegt ein Seil. Bring das mal her, wir müssen den Baum mit dem Wagen aus dem Weg schaffen.«

Quintin und Craig werkeln am Baum, während die Elefanten immer noch hinter uns trompeten. Ich kann den Gedanken nicht abschütteln, dass die beiden Jungs da vorne völlig schutzlos umherlaufen und dass in der Dunkelheit ja noch ganz andere Tiere unterwegs sind. Aber am Ende geht es gut und mit einem kräftigen Ruck und aufheulendem Motor schaffen sie es, den Baum ein paar Meter zu bewegen, so dass wir vorbeifahren können. Craig teilt dem Camp über Funk mit, dass die anderen nicht mit dem Essen auf uns warten müssen, wir werden uns heute verspäten.

Zurück im Camp fühlen wir uns wie die Helden einer Schlacht, dabei haben wir ja gar nichts Großes geleistet. Wir haben heute einfach nur Glück gehabt und von all den Dingen, die in dieser Nacht passieren werden, hat sich eines zufällig vor unseren Augen abgespielt. Bei kühlem Dosenbier und aufgeheizt von unserem Abenteuer erzählen wir später am Feuer, was sich auf unserer Mondscheinsafari zugetragen hat. Unsere Mitschüler lauschen aufmerksam den Geschichten, mit ein wenig Neid im Blick.

Es sind diese Momente, die das Leben auf Safari so süchtig nach mehr machen. Ich bin keine Freundin von Adrenalinschüben und würde mich niemals mit einem Fallschirm aus einem Flugzeug werfen oder Bungee-Jumping machen oder auf einem kurvigen Bergpass Motorrad fahren. All das gibt mir nichts. Aber heute Nacht habe ich einen Nervenkitzel gefunden, der tatsächlich nach meinem Geschmack ist. Noch nie habe ich so viele Gefühle auf einmal in mir gespürt: Aufregung, Spannung, Angst, Freude, Trauer – alles überschlägt sich und doch sind die Gedanken glasklar. Sich einmal im Leben so lebendig fühlen zu dürfen, das war es wert. Und doch bin ich nach wie vor hin- und hergerissen zwischen meinem alten und meinem neuen Ich. Das alte kann kaum fassen, was ich da heute wieder gemacht habe, das neue kann kaum erwarten, noch vor dem nächsten Sonnenaufgang wieder loszuziehen.

14.

Biff und der Leopard

Ich sitze allein im Flussbett und lerne Vögel. Morgen früh ist der Vogel-Test dran. In drei Tagen folgt das große Examen. Die Stimmung im Camp ist angespannt. Alle brüten über den Büchern oder haben sich zu Lerngruppen zusammengeschlossen. Ich kann nicht länger im Klassenzimmer sitzen und den anderen zuhören, wie sie den Stoff wiederholen, weil mich das nur noch nervöser macht. Den ganzen Nachmittag lang spiele ich die Playlist mit den neunzig Vogelrufen ab und schlage dazu jeden einzelnen im Vogelkundebuch nach. Am Abend piepst und zwitschert es noch immer in meinem Kopf, obwohl ich die Kopfhörer längst weggelegt habe.

Ausgerechnet in dieser Nacht kommen die Elefanten zurück ins Camp, wo ich doch all meine Konzentration für den nächsten Tag brauche. Als ich knackende Äste direkt neben meinem Zelt höre, sitze ich kerzengerade im Bett. Ich wäge meine Chancen ab und beschließe, dass ich draußen sicherer bin, falls der Elefant beschließt, sich auf mein Zelt zu setzen. Mit vorsichtigen Bewegungen öffne ich den Reißverschluss. Dunkle Wolken verdecken den Mond. Dass da draußen ein Tier ist, kann ich nicht sehen, nur spüren. Und ich höre es atmen. Mit angezogenen Beinen hocke ich auf dem Boden. Als die Wolken vorüberziehen und der Mond Licht auf die Szene wirft, sehe ich nur wenige Meter vor mir einen riesigen Elefantenbullen mit abgebrochenem Stoßzahn. Willkommen zurück, mein Freund. Hals und Rüssel ausgestreckt, versucht er, die Blätter in den Baumkronen zu erreichen, und sieht so noch größer aus, als er eigentlich ist. Ich glaube ja, dass Elefantenbullen genau das beabsichtigen, wenn sie sich bis zu den obersten Zweigen eines Baumes strecken. *Guck, wie groß und stark ich bin, leg dich lieber nicht mit mir an!*

Ich halte mir die Hand vor den Mund, damit er meinen Atem nicht hört. Keine Ahnung, was jetzt zu tun ist. Zurück ins Zelt? Langsam wegschleichen? Sitzenbleiben? Ich bin doch noch in der Ausbildung! Der Bulle neigt langsam seinen Kopf und schaut in meine Richtung. Vielleicht hat sich der Wind gedreht? Was ich mit Sicherheit weiß, ist, dass er weiß, dass ich hier sitze. Minuten vergehen. Er scheint auch abzuwägen, was jetzt zu tun ist. Überlegt, ob von diesem fremden Wesen eine Gefahr ausgeht. Genau wie ich. Die Entscheidung fällt er, er kommt auf mich zu. Typisch Elefant: Er will mir zeigen, dass er keine Angst vor mir hat. Wie groß er wirklich ist, merke ich erst, als ich fast eine Nackenstarre bekomme, weil ich in seine Augen sehen möchte. Er steht direkt vor mir. Mein Herz rast so wild in meiner Brust, dass er es hören muss. Genau wie beim letzten Mal streckt er seinen Rüssel nach mir aus. Ich kann seinen warmen Atem auf meiner Haut spüren und rieche die Blätter, die er gefressen hat. Was für ein wunderbarer, erdiger Geruch von ihm ausgeht! Ich sitze mit weit aufgerissenen Augen da, starre nach oben, während der Elefant nach unten starrt. Dann zieht er lautlos an mir vorbei. Mit dem Hintern reibt er aber noch kurz an meinem Zelt. Ich krabbele auf allen vieren um die Ecke und sehe ihn mit gemütlichen Schritten hinter der Küche verschwinden. Erst jetzt fällt mir auf, dass ich immer noch den Atem anhalte. Der Vogeltest könnte mir in diesem Moment nicht gleichgültiger sein.

Am nächsten Morgen testet Head-Instructor Harris uns trotz nächtlichem Elefantenbesuch auf fünfzig Vogelbilder und -rufe, die er uns kurz zeigt und vorspielt, bevor wir sie auf einen Zettel schreiben müssen. Zumindest gelingt es mir, für jedes Bild und jeden Ruf einen Vogel aufzuschreiben. Ob sie am Ende richtig sind, wird sich zeigen.

Nach dem Test bleiben wir für eine sehr wichtige Unterrichtsstunde im Klassenzimmer sitzen. Harris erläutert uns heute, was es bei der praktischen Prüfung alles zu beachten gilt. Das Ganze ist vergleichbar mit einer Führerscheinprüfung. Die ist bei mir damals gut gelaufen, und ich erinnere mich gerne an diesen Tag zurück, der für mich das erste echte Stück Unabhängigkeit bedeutete. Mein Fahrlehrer hieß Kotzlowski und sprach mit einem sympathischen polnischen Akzent. Wir verstanden uns prächtig, und ich durfte ihn tatsächlich »Kotzlowski« nennen. Keine Anrede, kein Vorname. Auch bei der Safari-Prüfung nimmt man den Prüfer mit auf eine zwei- bis dreistündige Fahrt und muss in dieser Zeitspanne zeigen, was man gelernt hat. Der Prüfer sitzt unterdessen mit einem Klemmbrett auf dem Rücksitz und macht sich Notizen. Außerdem dürfen drei Mitschüler auf der Fahrt dabei sein und Safari-Gast spielen.

Den Nachmittag verbringen wir mit Selbststudium. Ich nutze ihn, um mir über meine Route Gedanken zu machen. Ich will sie danach auswählen, wo meine Stärken liegen. Ein Game Drive runter zum Fluss kommt für mich eher nicht in Frage, denn da könnten viele Vögel sein, die ich nicht kenne – das Risiko ist mir zu groß. Ich bin recht gut in Baumkunde geworden, darum überlege ich, wo im Reservat ich interessante Bäume gesehen habe. Auch über Nashörner habe ich viel gelernt, und ich weiß, dass auf einem Weg namens »Concrete Crossing Link« in den letzten Tagen sehr viele frische Nashornspuren gefunden wurden. Für eine Pause könnte ich auf dieser Straße wunderbar an einem alten Brunnen stoppen und über die Geschichte des Reservats sprechen. Und wenn man ein bisschen weiterfährt, hat man durch die dichten Bäume tatsächlich einen schönen Blick auf die Drakensberge. Erstaunlicherweise bereitet mir die Fahrprüfung weniger Sorge als das theoretische Examen, dabei kann auf so einem Game Drive einiges schiefgehen. Von platten Reifen über Zwischenfälle mit Elefanten bis hin zu einer gelangweilten Prüferin kann so ziemlich alles passieren. Sowohl im Examen als auch während des Game Drives müssen wir mindestens 75 Prozent der möglichen Punktzahl erreichen.

Ich frage Craig, ob ich meinen Game Drive mit ihm üben kann, und zusammen mit Biff, Paul und Mike machen wir uns auf den Weg. Ich spiele die gesamte Fahrt einmal von vorne bis hinten durch – und es läuft super! Wir sehen herrlich viele Tiere auf dem Weg. Impalas, Kudus, eine entspannte Herde Elefanten aus sicherer Entfernung, einen Sperberbussard, ein Gelbschnabeltoko-Paar, das gerade sein Nest baut. Nashörner sehen wir nicht, aber wenigstens ein paar frische Spuren, über die ich sprechen kann. Wie geplant halte ich an dem alten

Brunnen für einen Sundowner. Ich stelle einen Tisch mit Tischdecke auf, drapiere ein paar Blümchen und serviere ein paar Getränke. Der Brunnen liegt in einem Mopane-Waldstück, wo im Schatten ein paar Zebras grasen.

Zurück im Camp geben mir die anderen Feedback. Ich habe ein paar doofe Fehler gemacht, zum Beispiel habe ich unseren Sundowner-Stopp nicht über Funk durchgegeben. Das Gelbschnabeltoko-Paar war in Wahrheit ein Rotschnabeltoko-Paar. Und ich habe eine Giraffe übersehen.

»Aber alles in allem hat mir der Game Drive Spaß gemacht. Ich glaub, du bist bereit für die Action«, sagt Craig und klopft mir auf die Schulter.

Ich bin erleichtert, muss aber auch daran denken, was mein Vater mir einmal erzählt hat: Während seiner Schulzeit war er Beleuchter im Stadttheater, und die Schauspieler haben ihm immer gesagt, dass die Generalprobe schlecht laufen müsse, damit die Premiere gut wird. Aber das wird in meinem Fall hoffentlich nicht zutreffen. Wir sind ja hier nicht im Theater.

Am Abend ziehe ich in ein Zelt mit Biff, um Platz für die Prüferin zu machen. Wir bilden ab jetzt eine nette, kleine Busch-WG. Biff schläft an diesem Abend früh ein, und ihr gleichmäßiger Atem lullt auch mich irgendwann in einen tiefen Schlaf. Mitten in der Nacht schreit sie dann aber panisch auf: »Hyäne! Da ist eine Hyäne!«

»Was?! Wo? Im Zelt?!«, rufe ich entsetzt und schrecke hoch. Aber Biff dreht sich einfach auf die andere Seite und schläft weiter. Sie hat wohl nur geträumt. Als sie wenig später »Leopard« flüstert, schlafe ich deshalb zunächst einfach weiter. Aber dann höre ich es auch: ein Röcheln, das wie eine Kreissäge klingt, die langsam gestartet wird.

»Leopard«, zischt Biff jetzt etwas lauter.

»Was glaubst du, wie weit weg er ist?«, frage ich.

»Nicht so weit, vielleicht unten im Flussbett.«

Dann hören wir es wieder. Leoparden verteidigen mit diesem Geräusch ihr Revier in der Nacht. Sowohl Weibchen als auch Männchen sind Einzelgänger und treffen sich nur zur Paarung. Das Röcheln folgt alle paar Minuten im gleichen Abstand. Und mit jedem Intervall kommt es näher die Böschung hinauf.

»Willst du rausgehen und nachsehen?«

»Ähm, nein?«

»Ach, der ist bestimmt noch weit weg.«

»Klingt aber nicht so«, gebe ich zu bedenken.

»Ich mache nur mal vorsichtig den Zelteingang einen Spalt auf, ja?«

»Biff, der Leopard hat uns bestimmt schon gehört!«

»Davon gehe ich aus«, sagt sie.

Man könnte meinen, Biff sei ein bisschen lebensmüde, wenn man ihr so zuhört. Ich halte sie einfach nur für furchtlos. Und vielleicht ein bisschen verrückt. Aber was soll man auch sonst von einer angehenden Rangerin erwarten, die aus demselben Land wie Crocodile Dundee und Steve Irwin kommt? Biff zieht den Reißverschluss ein Stück nach unten und streckt ihren Kopf hinaus in die Dunkelheit. Da ist es wieder, das Röcheln. Es ist das gruseligste Geräusch, das ich je gehört habe, und übertrifft in seiner Intensität um Weiten das Lachen der Hyänen, die das Kudu verspeisten oder das Brüllen der Löwen. Löwengebrüll lässt keine Fragen offen, da weiß man, woran man ist. Das Röcheln des Leoparden hat zwar etwas vergleichbar Kraftvolles, aber gleichzeitig auch etwas Heimtückisches.

Dem vertraut man nicht. Der Leopard schleicht mit lautlosen Schritten und geschärften Sinnen irgendwo zwischen unseren Zelten umher, seine Augen haben in der Nacht bis zu sieben Mal mehr Sehkraft als unsere. Von den großen Katzen sind Leoparden die wohl Heimtückischsten.

Erst letztens erzählte jemand am Lagerfeuer die Geschichte von einer Frau, die nachts in einer Lodge auf ihrer Veranda schlief, weil sie unter den Sternen liegen wollte. Ein Leopard schlich sich an sie heran, und sie wachte erst auf, als die große Katze bereits über ihr lauerte. Ein paar Tage später erlag sie ihren Verletzungen im Krankenhaus. Diese Geschichte fällt mir just in der Minute wieder ein, als Biff mit einer flinken Bewegung durch den Zeltspalt klettert. Ich packe ihr Bein und halte sie fest. Daraufhin bleibt sie vor dem Zelt sitzen, und wir lauschen beide in die Nacht. Ich weiß gar nicht, wie viel sicherer ich hier im Zelt überhaupt bin. Dass die dünne Plane einen Leoparden abhalten würde, wage ich zu bezweifeln. Er röchelt weiter durch die Nacht, und Biff bleibt noch lange sitzen. Ich lasse ihr Bein nicht los, selbst als ich irgendwann einschlafe. Und schließlich vernehme ich mit einem Ohr, wie auch Biff wieder ins Zelt krabbelt und den Reißverschluss zuzieht. Am nächsten Morgen finden wir Leopardenspuren auf dem Pfad vor unserem Zelt. Ob sie entstanden sind, bevor oder nachdem Biff wieder ins Zelt kam, lässt sich nicht sagen.

Unsere Prüferin Dorothy erreicht Selati am frühen Nachmittag. Wenn die Stimmung im Camp vor ihrer Ankunft angespannt war, dann ist sie jetzt zum Zerreißen. Head-Instructor Harris holt sie persönlich vom Gate ab und trägt ihre Tasche zum Zelt. Dorothy ist genauso, wie ich sie mir vorgestellt habe: eine sehr kleine Frau mit weißen Haaren, die sie zu einem strengen Seitenscheitel gekämmt hat. Sie trägt ein beigefarbenes Khaki-Kleid und ihr Fernglas um den Hals. Mich erinnert sie an jemanden aus meiner Kindheit, aber ich komme noch nicht drauf, an wen. Auf den ersten Blick entsteht sofort der Eindruck, dass mit dieser Frau nicht gut Kirschen essen ist, und ich beschließe, mich bedeckt zu halten, um ihr bloß keinen Grund zu geben, mich nicht zu mögen. Beim Abendessen stellt Head-Instructor Harris uns unsere Prüferin vor: »Alle zusammen, ihr habt bestimmt mitbekommen, dass wir seit heute einen Gast im Camp haben. Wie ihr wisst, wird Dorothy die Prüfungen in den nächsten Tagen durchführen und auch eure Theorie-Examen korrigieren. Dorothy arbeitet seit über dreißig Jahren in der Safari-Industrie. Sie ist eine echte Institution in der Branche, und ich freue mich sehr, dass sie hier ist. Willkommen in Selati, Dorothy!«

Dorothy erhebt und räuspert sich. Jetzt fällt mir ein, an wen sie mich erinnert: Professor Dolores Umbridge aus Harry Potter, die fiese, etwas krötenartige Lehrerin für Verteidigung gegen die Dunklen Künste.

»Guten Abend«, sagt sie mit spitzer Stimme und einem Lächeln, »ich möchte kurz erklären, wie das Prozedere der nächsten Tage ablaufen wird. Morgen früh um acht Uhr wird das Theorie-Examen beginnen. Es wird mit schwarzem Stift geschrieben. Hilfsmittel sind nicht erlaubt. Ihr habt drei Stunden Zeit. Am Nachmittag steht die erste praktische Prüfung an. Über die nächsten sieben Tage werde ich täglich zwei Schüler prüfen. Wer nicht besteht, erhält eine Sperre von bis zu drei Monaten und darf die Prüfung erst nach Ablauf dieser Sperrfrist wiederholen. Wenn keine Fragen dazu sind, möchte ich an dieser Stelle nur noch darauf hinweisen, dass die Nachtruhe ab 22 Uhr strengstens einzuhalten ist.«

135

Mit diesen Worten setzt sie sich und die Teller und Tassen beginnen zu klappern.

»Head-Instructor Harris kommt einem auf einmal richtig nett vor, oder?«, flüstert Paul, und wir kichern in unsere Teller.

Am Prüfungsmorgen sitze ich Kaffee trinkend im Gras und beobachte den Sonnenaufgang. Erst jetzt gestehe ich mir ein, wie sehr ich diese Prüfung bestehen möchte. Es steht außer Frage, dass mir diese Art zu leben gefällt, dass es noch so viel mehr gibt, was ich lernen möchte und dass ich nach meiner Grundausbildung nicht einfach wieder aufhören kann.

Rieke hat recht behalten: Die großen Zweifel vor meinem Aufbruch kommen mir heute lächerlich vor, Ich bin auf einmal mittendrin und schaue nicht mehr zurück. Anstatt am Ufer nur mal ein bisschen die Füße nass zu machen, bin ich am tiefen Ende mit einem Köpper ins Wasser gesprungen. Ich will jetzt noch nicht wieder raus und mich abtrocknen. Ich will weiter schwimmen, bis mir Schwimmhäute wachsen. Während mich die ersten Strahlen des Tages blenden, verspreche ich mir darum etwas: Wenn ich diese Prüfung bestehe, dann verlängere ich meine Zeit in Südafrika. Dann mache ich anschließend noch den Trails-Guide-Kurs.

Um zehn vor acht erscheint Dorothy im Klassenzimmer und teilt die Fragebögen aus. Pünktlich um acht weist sie uns an, die Bögen umzudrehen und mit dem Test zu beginnen. Es sind wesentlich mehr Seiten, als ich gedacht habe. Ich überfliege zunächst alles und suche nach den Fragen, von denen ich weiß, dass ihre Antworten maximal noch zehn Minuten im Arbeitsspeicher meines Gehirns abgelegt sind. Es ist ein Potpourri aus allem, was wir gelernt haben:

- Nenne drei wichtige Sicherheitshinweise, die du deinen
  Gästen vor einem Busch-Marsch mitteilen würdest. Was
  ist ein Brutparasit? Wie lange dauert die Schwangerschaft
  einer Giraffe? Nenne fünf Antilopen-Arten, bei denen sowohl Weibchen als auch Männchen Hörner haben. Was ist
  ein Lichtjahr? Was ist ein Biom? Was ist der schwerste fliegende Vogel im südlichen Afrika?

Unfassbar: Die letzte Frage steht da wirklich. Wäre George
mein Prüfer, ich würde »Pangolin« schreiben. Heute entscheide
ich mich aber doch lieber für die Koritrappe.

Ich habe offensichtliche Schwächen in Geologie, Amphibi-
en und Vogelkunde – ich bin noch neu auf Safari, mich faszi-
niert vor allem das Wissen über die großen Wildtiere.

Ich bin die Vorletzte, die ihren Fragebogen abgibt. An der
Feuerstelle sitzen im Anschluss die Raucher und rauchen und
die Nichtraucher und reden. Ich habe seit über einem Jahr keine Zigarette mehr gebraucht. Jetzt würde ich töten für eine.
Ich glaube nicht, dass mein Wissen ausgereicht hat, und wenn
mein Bauchgefühl schlecht ist, behält es meistens auch recht.

Ich verkneife mir schweren Herzens, eine Zigarette zu
schnorren. Viel Zeit bleibt mir ohnehin nicht, um mir über das
Examen Gedanken zu machen. Ich habe meinen Namen an die
zweite Stelle für die Fahrprüfung geschrieben. Wie immer will
ich das Unvermeidliche schnell hinter mich bringen. Das bedeutet, dass ich früh am nächsten Morgen dran bin.

Ich höre Motorengeräusche in der Einfahrt. Luise ist zurück von ihrer Prüfung. Sie trägt die Kühlbox in die Küche und
unterhält sich dabei angeregt mit Dorothy. Das scheint ja gut
gelaufen zu sein. Vielleicht ist Dorothy doch gar nicht so übel.

Ob Luise bestanden hat, wird ihr erst nach dem Essen mitgeteilt, zusammen mit dem Ergebnis des Theorietestes.

Nachdem alle gegessen haben, stecke ich mein Khaki-Hemd in die Hose und flechte mir einen Zopf, um das Unkraut auf meinem Kopf bestmöglich zu bändigen, erhebe mich mit wackeligen Beinen und versuche, mir durch das Geplapper meiner Mitschüler Gehör zu verschaffen.

»Guten Abend, alle zusammen«, sage ich mit zittriger Stimme. Keiner hat's gehört. Ich muss ein sogenanntes Gäste-Briefing abliefern, damit am nächsten Morgen alle gut informiert und pünktlich am Wagen stehen.

»Hallo, guten Abend alle zusammen. Darf ich euch kurz um eure Aufmerksamkeit bitten?«, sage ich jetzt etwas lauter.

Das Klassenzimmer verstummt, und ich spüre jedes einzelne Augenpaar auf mir. Das Ganze erinnert ein wenig an die Sicherheitseinweisungen der Flugbegleiter vor dem Abflug. Ohne die Hinweise auf Notausgänge und Sauerstoffmasken allerdings, aber immerhin Tee und Kaffee gibt es am Morgen. Ich schließe meinen Vortrag, indem ich meine Gäste nach ihren besonderen Interessen frage: »Ich werde einige Nachschlagewerke dabeihaben, falls wir ein paar spannende Vögel oder Pflanzen entdecken, die wir identifizieren wollen. Habt ihr irgendwelche besonderen Interessen? Was darf ich euch morgen früh zeigen?«

Selbstverständlich habe ich Quintin, Carlo und Kirsty, meinen »Gästen«, im Vorfeld gesteckt, welche besonderen Interessen sie haben sollen.

Quintin sagt »Bäume«, Carlo sagt »Elefanten« und Kirsty sagt »Geschichte.« Dorothy sagt nichts. Umso besser.

»Alles klar, vielen Dank für eure Aufmerksamkeit. Ich bin

noch eine Weile wach. Ihr findet mich am Feuer, falls ihr mich unter vier Augen sprechen wollt. Ansonsten wünsche ich euch jetzt süße Träume und sehe euch morgen früh um vier Uhr dreißig.«

Es folgt ein kurzes, höfliches Klatschen meiner Mitschüler. Dann darf ich mich wieder setzen. Die erste Hürde ist genommen. Morgen früh wird es dann richtig ernst. Bevor ich schlafen gehe, höre ich noch von Luise, dass sie bestanden hat. Ich freue mich für sie. Als Erste in den Ring zu steigen, ist nie eine leichte Aufgabe. Und scheinbar hat sie heute einen wirklich tollen Job gemacht. Ich weiß nicht, ob mich das zuversichtlicher stimmen oder mir doch eher Sorgen bereiten soll. Was auch immer passiert, morgen um diese Zeit bin ich schlauer.

15.

D-Day

Mein Wecker klingelt um halb vier Uhr morgens. Als ich das schrille Piepsen höre, ist die Versuchung der Schlummerfunktion groß. Ich muss erst vor knapp einer Stunde eingeschlafen sein, ich war einfach zu aufgeregt. Widerwillig schalte ich den Alarm aber doch aus und setze mich auf. Mit der Kopflampe leuchte ich durch das Zelt, um meine Sachen zu finden. Biff dreht sich zu mir um und öffnet ihre Augen halb.

»Brauchst du Hilfe bei der Vorbereitung?«, fragt sie mich.

»Nein, ich habe alles im Griff, glaub ich. Tausend Dank, Biff. Schlaf noch ein bisschen.«

Im Halbschlaf ziehe ich meine Uniform an, die ich mir am Vorabend zurechtgelegt habe, schlüpfe vor dem Zelt in meine Schuhe und gehe zum Badezimmer. Draußen ist es erstaunlich ruhig. Ich bin die Einzige, die zu dieser frühen Stunde unterwegs ist, und höre oder sehe keinerlei Tiere auf dem Weg. Erneut unternehme ich den verzweifelten Versuch, meine Haare zu bändigen, und verstecke sie unter meinem Hut. Auch das gibt Punkte: Sehe ich tatsächlich so aus, als könne ich in einer Fünf-Sterne-Safari-Lodge arbeiten, oder eher, als gehöre ich in einen Wanderzirkus?

Ich wandere in die Küche, setze Wasser auf und bringe die Box mit Proviant so leise wie möglich zum Wagen in der Einfahrt. Im Schein meiner Kopflampe überprüfe ich noch einmal das Fahrzeug. Da Luise nur einen halben Tag vor mir im gleichen Fahrzeug ihre Prüfung bestanden hat, mache ich mir auch wenig Sorgen um seinen Zustand. Muss ja alles in Ordnung gewesen sein, sonst hätte sie nicht bestanden, denke ich. Das ist mein erster Fehler.

Zurück in der Küche stoße ich auf Biff.

»Du bist ja doch schon wach!«

»Konnte nicht mehr schlafen. Bin zu aufgeregt, weil ich unbedingt will, dass du bestehst.«

»Oh Gott, bist du süß«, ich drücke die verschlafene Biff fest an mich.

Gemeinsam richten wir den Tisch im Klassenzimmer fürs Frühstück her und um Punkt vier Uhr dreißig stehe ich vor Dorothys Zelt und sage zaghaft in die klare Morgenluft: »Guten Morgen, Dorothy. Es ist Zeit, aufzustehen.«

Keine Reaktion. Ich überlege, ob sie vielleicht schon wach ist? Oder ob sie gar nicht von mir geweckt werden wollte?

»Dorothy? Guten Morgen…«, versuche ich es noch einmal, bekomme aber immer noch keine Antwort. Ich bin verunsichert und beschließe, erstmal Quintin, Carlo und Kirsty zu wecken und dann wieder zu ihrem Zelt zurückzukommen. Als das erledigt ist, sehe ich Dorothy aber Gott sei Dank mit ihrem Kulturbeutel unterm Arm ins Bad gehen.

Ich setze mich ins Klassenzimmer und mache mir eine Tasse

Kaffee. Mir ist schlecht. Aber mit leerem Magen kann ich unmöglich die dreistündige Prüfung hinter mich bringen. Nach und nach trudeln erst Carlo, dann Kirsty und schließlich Quintin ein. Ich bin wie in Trance. Nicht nur, dass ich noch im Halbschlaf bin, nein, ich bin außerdem wahnsinnig angespannt und irgendwie nicht ganz ich selbst. Ich habe das Gefühl, heute abliefern und besonders enthusiastisch und fröhlich wirken zu müssen, damit meine positive Stimmung auf meine Gäste überspringt. Nur kaufe ich mir die gute Laune selbst nicht so ganz ab. Ich möchte lieber gar nicht hier sein.

Seit dem Abitur musste ich keine Prüfung mehr bestehen. Ich habe nicht studiert und keine klassische Ausbildung gemacht. Ich bin direkt nach der Schule in den Arbeitsalltag geplumpst. Klar, ich kenne stressige Abnahmen von Sendern und unmögliche Deadlines von Chefs, aber die Prüfungsangst vor einer Abschlussprüfung oder einer Diplomarbeit ist mir völlig neu.

Dorothy erscheint zum Frühstück und macht sich eine Tasse Tee. Mist, das wollte ich doch für sie erledigen.

»Guten Morgen, Dorothy«, sage ich betont freundlich, »hast du gut geschlafen?«

»Ja, danke«, sagt sie und setzt sich neben Biff. Die beiden plaudern ausgelassen miteinander. Unglaublich, der Charme meines Roomies macht selbst vor Dorothy nicht halt.

Ich sitze im Wagen und die Sonne geht langsam auf. Vor mir liegt der afrikanische Busch mit all seinen Wundern und Geheimnissen. Hoffentlich ist er mir an diesem Morgen wohl gesonnen. Als ich Schritte auf dem Pfad höre, rutscht mir kurz mein Herz in die Hose, und ich hole es hastig wieder nach oben, bevor es jemand mitbekommt.

»Schön, dass ihr da seid«, sage ich mit einem breiten Lächeln. Ich war noch nie in meinem Leben so nervös. Dorothy öffnet wortlos das Handschuhfach und untersucht den Erste-Hilfe-Kasten. Herrje, den habe ich heute Morgen natürlich nicht kontrolliert. Ich hoffe, es ist alles da. Aus den Augenwinkeln sehe ich Einweg-Handschuhe, Verbände, Pflaster, Anti-Allergikum ... scheint alles zu passen.

»Was ist das denn?«, fragt Dorothy plötzlich. »Die Verbände sind ja abgelaufen!«

Ach. Du. Scheiße. Dorothy sagt nichts weiter, macht sich aber eine Notiz auf ihrem Klemmbrett und setzt sich wortlos auf die letzte Bank. Das geht ja gut los.

Ich drehe mich zu meinen Gästen und spule über zittrige Stimmbänder das Sicherheitsbriefing ab. Zwar erkenne ich meine eigene Stimme, aber welche Worte sich da genau zwischen meinen Lippen formen, kann ich nicht kontrollieren. Quintin versucht indes, mir irgendein Zeichen zu geben. Verdammt, ich weiß genau, dass er mir helfen will. Irgendetwas habe ich vergessen zu erwähnen. Aber ich kann seine Pantomime beim besten Willen nicht deuten. Ich starte den Motor und fahre los.

Das Problem an einem morgendlichen Game Drive ist, dass du als Guide meist selbst noch gar nicht richtig wach bist. Die ersten paar Minuten der Fahrt hängst du also nur auf Halbmast und hoffst, dass die noch kühle Nachtluft dich möglichst schnell aufweckt, bevor etwas Spannendes deinen Weg kreuzt.

An der ersten Biegung fällt mir ein, was ich beim Briefing vergessen habe: Ich hätte noch einmal nach besonderen Interessen fragen müssen. Ich entscheide kurzerhand, das jetzt noch zu tun, halte den Wagen an und drehe mich erneut zu meinen Gästen um. Es ist absolut furchtbar, in die Gesichter meiner Mitschüler zu blicken, die jetzt ganz offensichtlich um mich bangen.

»Fast hätte ich's vergessen: Haben sich eure Interessen für den heutigen Morgen vielleicht noch mal geändert? Ich erinnere mich an Bäume, Elefanten und Geschichte?«

»Vögel«, sagt Dorothy ohne von ihrem Klemmbrett aufzublicken.

Nicht ihr Ernst. Natürlich kann Dorothy nicht wissen, dass Vogelkunde mein mit Abstand schlechtestes Fach ist. Ich komme aber nicht umhin, es ein ganz klein wenig fies zu finden, dass sie mich nicht schon am Vorabend über ihr besonderes Interesse informiert hat. Denn dann hätte ich noch Zeit gehabt, um mich darauf vorzubereiten und ein bisschen nachzulesen. Aber was hilft mir das jetzt? Auf einer echten Safari könnte mir das schließlich auch passieren.

Die erste Viertelstunde der Fahrt sage ich kein Wort. Ich sehe interessante Dinge zu beiden Seiten, über die ich sprechen könnte, aber ich kriege den Mund einfach nicht auf. Schließlich wird die Stille aber so laut, dass sie in den Ohren weh tut und ich stoppe abrupt neben einem Leadwood. Ich erzähle, dass das Shangaan-Volk daran glaubt, die Seelen ihrer Vorfahren lebten in diesen Bäumen, weshalb er auch der »Ahnenbaum« genannt werde und man jedes Mal, wenn man an einem solchen Baum vorbeifährt, den Hut ziehen solle. Aber meine Geschichte wird von einem lauten Funkspruch unterbrochen, weshalb ich das Funkgerät schnell leise drehe. Leider vergesse ich, es im Anschluss wieder laut zu drehen. Noch ein Fehler.

Ich setze die Fahrt fort und halte für ein paar Impalas, die ihre Hinterbeine weit über ihren Kopf in die Höhe werfen, um uns zu zeigen, wie fit sie sind. In unserem Fall mag das vergeudete Liebesmüh sein, aber wären wir Hyänen, würden wir es uns vielleicht zweimal überlegen, ein Tier anzugreifen, das so schwer zu packen scheint. Carlo gibt gekonnt den aufgeregten, spanischen Touristen, der noch nie ein Impala gesehen hat. Kirsty stellt mir einfache Fragen, von denen sie weiß, dass ich sie beantworten kann. Quintin lacht über jeden meiner halbherzigen Witze. Dorothy macht sich Notizen.

Es ist mein bisher schlechtester Game Drive, daran besteht kein Zweifel. So langsam kommt aber zumindest irgendeine Art von Fluss in meine Erzählungen und ich bin etwas weniger nervös. Aber gut läuft es deshalb noch lange nicht. Ich höre und sehe unfassbar viele Vögel, fahre aber achtlos an ihnen vorbei, weil ich sie nicht mit genauer Sicherheit zu bestimmen weiß.

Das ist ein Kaprötel, glaub ich und das müsste ein Trauerdrongo sein … Oh Mist, da flog ein blauer Schönbürzel! Und da in dem Regenbaum sitzt irgendein Raubvogel. Hoffentlich sieht sie ihn nicht.

»Stopp! Was ist das für ein Vogel?«, fragt Dorothy prompt. Natürlich hat sie ihn gesehen.

»Das … ähm … das ist … ein Raubvogel…«, stottere ich.

Komm schon, Gesa, du weißt, was das für ein Vogel ist!

»Und zwar ist das ein … ein…«

Na los jetzt! Graue Federn, roter Schnabel, Streifen auf der Brust… Ah!

»Das ist ein Sperberbussard!«, sage ich stolz und bin mir sicher, dass das stimmt.

»Warum ist es kein Gabar-Habicht?«

»Bitte?«

»Warum ist das kein Gabar-Habicht?«

»Kein Gabar…?«

Ich habe noch nie von diesem Vogel gehört.

»Das ähm … das weiß ich leider nicht«, sage ich darum entschuldigend, »aber ich frage später im Camp gern einen der anderen Guides und komme auf dich zurück. Vielen Dank für die interessante Frage.«

Das sollen wir so sagen, wenn wir etwas nicht wissen, weil das ja schließlich immer mal vorkommen kann. Der Gabar-Habicht gehört ganz sicher nicht zu den neunzig Vögeln, die wir lernen mussten. Aber es gibt im südlichen Afrika leider über fünfhundert Vogelarten. Dorothy ist jedenfalls nicht beeindruckt und mein Herz durch mein Hosenbein in den Fußraum gerutscht.

Der Concrete Crossing Link ist wie ausgestorben. Während wir zu meiner Generalprobe Giraffen, Elefanten und Zebras gesichtet haben, sehen wir heute gar nichts. Ich rede darum noch mehr über Bäume, bis wir zum Brunnen gelangen, wo ich wie geplant für unseren Kaffee-Stopp halte. Dieses Mal denke ich sogar daran, unsere Pause über Funk durchzugeben.

Ich decke den kleinen Kaffeetisch und bereite Heißgetränke zu. Dazu habe ich mir vorgenommen, die Geschichte des »Mopane-Gürtels« im südlichen Afrika noch einmal zu erzählen, die schon bei meiner Testfahrt gut ankam. Dieses Mal kommt sie aber buchstäblich überhaupt nicht an. Dorothy steckt mitten in einer angeregten Unterhaltung mit Kirsty über die große Gnu-Migration, die jährlich in der Serengeti stattfindet. Anstatt in das Gespräch einzusteigen, das bereits stattfindet, wechsele ich wenig elegant das Thema. Kirsty hat immerhin das besondere Interesse an Geschichte geäußert – das muss ich doch bedienen! Aber die Angst, als Gastgeber keinen guten

Job zu machen, sorgt dafür, dass genau das passiert: Alles wirkt erzwungen und aufgesetzt. Eine gute Zeit hat hier grad keiner. Ich ärgere mich über mich selbst, komme aber aus dieser Stimmung nicht mehr raus. Alles, was ich will, ist diesen Game Drive ohne weitere Zwischenfälle hinter mich zu bringen.

Ich packe nach dem Kaffee-Stopp zusammen, und ohne irgendwelche aufregenden Erlebnisse, die doch eigentlich zu einer Safari gehören, kommen wir nach einer weiteren Stunde wieder im Camp an. Ich verabschiede mich von meinen Gästen und danke ihnen für den »schönen« Morgen. Als meine drei Mitschüler und Dorothy auf dem Pfad zurück ins Camp gehen, fällt die Anspannung der letzten drei Stunden von mir ab, und ich haue meinen Kopf frustriert gegen das Lenkrad. Ich bin mir sicher: Meine blöde Prüfungsangst hat alles versaut. Mit hängenden Schultern trage ich die Kühlbox in die Küche. Biff kommt auf mich zugerannt.

»Und, wie ist es gelaufen?«

»Frag lieber nicht.«

»Warum? Was ist passiert?«

»Ich war einfach zu nervös. Die ganze Fahrt war total unentspannt«, erkläre ich.

»Hast du irgendeinen groben Fehler gemacht?«

»Nein, ich glaube nicht. Aber sicher bin ich nicht. Die ganze Prüfung ist wie ein Film vor mir abgelaufen.«

»Wenn du keinen großen Sicherheitsfehler gemacht hast, dann ist das schon mal die halbe Miete. Und mach dir keinen Kopf, dass du gestresst warst. Dorothy ist bestimmt bewusst, dass bei so einer Prüfung keiner hundert Prozent gibt. Dafür steht einfach zu viel auf dem Spiel.«

Sicher hat Biff recht. Aber trotzdem bin ich von mir enttäuscht. Anstatt den Moment zu nehmen, wie er kommt, habe ich versucht, meine Vorstellung davon, wie es laufen sollte, in diese drei Stunden reinzupressen. Ob ich durchgefallen bin oder nicht, erfahre ich aber erst zu einem späteren Zeitpunkt. Nur sagt mir Dorothy nicht, wann dieser Zeitpunkt sein wird, und ich traue mich auch nicht, sie zu fragen.

Den Nachmittag verbringe ich schlafend. Das ist oft meine erste Reaktion auf ein Problem: Ich werde schlagartig müde und lege mich hin, um erstmal Kraft zu tanken für den steilen Lösungsweg. Heute ist Schlafen außerdem eine gute Idee, weil ich sowieso nichts anderes tun kann, als zu warten.

Als ich zum Sonnenuntergang aufwache, starre ich für eine Weile die Zeltdecke an und erinnere mich an das Versprechen, das ich mir erst gestern Morgen gegeben habe. Aber was mache ich eigentlich, wenn ich durchfalle? Den negativen Ausgang habe ich im Vorfeld nicht durchgespielt. Denn es gibt für mich in diesem Moment keinen anderen Weg als weiter. Ich will das hier so sehr, wie ich noch nie etwas in meinem Leben gewollt habe.

Und der Gedanke gibt mir Kraft. Was auch immer passiert, ob ich heute bestehe oder durchfalle, spielt keine Rolle. Was eine Rolle spielt, ist, dass ich endlich das gefunden habe, wofür mein Herz schlägt. Es ist dieses wilde Leben. Es ist das Draußen-Sein. Es ist ständig etwas Neues zu lernen und die Welt wieder mit den Augen eines Kindes zu sehen. Es sind die wilden Tiere und die frühen Morgenstunden. Es sind diese bodenständigen Menschen, die ihr Herz auf der Zunge tragen. Alles am Safari-Leben hat mich gepackt. Erst in diesem Umfeld habe ich geschafft, was mir vorher nie gelingen wollte: Ich lebe im Hier und Jetzt, von Moment zu Moment. Das erfordert das

Leben in der Wildnis, denn die Sinne müssen geschärft und wach sein. Für mich Safari-Neuling ist die Erfahrung außerdem umso intensiver, weil ich noch dazu in einer ganz neuen Welt gelandet bin, die ich für mich erobern muss. Und ja, das macht mich glücklich. Neue Erfahrungen und Herausforderungen. Ständiges Lernen und Wachsen. Das Überschreiten der eigenen Grenzen und die Erkenntnis, dass ich auf der anderen Seite auch festen Halt finden kann. Nein, ich bin hiermit noch lange nicht fertig. Ich habe hiervon noch lange nicht genug.

Etwas zuversichtlicher krabbele ich schließlich aus dem Zelt und gönne mir vor dem Abendessen eine warme Dusche. Ich vermute, dass Dorothy mir kurz vor dem Zubettgehen ihre Entscheidung mitteilen wird. Beim Essen werfe ich ihr immer wieder verstohlene Blicke zu. Sie aber ignoriert mich. Als wir schließlich die Teller abgeräumt und uns Megans Briefing für ihre Prüfung am nächsten Morgen angehört haben, gehen alle langsam zu Bett, und ich befürchte schon, dass auch Dorothy sich in die Nacht verabschieden wird, ohne mir vorher das Ergebnis mitzuteilen. Darum wage ich mich an den Lehrertisch und spreche sie vorsichtig an.

»Ähm, Dorothy?«

»Da bist du ja. Ich habe den ganzen Nachmittag auf dich gewartet.«

»Ach so. Ich dachte…«

»Na, macht nichts. Jetzt bist du da«, sagt sie und bietet mir einen Stuhl an. Ich setze mich. Das Klassenzimmer ist jetzt leer.

»Warum bist du hier, Gesa? Warum willst du diese Ausbildung bestehen?«

Mit der Frage habe ich nicht gerechnet. Ich spreche das Offensichtliche aus: »Weil ich Rangerin werden will.«

»Aber willst du das wirklich?«, bohrt Dorothy nach. »Was hast du vorher in Deutschland gemacht?«

»Ich habe als Fernsehredakteurin gearbeitet.«

»Willst du in den Job nicht zurück?«

Eines ist mir bewusst: Dorothy ist eine Freundin von klaren Worten. Darum sage ich ihr geradeheraus, was ich denke.

»Ich möchte nicht in den alten Job zurück, nein. Ich will das hier mehr als alles andere. Ich weiß nicht, ob ich für den Rest meines Lebens als Rangerin arbeiten würde – ich kann mir auch vorstellen, dass ich irgendwann meinen Fernseh-Job mit dem Safari-Leben verbinden werde. Aber das muss sich erst noch zeigen. Alles, was ich weiß, ist, dass ich auf diesem Weg weitergehen will, um es herauszufinden.«

Dorothy sieht auf ihr Klemmbrett.

»Gesa, das Problem an deinem Game Drive war nicht, dass du irgendeinen groben Fehler gemacht hast. Du hast deine Gäste sicher von A nach B gebracht; dein Wissen war größtenteils korrekt, wenn auch sehr holprig vorgetragen, die Briefings waren okay. Aber die Fahrt war einfach nicht erfreulich. Das war kein Game Drive. Das war eine Taxifahrt! Die Verbände im Erste-Hilfe-Kasten waren abgelaufen! Du hast das Funkgerät leise gedreht, als der Standort einer Herde Elefanten durchgegeben wurde – dabei wollten deine Gäste unbedingt Elefanten sehen! Anstatt dir die Mühe zu machen, die Big 5 zu finden, hast du dich strikt an deine Route gehalten. Bei unserer Kaffeepause hast du uns sehr abrupt und unhöflich unterbrochen. Ich hatte das Gefühl, du hast dir vorher einen Plan zurechtgelegt und an den wolltest du dich halten, komme was wolle. Du warst typisch deutsch heute.«

An dieser Stelle möchte ich Dorothy vehement widersprechen, halte aber lieber den Mund. Vielleicht war ich heute tatsächlich ein bisschen zu deutsch, habe auf Sicherheit gespielt, anstatt mich zu trauen, auf Risiko zu setzen. Aber dafür stand auch einfach zu viel auf dem Spiel.

»Du hast das Theorie-Examen mit 80 Prozent bestanden. Deine Punktzahl für die praktische Prüfung liegt im Moment bei 79 Prozent. Ganz sicher keine Glanzleistung, aber du bist damit über den erforderlichen 75 Prozent«, sagt Dorothy mit Blick auf ihr Klemmbrett.

Der winzige Hauch eines Lächelns fliegt über mein Gesicht, als ich meine Punktzahl höre. Dorothy registriert das sofort und sagt: »Aber ich weiß trotzdem nicht, ob ich dich bestehen lassen soll. Das war einfach kein guter Game Drive. Du hast nicht das gezeigt, was ich mir von einem Safari-Guide wünsche und worunter ich guten Gewissens meinen Namen als Prüferin setzen kann.«

Jetzt steigen mir Tränen in die Augen. Das Letzte, was ich will, ist, Dorothy meine Schwäche zu zeigen, aber ich kann es nicht kontrollieren.

»Ich tue mich mit dieser Entscheidung wirklich schwer. Ich habe heute Nachmittag darum auch mit Craig Rücksprache gehalten. Er hat gesagt, er hätte dich auf mehreren Game Drives erlebt und könne das Bild, das ich heute von dir bekommen habe, nicht bestätigen. Gleiches sagen deine Mitschüler von dir, die heute deine Gäste gespielt haben…«

Dorothy schaut schweigend auf ihr Klemmbrett. Erst jetzt wird mir klar: Sie hat sich tatsächlich bis zu diesem Moment noch nicht entschieden, ob sie mich bestehen lassen will oder nicht. Es ist ein merkwürdiges Gefühl, jetzt das Gesicht zu beobachten, hinter dem gerade die Entscheidung fällt, wie mein

Leben weitergehen wird. Ich habe das Bedürfnis, etwas zu sagen, um das Ruder noch ein My in meine Richtung zu reißen.

»Dorothy, ich weiß, ich habe heute nicht mein Bestes gegeben«, sage ich, »und keiner ist mit meiner Leistung weniger zufrieden als ich selbst. Ich kann das besser. Aber ich will dir auch nichts vormachen: Ich bin noch absolute Anfängerin auf diesem Gebiet. Ich mache das hier gerade mal seit zwei Monaten. Ich weiß nicht, was der Unterschied zwischen einem Sperberbussard und einem Gabar-Habicht ist! Noch nicht. Ich muss noch sehr viel lernen. Und alles, was ich sagen kann, ist, dass ich das will.«

Dorothy atmet tief ein. Und wieder aus. Schüttelt den Kopf. Nimmt den Stift in die Hand. Legt ihn wieder hin. Schüttelt wieder den Kopf. Und dann endlich unterschreibt sie meinen Prüfungsbogen und reicht ihn mir.

»Du musst noch viel lernen. Und eigentlich sollte ich dich die Prüfung in ein paar Monaten wiederholen lassen. Aber ich vertraue dem Urteil deines Lehrers und deiner Mitschüler, dass du heute wirklich nur einen schlechten Tag hattest«, sagt Dorothy streng und ergänzt: »Das ist meine Unterschrift auf dem Papier. Ich gebe meinen Namen dafür her, dass ich dich für kompetent halte, obwohl ich das heute nur minimal gesehen habe. Werde dem gerecht.«

Dann schüttelt sie meine Hand und entsendet mich in die Nacht.

Draußen vor dem Klassenzimmer bleibe ich in der Dunkelheit stehen und atme ein paar Mal tief ein und aus. Ich weiß, ich stehe in diesem Moment erst ganz am Anfang. Genau genommen stecke ich noch in meinen Kinderschuhen. Aber ab heute sind es die Schuhe einer Rangerin.

16.

Blut geleckt

Im Nachhinein erscheint es mir fast schon verrückt, dass ich nach nur zwei Monaten einen neuen Job-Titel in meinen Lebenslauf schreiben darf. Aber im Nachhinein sieht ja auch immer alles leichter aus. Tatsächlich habe ich die letzten acht Wochen mit wahnsinnig intensivem Training verbracht und jeden Tag von morgens bis abends im wilden Klassenzimmer gelernt. Und ich habe Dorothys Worte ganz sicher nicht vergessen: Die wirkliche Arbeit beginnt erst jetzt.

Die letzten Tage in Selati sind wunderschön. Da ich als Zweite meine Prüfung abgelegt habe, kann ich mich jetzt zum ersten Mal hier entspannen. Zwar bange ich bei jeder Prüfung mit meinen Mitschülern, aber ich genieße es auch, das Gelernte ganz ohne Druck anzuwenden. Megan besteht einen Tag später ihre Prüfung auch nur mit Ach und Krach. Biff besteht mit wehenden Fahnen und auch Paul und Mike kommen durch. Ein Drittel unserer Klasse fällt aber tatsächlich durch, darunter auch Quintin, Louis und Kate. Für Quintin und Louis ist es nicht zu tragisch. Sie leben in Südafrika und können die Prüfung problemlos in ein paar Monaten wiederholen. Da Kate aber aus den Staaten kommt, ist das für sie nicht ganz so einfach. Sie muss nach Ablauf ihres Visums zurück in ihr Heimatland, und ein weiteres Flugticket wird sie sich so schnell nicht wieder leisten können. Mir tut sie ganz besonders leid – wohl auch, weil mir beinah genau das Gleiche geblüht hätte.

Meine Bruchlandung hat aber dazu geführt, dass ich ab jetzt umso härter arbeiten will. Nach Selati folgt eine Woche Pause, die wir getrennt voneinander verbringen werden. Anschließend treffen wir uns in einem neuen Camp wieder, wo wir weitere Kurse im Fährtenlesen, Navigieren und Erster Hilfe absolvieren werden. Anschließend folgt das sogenannte »Lodge placement«, bei dem wir erste Erfahrungen in der Safari-Industrie sammeln sollen. Nicht alle von uns werden diesen nächsten Abschnitt mitgehen. Megan, Luise und Carlo verlassen uns nach der Grundausbildung.

Und so folgt ein weiterer Abschied von Menschen, die mir ans Herz gewachsen sind. Man sollte meinen, ich wäre mittlerweile besser darin, Lebewohl zu sagen, aber ich kriege das immer noch nicht anständig hin. Megan gehen zu lassen, fällt mir besonders schwer. Ihre quirlige, aufgeweckte Art wird mir fehlen. Wir werden uns wiedersehen, eines Tages, wenn wir beide unsere Träume erfüllt haben.

Selati Lebewohl zu sagen, fällt mir hingegen leichter. Wir haben irgendwie nicht geklickt, der Ort und ich. Und auch wenn ich hier viel gelernt habe, so bin ich doch froh, als ich schließlich mit gepacktem Rucksack in der Einfahrt sitze. Während ich auf meinen Transfer warte, habe ich seit langem mal wieder die Ruhe, um ein paar Gedanken aufzuschreiben:

Letzter Tag in Selati. Megs ist schon weg. Sie wird mir fehlen. Klasse Mädchen. Wenn die letzten zwei Monate etwas gezeigt haben, dann dass ich nichts planen kann. Und vielleicht soll ich das auch gar nicht. Ich bin jetzt in Afrika. Das war so ja auch nicht geplant. Es ist unfassbar, was ich hier alles gelernt habe! Das letzte Mal, dass ich so viel neuen Input bekommen habe, muss gewesen sein, als ich auf die Welt gekommen bin. Und genauso fühlt es sich auch jetzt an. Also nicht, dass ich mich noch an damals erinnern könnte… Aber ich fühle mich wie neu geboren.

Ich befinde mich auf einmal im freien Fall. Anhalten geht jetzt nicht mehr. Vielleicht ist genau das der Zustand, den ich so lange herbeigesehnt habe: Es läuft einfach mal. Und ich muss nicht ständig tonnenschwere Entscheidungen treffen. Ich mache erstmal weiter. Im Herbst will ich den Trails-Guide-Kurs wagen. Das bedeutet: die Ausbildung zum Ranger zu Fuß in der Wildnis. Lernen mit dem Gewehr umzugehen und mich wilden Tieren auf Augenhöhe zu nähern. In meinem Kopf klingt das noch total verrückt, und ich kann mir nicht recht vorstellen, wie das werden wird. Aber gleichzeitig habe ich mich noch nie an einem Ort so richtig gefühlt wie hier in Afrika. Dieser Weg fühlt sich gut an.

Meinen Mini-Urlaub verbringe ich ein paar Tage alleine und lasse mich in einer Herberge in Nelspruit absetzen. Nelspruit ist die nächste größere Stadt neben dem Krüger Nationalpark. Hier gibt es einen kleinen Flughafen, und von hier aus starten viele Safari-Touristen ihre Abenteuer. Es ist Anfang April und der Ort versinkt in einem Dauerregen. Mir soll das nur recht sein. Ich brauche ein paar Tage Ruhe. Im Supermarkt decke ich mich mit genug Essen für eine Woche ein. Von meinen Solo-Reisen zwischen Fernsehprojekten bin ich das schon gewöhnt, und ich weiß mittlerweile ganz gut, wie ich mich günstig, aber trotzdem halbwegs lecker ernähren kann. Es gibt Toastbrot, Avocados, Tomaten, Käse und Schinken, ein paar Nüsse, Butter, Eier, Nudeln, Nutella, Müsli, Milch und Kaffee. Pfeffer und Salz habe ich meistens im Rucksack dabei. Von diesen Zutaten kann ich mich eine Woche lang ernähren, ohne dass mir das Essen zum Hals raushängt. Und Avocados gehen sowieso immer. Außerdem gönne ich mir nach zwei Monaten unterm Badehandtuch doch noch einen Schlafsack.

Im Hostel in Nelspruit ist nicht viel los. Ich buche mir ein Einzelzimmer und schlafe erstmal eine gefühlte Ewigkeit. Am frühen Abend setze ich mich an die Rezeption, wo das WLAN am besten ist. Es ist fast schon ein historischer Moment: Nach acht Wochen offline findet mein Telefon endlich wieder eine Verbindung. Ich öffne mein E-Mail-Postfach, und eine Welle an Nachrichten überrollt mich. WhatsApp hört gar nicht mehr auf zu piepsen und Facebook leuchtet überall rot auf, wo es nur rot aufleuchten kann. In meinem E-Mail-Postfach liegen über tausend ungelesene Nachrichten, mindestens die Hälfte davon sind Spam-Nachrichten oder sinnlose Social-Media-Neuigkeiten. Mein E-Mail-Filter:

1. Absolute Notfälle (Mails von Banken, Krankenkasse, Ämtern, Familienmitgliedern mit schlimmen Nachrichten)
2. Von der Sorte gibt es Gott sei Dank keine.
3. Wichtige Menschen (Mails von Familie und Freunden)
4. Davon gibt es einige.
5. Mails, die für meine Ausbildung relevant sind.

Emily aus dem Head-Office hat mir geschrieben. Sie ist verantwortlich für den *Studentsupport* und möchte mit mir über die nächsten Schritte meiner Ausbildung sprechen. Und außerdem eine Nachricht von Sam.

Letztere öffne ich natürlich sofort. Vor lauter Prüfungsstress hatte ich völlig vergessen, dass ich ihm ja geschrieben hatte. Er schreibt:

Hey Gesa. Wie schön, von dir zu hören! Ich bin gerade zu Hause bei meinen Eltern in Knysna. Ich drücke dir die Daumen für die Prüfungen. Lass uns mal quatschen, wenn du Selati verlässt. Ich habe gute Neuigkeiten!

Ich antworte ihm sofort.

Sam! Ich habe bestanden!! Meine Prüfungsfahrt war zwar absolut schrecklich, aber es hat trotzdem gereicht! Ich bin jetzt in Nelspruit. Was hast du für gute Neuigkeiten?

Nach nur wenigen Augenblicken antwortet er:

Wow! Herzlichen Glückwunsch! Wusste doch, dass du es schaffen würdest! Neuigkeiten? Was für Neuigkeiten? Ich habe keine Ahnung, wovon du sprichst ;-)

Jetzt spann mich nicht auf die Folter! Sag schon!

Na gut. Wenn du drauf bestehst: Du siehst mich wahrscheinlich früher wieder, als dir lieb ist. Ich werde nächste Woche in eurem neuen Camp in Karongwe aushelfen – für die gesamte Zeit, die ihr dort seid.

Ich muss breit grinsen und mein Herz klopft wild.

Sam und ich schreiben noch eine Weile hin und her. Es herrscht sofort wieder die gleiche Vertrautheit zwischen uns, die uns schon in Mashatu verbunden hat. Und es ist so, als würden wir direkt wieder dort anknüpfen, wo wir vor einem Monat aufgehört haben. Dass ich ihn so schnell wiedersehen würde, hätte ich nicht gedacht. Die Zeit in Karongwe kann nun gar nicht schnell genug kommen.

Zum Abendbrot koche ich mir ein paar Nudeln und bestelle ein Bier an der Bar. Ich habe seit zwei Monaten nicht mehr für mich selbst sorgen müssen und war auch genauso lange nicht mehr allein. Es fühlt sich ein bisschen merkwürdig an, niemanden um mich zu haben, mit dem ich mich austauschen kann. In Berlin habe ich mich nach genau diesem Zustand gesehnt. Ich verkroch mich nach der Arbeit in meiner Wohnung und ließ die Welt draußen. Jetzt muss ich zugeben, dass mir das gar nicht mehr so gut gefällt.

Nach dem Abendessen steht noch ein wichtiger Termin an: Ich bin mit meinen Eltern zum Skypen verabredet. Auf dem Bildschirm meines Laptops sehe ich die beiden in Papas Büro sitzen. Sie winken aufgeregt. Ich winke und lächele zurück.

»Hallo Südafrika, wie geht es dir?«, fragt Papa.

»Mensch, bist du braun geworden«, sagt Mama.

»Hallo! Es geht mir gut! Ich bin jetzt Rangerin!«

»Herzlichen Glückwunsch!!«, rufen beide zusammen.

Dass ich bestanden habe, habe ich ihnen allerdings schon in einer SMS mitgeteilt.

»Und wie geht es dir, Rangerin?«, fragt Mama.

»Es geht mir wirklich richtig gut! Das hier war die beste Entscheidung meines Lebens, ganz ehrlich.«

Ich breche die Ereignisse der letzten zwei Monate auf zehn

Minuten herunter und erst, als ich so ins Reden komme, wird mir klar, was ich eigentlich alles gemacht und erlebt habe. Löwenattacken, Elefanten zum Greifen nah, Leoparden, Nashörner, Nächte unter freiem Himmel ... es ist einiges passiert. Während meiner Erzählungen sitzen Mama und Papa wie gebannt vor dem Bildschirm. Ich sehe Papa ab und an ungläubig den Kopf schütteln und große Augen machen.

»Unglaublich, da sitzt auf einmal eine ganz andere Gesa vor uns«, sagt Mama, »du strahlst plötzlich was ganz anderes aus. Das ist kein Vergleich zu dem Häufchen Elend, das wir in Berlin gesehen haben. Du siehst wirklich glücklich aus!«

»Ja, das bin ich wohl auch. Mir geht es wirklich gut.«

Papa sagt immer noch nichts. Ich kann nicht genau sagen, was sich hinter seinen Augen für Gedanken abspielen. Ist es Überraschung, dass ich in diesem Safari-Leben so aufgehe? Ist es Freude, weil es mir hier so gut zu gehen scheint? Oder ist es Angst, weil seine jüngste Tochter gerade an einem Leben Gefallen findet, das sich so weit weg von seinem eigenen abspielt? Vielleicht ist es ein bisschen was von allem. Ich glaube, Eltern haben den schwierigsten Job der Welt. Du siehst deine Kinder heranwachsen, gibst ihnen all die Liebe und das Vertrauen, damit sie mit Zuversicht und offenem Herzen in die Welt gehen, stattest sie mit dem nötigen Wissen aus, um sich da draußen behaupten zu können, und hast bestimmt auch gewisse Hoffnungen oder Vorstellungen davon, wie es im besten Falle für dein Kind laufen soll – und dann geht dieses Kind raus in die Welt und entwickelt einen eigenen Kopf und eigene Ideen und will auf einmal alles ganz anders machen. Da würde ich verrückt werden! Vor allem, wenn mein Kind plötzlich so was Irres wie Rangerin in Afrika werden will.

Und die neueste Flause in meinem Kopf kennen sie noch nicht einmal: »Es gefällt mir genau genommen so gut«, sage ich jetzt vorsichtig, »dass ich mir überlegt habe, meine Zeit hier zu verlängern.«

Die beiden sind bis jetzt davon ausgegangen, dass ich im September wieder zu Hause sein würde.

»Wie viel länger denn?«, fragt Papa.

»Bis Ende des Jahres, denke ich. Ich möchte gern noch einen weiteren Kurs belegen und sogenannter ›Trails Guide‹ werden. Es macht einfach keinen Sinn, jetzt aufzuhören. Ich habe Blut geleckt, versteht ihr? Ich mag noch nicht wieder zurück nach Deutschland.«

»Und wo ist da der Unterschied zur normalen Rangerin?«, fragt Papa nach.

Außenstehenden zu erklären, wie mein Job beim Fernsehen funktioniert, war stets eine Herausforderung, aber Begriffe wie Ranger und Trails Guide zu erklären, ist noch um einiges schwieriger.

»Also, ich versuch's mal ganz von vorne: *Ranger* ist eigentlich eine veraltete Berufsbezeichnung. Man nennt die Leute, die Touristen die Tiere zeigen, heute *Safari Guides* oder *Field Guides*. Das bin ich jetzt. Und als solcher kann ich Safari-Gäste mit einem Geländewagen durch die afrikanische Wildnis fahren und ihnen die Tiere zeigen. Als *Trails Guide* macht man genau das Gleiche – nur zu Fuß und mit einem Gewehr.«

»Und das willst du tatsächlich machen?«, fragt Mama.

»Ja, danach sieht es im Moment aus. Ich würde natürlich trotzdem zwischendurch nach Hause kommen. Der Flug ist ja schon gebucht.«

»Kriegst du das finanziell überhaupt hin?«, fragt Papa.

»Also es wird natürlich knapp, keine Frage. Aber mein Untermieter hat schon gesagt, dass er gerne länger in meiner Wohnung bleiben würde, und solange ich hier in den Camps bin, habe ich ja auch keine weiteren Ausgaben. Jetzt ist einfach meine Zeit, versteht ihr?«

Mama und Papa verstehen. Ich bin mir trotzdem sicher, dass sie große Bedenken haben. Das Kind will jetzt auch noch das Schießen lernen und sich zu Fuß an Löwen und Elefanten heranpirschen.

Dieser erste Kontakt mit meinem »alten Leben« wirft für mich selbst neue Fragen auf. Ich fühle mich an diesem Abend um Monate zurückversetzt, Sorgen und Zukunftsängste breiten sich wieder in meinem Kopf aus. Nur für den Moment zu leben ist ja schön und gut, aber was will ich am Ende wirklich mit dieser Ausbildung machen? Wenn wir mal ganz ehrlich sind, dann ist der Arbeitsmarkt in Südafrika so bedenklich, dass es für mich als Deutsche nahezu unmöglich sein wird, hier einen Job zu finden. Da brauche ich mir nichts vorzumachen: Auf mich hat hier ganz sicher niemand gewartet.

Mal abgesehen von diesen Schwierigkeiten, muss ich mich auch ganz ehrlich fragen: Wäre ich dazu überhaupt bereit? Auch wenn mir das Ranger-Dasein gut gefällt – bin ich wirklich bereit, mein Leben als Medienschaffende aufzugeben? Es macht mir ja immer noch Spaß, Geschichten durch bewegte Bilder zu erzählen. Ich habe den Job ja nicht ohne Grund ausgewählt. Außerdem stand trotz meines unheilbaren Fernwehs Auswandern nie auf dem Plan. Ich mag mein Heimatland gern und komme auch immer wieder gern dorthin zurück. Allzu lange kann ich unter dem heimischen Tisch aber die Füße nicht stillhalten. Es müsste also auf einen Kompromiss zwischen beidem hinauslaufen.

Die nächsten Tage verbringe ich darum damit, das Internet voll zu nutzen und zu recherchieren. Was gibt es für mich für Möglichkeiten, um so viel wie möglich vom afrikanischen Kontinent kennenzulernen? Was für Jobs könnte ich machen? Wie soll das in Zukunft funktionieren?

Nach tagelangem Hin und Her habe ich so etwas wie einen Plan aufgestellt, mit dem ich ganz gut leben kann: Ich mache dieses Jahr erstmal fertig und werde mir in dieser Zeit alle Mühe geben, um so viel wie möglich zu lernen. Danach kümmere ich mich von Deutschland aus in Ruhe um die Zukunft. Ich sehe durchaus Chancen, die Kenntnisse aus meinem alten Job mit meiner neuen Leidenschaft zu verbinden. Und wenn ich diesen Spagat hinbekäme, würde es auch nicht gleich Auswandern bedeuten.

Einen Tag vor dem Aufbruch nach Karongwe treffen Biff, Paul und Mike im Hostel ein, und ich bin froh, dass meine Zukunftsgrübeleien damit vorerst ein Ende haben.

»Da bist du ja endlich wieder, mein Mädchen«, ruft Biff und wir drücken uns fest.

Sie war mit den beiden Jungs in den letzten Tagen auf einem Roadtrip durch den Krüger Nationalpark unterwegs. An diesem Abend erzählen die drei mir aufgeregt, was sie alles erlebt und gesehen haben, während das Bier und der Regen in Strömen fließen. Ich ertappe mich bei einem breiten Grinsen, während ich ihren Geschichten lausche. Ich bin wieder unter Freunden. Ich bin wieder auf Safari.

17.

Wie ich dem Löwen eine reinhaute

Humphrey, ein hagerer Mann Ende fünfzig mit Dreitagebart, hat noch nie eine Klasse unterrichtet. Eigentlich ist er Sanitäter im Krankenhaus in Nelspruit und wird bei schwerwiegenden Zwischenfällen mit Wildtieren im Krüger Nationalpark in einen Helikopter gesetzt, um zu retten, was noch zu retten ist. Wenn einem bei irgendeinem Job ein dickes Fell wächst, dann bei diesem. Humphrey hat in seinem Leben Dinge gesehen, die niemand sehen möchte. Für die nächsten Tage unterrichtet er uns in Karongwe in Erster Hilfe.

Wir sind die erste Klasse, mit der er sein Wissen teilt. Dementsprechend holprig verläuft der Unterricht, aber seine Erfahrung macht das wett. Und er hält mit seinen Geschichten nicht hinterm Berg, denn er ist der Meinung, dass wir wissen müssen, was uns da draußen schlimmstenfalls passieren kann. Betont trocken berichtet er in seiner ersten Unterrichtsstunde von Dingen, die mich fast zum Würgen bringen.

»Einmal wurden wir zu einer Lodge gerufen, wo ein junger

Mann von der Zunge eines Löwen buchstäblich zu Tode geleckt wurde. Löwenzungen sind so scharf wie Rasierklingen, müsst ihr wissen. Da kam jede Hilfe zu spät.«

»Vor drei Jahren wurde ein Mädchen in die Notaufnahme gebracht, dem ein Nilpferd das Bein abgebissen hat, heute trägt sie eine hübsche Prothese.«

»Ich habe in meinem Leben wahrscheinlich mehr überschlagene Geländewagen gesehen als fahrende.«

»Schlangen- und Spinnenvergiftungen – da hatte ich in meiner Laufbahn nur mittelschwere Fälle. Aber auch die können hässlich sein. Vor allem, wenn sie falsch behandelt werden. Zum Beispiel wenn ein Safari-Gast von einer Dornfingerspinne gebissen wird. Der Biss schwillt an, und der Gast geht zu einem Quacksalber, der das Ding einfach mit einem großen Messer rausschneidet. Und danach kommt er zu uns, und wir müssen retten, was noch zu retten ist.«

Auf diese erquickenden Geschichten folgt eine Dia-Show mit einer bunten Sammlung an scheußlichen Bildern und Videos, die zeigen, was im Busch alles schieflaufen kann, wenn ein Tier beschließt, Menschen anzugreifen.

»Und das sind noch die harmlosen Fälle, glaubt mir«, sagt Humphrey zwischendurch immer wieder, »das ist noch gar nichts.«

»Aaaaaber lasst euch eines gesagt sein: All diese Dinge passieren meist nicht einfach willkürlich oder weil ein Tier blutrünstig ist und sich auf die Menschenjagd spezialisiert hat. Also vergesst, was ihr in *Der weiße Hai* gesehen habt! Diese Zwischenfälle passieren, weil wir Menschen unfassbare Idioten sind. Weil wir fahrlässig handeln und uns in Gefahren begeben, die sich vermeiden ließen. Und das hier geht jetzt vor allem an die Herren der Schöpfung: Ein großes Ego ist in diesem Job absolut fehl am Platz. Und doch kommt es immer noch viel zu häufig vor. Wer diesen Beruf wählt, um den starken Mann zu spielen oder um die Mädels zu beeindrucken, der hat hier meiner Meinung nach nichts verloren.«

Während er weiterredet, reicht Humphrey jedem von uns ein Paar Einweghandschuhe und Verbände, außerdem ein Mundstück für die Mund-zu-Mund-Beatmung.

»Das Schlimmste, was euch hier draußen passieren kann, ist euch zu sicher zu fühlen«, sagt er dann, »hört niemals auf, eure Schuhe vor dem Anziehen einmal umzudrehen und auszuschütteln. Es kommt nicht oft vor, aber Skorpione und Spinnen suchen gelegentlich Unterschlupf in Schuhen. Hört niemals auf, unter eurer Bettdecke nachzuschauen, ob eine Schlange oder ein Skorpion darunter schläft – auch wenn ihr noch so betrunken seid. Nehmt nichts auf die leichte Schulter! Und wo wir grade vom Trinken reden: Die meisten Unfälle mit wilden Tieren, zu denen ich bestellt werde, passieren, weil jemand im Suff leichtsinnig gehandelt hat. Glaubt es mir, Leute: Zwischenfälle passieren niemals einfach so. Sie passieren aufgrund der Blödheit der Menschen! Vorsicht ist besser als Nachsicht!«

Humphrey hat sich mittlerweile so richtig in Rage geredet. Seine Worte treffen bei mir einen Nerv. Ich erinnere mich an den Zwischenfall im Flussbett in Selati, als ich auf den nassen Steinen ausgerutscht bin. Mein Ausrutscher war zwar nicht weiter wild, aber er ist passiert, weil ich die Sache auf die leichte Schulter genommen habe. Und ich nehme mir fest vor, in Zukunft keine solche Blödheit mehr zu machen.

Trotzdem bin ich mir nicht sicher, ob sich Unfälle mit Wildtieren tatsächlich zu einem Großteil nur auf die Blödheit der

Menschen reduzieren lassen. Für die Safari-Industrie mag das vielleicht stimmen. Aber ich habe in dem Buch *Save Me from the Lion's Mouth* des Umweltschützers James Clarke gelesen, dass die meisten Opfer solcher Attacken tatsächlich die Ortsansässigen sind, die in der Umgebung von Wildreservaten leben. Jedes Jahr fallen unzählige Menschen Schlangen, Elefanten, Büffeln, Löwen und Leoparden zum Opfer, und die haben nicht etwa fahrlässig oder blöd gehandelt, sondern im Kampf um ihre eigenen vier Wände, ihre Familie oder ihre Ernte keine andere Wahl gehabt, als sich zu verteidigen.

Den Nachmittag verbringen wir damit, in Zweier-Teams Verbände anzulegen, Mund-zu-Mund-Beatmung an Puppen zu üben und in Rollenspielen Unfälle zu simulieren. Der Rest des Tages steht uns zur freien Verfügung.

Karongwe ist ein kleines, gemütliches Camp. Es liegt direkt an einem plätschernden Fluss, die Zelte stehen unter großen Jackalberries direkt vor dem Schilf. Von der Einfahrt aus gelangt man in eine Art kleinen Hof, wo man Basketball und Tischtennis spielen kann. Das Study Deck und zwei weitere Aufenthaltsräume sind auf knapp drei Meter hohen Plattformen errichtet. Biff und ich teilen uns auch in Karongwe wieder ein Zelt. Wir haben jedoch geplant, die Nächte nicht hier zu verbringen, sondern zusammen mit Paul und Mike auf einer der Plattformen zu schlafen. Also schleppen wir unsere Matratzen in die obere Etage und bauen uns eine kuschelige Liegewiese.

Nach einer Woche getrennt voneinander ist dieser Abend am Feuer eine große Wiedersehensfeier. Jeder berichtet von seiner freien Zeit und alle sind glücklich, endlich wieder zusammen zu sein. Ich bin aufgeregt und folge den Gesprächen der anderen nur so halb. Sam ist noch nicht eingetroffen. Wir haben uns am Morgen noch kurz geschrieben, und daher weiß ich, dass er erst am späten Abend kommen wird. Als ich nach dem Abendessen endlich Motorengeräusche höre, laufe ich unter dem Vorwand, aufs Klo zu müssen, los. Eigentlich will ich aber nur, dass unser erstes Aufeinandertreffen fern von den anderen stattfindet. Wie durch Zufall schlendere ich also durch den Innenhof, als ich Taschenlampenlicht auf einem der Pfade sehe. Dass mein Herz mal wieder bis zum Hals schlägt, versteht sich von selbst.

»Hey, da bist du ja«, strahle ich, als Sam auf mich zukommt.

»Hast du mir den ganzen Abend aufgelauert?« Sam lacht und stellt seine Tasche ab. Es folgt eine unbeholfene Umarmung und viel schüchternes Grinsen von beiden Seiten.

»Wie war die Fahrt?«

»Wie geht es dir?«, fragen wir beide gleichzeitig.

»Gut, danke«, antworten wir beide gleichzeitig.

»Sind die anderen am Feuer?«, fragt Sam.

»Ja, genau.«

»Komm, ich hol uns zwei Bier und wir setzen uns dazu, oder?«

»Ja, ich gehe nur noch schnell«, sage ich und deute auf die Toilette. Ich will nicht, dass wir beide zusammen auftauchen, sonst wird die Gerüchteküche sofort wieder angeheizt.

Zurück am Feuer ist der Platz neben Sam aber bereits von Kirsty belegt. Ich nehme auf der anderen Seite vom Feuer neben Biff Platz, die mich in die Seite knufft. Sie weiß ganz genau, was in mir vorgeht.

Den Rest des Abends werfen Sam und ich uns immer wieder verstohlene Blicke zu. Ich bin aber hundemüde und verabschiede mich irgendwann auf die Plattform. Es wird in den nächsten Tagen noch genug Gelegenheit geben, um wieder Zeit mit Sam zu verbringen.

Früh am nächsten Morgen lernen wir von Humphrey oder »The Hump«, wie wir ihn nur noch nennen, das Heimlich-Manöver. Ich habe all diese Übungen das letzte Mal während meines Erste-Hilfe-Kurses vor meiner Führerscheinprüfung gemacht. Erschreckend, wie wenig davon hängenbleibt. Als Ranger muss das Erste-Hilfe-Zertifikat immer auf dem neuesten Stand sein, und alle zwei Jahre muss ein Auffrischungskurs belegt werden. Safety first.

Nach dem Unterricht lasse ich mich dann von den anderen zu etwas überreden, was ich sonst tunlichst vermeide: Mannschaftssport. In Berlin bin ich höchstens mal joggen gegangen. Heute halte ich es aber, warum auch immer, für eine gute Idee, mal wieder Basketball zu spielen. Bei meiner Größe sollte man meinen, dass ich ein Naturtalent bin. Zumindest ist es für mich einfach, den Korb zu erreichen. Aber ihn dann auch treffen? Das ist noch mal eine ganz andere Hausnummer. Trotzdem tut es gut, sich ein bisschen zu bewegen, und ich bin nach kurzer Zeit voll drin im Spiel.

Das letzte Mal, als ich so enthusiastisch Sport getrieben habe, war tatsächlich auch bei einem Basketballspiel. Es ist fast zwanzig Jahre her. Damals ging das nicht gut aus. Ich war grade dabei, einen Korb zu werfen, als ein Junge von unten gegen den Ball haute und damit meinen linken Ringfinger um neunzig Grad nach hinten bog. Mit dem verrenkten Finger wurde ich sofort zum Arzt geschickt und musste anschließend für drei Monate einen geschienten Verband tragen, damit die Knochen wieder zusammenwuchsen. Warum erzähle ich diesen Schwank aus meiner Jugend? Nun ja, weil mir das eine Lehre hätte sein sollen. Ich und Basketballspielen – das verträgt sich einfach nicht.

Aber all das ist jetzt vergessen. Ich bin ich im Ballbesitz und hechte zum Korb. Dann habe ich ein Déjà vu. Ich setze zum Sprung an, sehe aus dem Augenwinkel Louis heranpreschen und zum Schlag ausholen. Mit voller Wucht haut er mir den Ball aus der Hand, und meine Finger biegen sich in einem unnatürlichen Winkel nach hinten. Ich bemerke aber erstmal gar nichts und spiele munter weiter. Erst als ich zufällig auf meine Hand schaue, mache ich große Augen. Mein kleiner Finger hat sich um 180 Grad nach hinten gebogen und berührt jetzt meinen Handrücken. Natürlich ist es wieder die linke Hand – dass ich Linkshänderin bin, habe ich erwähnt?

Es ist ein merkwürdiger Anblick, wenn irgendein Körperteil – egal welches – plötzlich nicht mehr da ist, wo es hingehört. Mir wird schlecht. Meine Kommilitonen spielen weiter, ohne meinen verkehrten Finger zu bemerken. Ich sehe mich nach Hilfe um. Am Spielfeldrand sitzt Sam.

»Sam…«, sage ich, »Sam … mein Finger…« Ich halte ihm unbeholfen meine Hand hin. Sam schwindet sofort jegliche Farbe aus dem Gesicht.

»Oh fuck!« Und dann nochmal: »Fuck.«

Er greift nach meiner zitternden Hand und zieht mich hinter sich her.

»Hump? Humphrey? Wo ist Humphrey? Wir brauchen Humphrey!«, ruft er durchs Camp. Als mir beim Anblick meines armen kleinen Fingers noch schlechter wird, bin ich trotzdem froh, dass die Sache ausgerechnet während des Erste-Hilfe-Kurses passiert.

Humphrey kommt aus seinem Zelt gelaufen. Mit großem

»P« (für »Panik«) im Auge ruft er: »Was ist los? Was ist passiert? Ist jemand verletzt?«

Wahrscheinlich rechnet er eher mit einer Nilpferd-Attacke, dabei ist es ist nur ein ausgerenkter Finger. Aber dass es ausgerechnet meiner sein muss ... Sam zeigt Hump meine Hand.

»Oh wow! Das hast du ja gut hingekriegt«, tadelt der mich. »Sam, geh in die Küche und hol eine Schüssel warmes Wasser.« Zu mir sagt er nur schulterzuckend: »Tut mir leid, aber der Finger muss ab.«

»Ab?!«, antworte ich schockiert.

»Nein, war nur ein kleiner Sanitäterscherz. Hast du ein Glück, Mädchen, dass das ausgerechnet heute passiert. Das kriegen wir in Nullkommanichts wieder hin.«

Mir ist schwarz vor Augen, und Humphrey bietet mir einen Stuhl an der Feuerstelle an. Sam kommt mit dem heißen Wasser angelaufen und verschüttet die Hälfte.

»Okay«, erklärt mir Hump, »ich werde jetzt deinen Finger in das Wasser legen, damit er sich ein bisschen entspannt, und dann werde ich ihn wieder einrenken. Es wird weh tun, da mache ich dir nichts vor.«

Ich atme tief ein und aus. Humphrey begutachtet meinen Finger. »Ach übrigens, was hast du gestern gegessen?«, fragt er mich dann, aber alles, was er zur Antwort bekommt, ist ein lautstarkes »FUUUUUUUUUCK«, weil er im gleichen Moment meinen Finger mit einem Ruck wieder in die andere Richtung reißt.

»Schon vorbei«, sagt er, »das hast du gut gemacht, Kleines.«

Ich schaue auf meine zittrige Hand. Der Finger ist tatsächlich schon wieder da, wo er hingehört.

»Danke, Humphrey!«

»Der Finger wird jetzt erstmal höllisch anschwellen und auch eine Weile lang weh tun. Du musst ihn absolut stillhalten und am besten kühlen, so oft du kannst.«

»Muss ich trotzdem noch zu einem Arzt?«

»Ich würde das auf jeden Fall röntgen lassen, ja. Und wahrscheinlich brauchst du auch eine Schiene, damit die Knochen wieder anständig zusammenwachsen. Aber für den Moment sollte es so erstmal reichen.«

Kleine Unfälle wie diese sind schon zu Hause in Deutschland keine freudige Angelegenheit, wenn sie im Ausland passieren, ist es aber immer doppelt so unangenehm. Ich hatte bis jetzt sehr viel Glück auf meinen Reisen. Der einzige Zwischenfall, der mir noch lebhaft in Erinnerung ist, war ein Surf-Unfall auf Bali, als mir das eigene Surfbrett im Wasser auf den Kopf knallte und sich die Finne in meinen Schädel rammte. Was erstmal dramatisch klingt, konnte am Ende mit fünf Stichen wieder in Ordnung gebracht werden, aber zwischen Unfall und Nähstunde lag eine halsbrecherische Fahrt auf einem winzigen Motorroller durch dichten Straßenverkehr.

Trotz allem entbehrt es nicht einer gewissen Komik, dass ich im Vorfeld in Deutschland diverse Horror-Szenarien im Busch durchgespielt hatte, die alle meinen eigenen Tod durch Auffressen zum Ergebnis hatten – und jetzt ist tatsächlich die einzige Verletzung, die ich vorzuweisen habe, ein ausgerenkter Finger vom Basketballspielen. Fast schon ein bisschen langweilig.

Sam stopft ein paar Eisklumpen aus dem Kühlschrank in eine leere Zigarettenschachtel und befestigt diese mit Klebeband um meinen Finger.

»Was Besseres haben wir grad nicht.«

»Danke, Sam. Das ist lieb von dir«, antworte ich und schaue meinem Finger zu, wie er langsam dunkelblau wird.

»Hey, die Geschichte musst du aber schon noch ein bisschen aufmotzen, wenn du sie zu Hause erzählst«, sagt Sam, »wenn dich jemand fragt, wie das passiert ist, sagst du einfach, du hast einem Löwen eine reingehauen. Ich verrat's auch keinem.«

18.

Wie der Hase läuft

An Humps letztem Morgen verschwindet plötzlich die Hälfte der Klasse spurlos. Hump hat sie zwecks einer realistischen Unfalldarstellung irgendwo im Unterholz versteckt. Wir Zurückgebliebenen sollen die Ersthelfer spielen und müssen alles finden und verarzten, was in den Büschen verteilt liegt und sich die Seele aus dem mit Kunstblut vollgeschmierten Leib schreit. Als das Schauspiel beendet ist und wir sämtliche Opfer erfolgreich geborgen haben, ist es Zeit für Hump, zusammenzupacken. Ohne großes Trara verabschiedet er sich von uns, aber als er sich in seinen Wagen schwingt, lässt er es sich nicht nehmen, uns noch mal seine wichtigste Lektion zuzurufen: »Und nicht vergessen, Leute: Vorsicht! Vorsicht ist besser als Nachsicht!«

Dann startet er den Motor und fährt von dannen, um die Menschheit weiterhin vor ihrer eigenen Blödheit zu retten.

Sam versorgt mich den ganzen Tag über mit frischem Eis für meinen Finger, der mittlerweile zu Bratwurstgröße angeschwollen ist und eine violette Färbung angenommen hat. Doch selbst meine Verletzung hält mich nicht davon ab, die vorfreudige Stimmung im Camp zu teilen. Heute beginnt, worauf wir alle sehnlichst gewartet haben: der Tracking-Kurs.

Tracking, das Spurenlesen in der Wildnis, hat eine lange Tradition. Einst entwickelte sich diese Kunst aus der Not, in der Wildnis überleben zu müssen. Früher galt sie als unerklärliche, ja zuweilen sogar als mystische Fähigkeit, die nur wenige Auserwählte eines Stammes beherrschten. Lange Zeit glaubte man, die Kunst des Spurenlesens sei gar nicht erlernbar, und so starb sie in den letzten 20 Jahren fast gänzlich aus, weil niemand das Wissen an die nächste Generation weitergab und wohl auch, weil es immer weniger Nutzen zu haben schien. Doch mit dem immer größeren touristischen Potenzial von Safaris und auch dem stetig wachsenden Bestreben, gegen die Wilderei anzukämpfen, erlebte das Spurenlesen in den letzten Jahren eine wahre Renaissance. Die erfahrenen Tracker fingen an, den Nachwuchs zu schulen, und so wuchs ein kleiner, aber bedeutender Zweig in der Safari-Branche, der sich speziell dem Spurenlesen widmet.

Natürlich ist es unmöglich, innerhalb von einer Woche die komplexe Kunst des Trackings zu erlernen. Wer diesen Beruf ausüben will, unterzieht sich normalerweise einem einjährigen Training, während dem er von morgens bis abends im Busch unterwegs ist, Fährten sucht und seine Sinne schärft. Ein talentierter Tracker kann anhand einer einzigen Fußspur nicht nur die Laufrichtung des Tieres bestimmen, sondern auch das Alter, das Geschlecht, die Größe und sogar bestimmte Individuen eines Rudels oder einer Herde unterscheiden. Tracker lernen, wie das Tier zu denken, das sie aufspüren wollen. Sie besitzen die nötige Geduld, das Feingefühl und manchmal sogar eine Art sechsten Sinn, um einer Spur über Kilometer zu folgen und am Ende das Tier zu finden. Es gibt wohl kaum eine Gruppe von Menschen, die mehr im Einklang mit der Natur lebt.

Was uns in den nächsten Tagen vermittelt werden soll, ist ein erster Einblick in diese magische Welt der Zeichen und Spuren. Wer als Guide einen Job in einer High-End-Lodge landet, wird fortan Seite an Seite mit einem erfahrenen Tracker arbeiten. Gerade für diese enge Zusammenarbeit ist es unerlässlich, im wahrsten Sinne des Wortes zu wissen, wie der Hase läuft.

In zwei Geländewagen fahren die Tracker an diesem Nachmittag vor. Sie kommen von den besten Lodges in Südafrika und tragen elegant aussehende, khakifarbene Uniformen. Auf mich machen sie fast den Eindruck einer Elite-Einheit. Es sind stolze Männer, die da den Pfad entlangkommen. Aber damit meine ich in keiner Weise »arrogant«. Vor uns stehen jetzt vier Männer, die die meiste Zeit ihres Lebens mit Mutter Natur verbracht haben. Ihre Augen haben mehr von der Wildnis gesehen, ihre Ohren mehr von ihr gehört und ihre Nasen mehr von ihr gerochen als unsere Sinne alle zusammen.

In Karongwe dürfen wir unsere eigenen Lerngruppen zusammenstellen. Da es in diesem Camp nicht um eine große Abschlussprüfung geht, ist die Stimmung um einiges entspannter. Beim Tracking-Kurs können wir nicht durchfallen. Zwar werden wir am Ende der Woche eine Prüfung ablegen, die genau wie die Field Observations abläuft, unsere Tracking-Fähigkeiten werden am Ende jedoch lediglich eingestuft: Wer durchschnittliche Ergebnisse im Spurenlesen vorweisen kann, erhält Level 1, für gute Ergebnisse erhält man Level 2, Level 3 sind sehr gute Tracking-Fertigkeiten und Level 4 ist exzellent.

In meinem Team sind Biff, Mike, Paul und Quintin. Sam begleitet uns als Back-up, was mich natürlich wahnsinnig freut. Unser Lehrer ist ein junger Mann namens Justice.

Justice ist groß und athletisch und hat ein ebenmäßiges Gesicht, das man sich gerne anschaut. Er ist Anfang 20 und in Makuleke an der nördlichsten Spitze des Krüger Nationalparks groß geworden. An diesem Nachmittag versammelt er unsere kleine Gruppe in der Einfahrt und erklärt uns, was in den nächsten Tagen auf uns zukommt. Sam und er begrüßen sich wie alte Freunde.

»Hallo, alle zusammen«, begrüßt er uns mit einer sanften, ruhigen Stimme, »ich werde für die nächsten Tage euer Tracker sein. Ich werde mit euch zu Fuß unterwegs sein und euch alle Fährten erklären, die wir auf dem Weg finden. Ihr werdet lernen, Spuren zu identifizieren, Markierungen von Territorien und Tierexkremente korrekt zu bestimmen. Und zwar von großen Säugetieren wie Elefanten bis zu winzigen Säugetieren wie Mäusen, von Reptilien über Amphibien bis hin zu Vögeln und Insekten. Bitte gebt mir Bescheid, falls ihr irgendetwas, was ich euch erkläre, nicht versteht. Englisch ist nicht meine Muttersprache, und es ist mir sehr wichtig, dass ihr mich versteht und aus dieser Woche so viel Wissen wie möglich herausholt.«

Nachdem wir uns auch alle vorgestellt haben, fragt er uns: »Wie sieht es aus, wollt ihr euch ans Feuer setzen oder sollen wir noch eine kleine Runde ums Camp drehen und ich erkläre euch eure ersten Tracks?« Was für eine Frage! Natürlich wollen wir sofort loslegen!

»Woher kennst du Justice?«, frage ich Sam, als wir unserem Tracker den Pfad entlang folgen.

»Er war mein Tracking-Lehrer in Makuleke«, erklärt Sam, »damals hatte er gerade erst angefangen. Aber da war er auch schon verdammt gut. Ich bin jetzt in Karongwe, weil ich unbedingt noch mehr von diesen Jungs lernen wollte.«

»Leute, Leute! Kommt her, das müsst ihr euch ansehen!« Justice winkt uns aufgeregt zu sich hinüber.

»Das ist eine perfekte Spur! Mensch, haben wir ein Glück! Dieser Kurs geht schon gut los. Schaut euch die Spur ganz genau an. Denkt über alles nach, was sie euch sagen kann. Wie viele Paar Füße könnt ihr sehen? Ist eine Laufrichtung zu erkennen? Wie groß ist das Tier, das hier gelaufen ist? Wie viele Zehen hat es? Ist es ein Säugetier? Ein Vogel? Ein Reptil? Versucht, so viele Informationen wie möglich über das Tier zu sammeln!«

Wir beugen uns über die Spur und untersuchen sie. Für mich sind es allenfalls ein paar Punkte im Sand. Justice kniet sich hin und erklärt: »Es ist ganz wichtig, dass ihr den Fußabdruck immer zwischen euch und der Sonne habt, so lassen sich wesentlich mehr Details erkennen. Habt ihr alle die Bibel dabei?«

»Die Bibel?«

»Das hier ist die Bibel.« Justice holt ein abgegriffenes Handbuch von der Größe eines Briefumschlags heraus. Ich erkenne das Buch. Es stand auf meiner Leseliste, und ich habe es in den vergangenen Wochen immer mal wieder begeistert durchgeblättert in Vorfreude auf diesen Kurs. *Tracks and Tracking in Southern Africa* von Louis Liebenberg ist mein mit Abstand liebstes Handbuch für Buschwissen. Es enthält Abbildungen von sämtlichen wichtigen Säugetierspuren im südlichen Afrika sowie von den wichtigsten Vögeln, Reptilien, Amphibien und Insekten. Dieses kleine Wunderwerk »die Bibel« zu nennen, leuchtet mir absolut ein.

Justices Exemplar ist mit diversen Notizen versehen und durch seine eigenen Zeichnungen ergänzt.

»Wer eine Bibel hat, bringt sie ab morgen bitte mit. Sie wird uns beim Spurenlesen gute Dienste leisten. So, aber jetzt zu dieser Fährte. Das ist ein wunderbares Beispiel für eine Buschhasenspur. Warum? Weil man durch den leicht feuchten Untergrund hier tatsächlich die Fellhaare in der Spur erkennt! Das ist sehr selten. Normalerweise springen Buschhasen so schnell durch die Gegend, dass die Abdrücke verwischen – vor allem auf sandigem Boden. Seht euch genau an, wie der Hase gelaufen ist. Seht ihr? Er springt mit seinen Hinterbeinen ab und landet auf seinen Vorderbeinen. Hier. Und hier und hier!« Justice demonstriert uns, wie der Hase läuft, indem er vorwärts hüpft.

»Ich möchte, dass ihr euch gleich heute eine Sache unbedingt merkt: Es ist wichtig, dass ihr um die Ecke denkt. Wenn ich einen Fußabdruck einkreise und euch frage, was da drin ist, dann macht nicht den Fehler und schaut nur innerhalb des Kreises. Sucht nach weiteren Fußabdrücken, bis ihr irgendwann eine ganze Spur findet. Folgt dem Tier, versucht, wie das Tier zu denken. Stellt euch Fragen. Je mehr Fragen ihr euch stellt, desto mehr Antworten werdet ihr bekommen.«

Spätestens jetzt hängen wir an Justices Lippen. In seinen einfachen Worten liegt eine universelle Wahrheit, die nicht nur für das Spurenlesen gilt. Alles was er sagt, lässt sich ohne Schwierigkeiten auch auf das ganze Leben anwenden. Ich habe doch in den ganzen letzten Jahren nichts anderes gemacht: Ich habe versucht, eine Spur zu erkennen, der ich folgen kann.

Justice folgt an diesem Abend noch einigen weiteren Spuren: einer alten Leopardenfährte und frischen Elefantenspuren, den Fußabdrücken eines Gelbschnabeltokos und eines Warans. Und dann findet er noch trockene Löwenkacke und einen Zibetkatzenhaufen, der nur aus den Überresten von Tausendfüßlern besteht, denn die sind den Zibetkatzen die liebste Speise. Wir hören erst auf, als die Sonne schon untergegangen ist, und auch beim Abendessen löchern wir Justice mit Fragen. Er ist ein großartiger Lehrer, sehr geduldig und mit Leidenschaft für sein Fach. Dass er erst Anfang 20 ist, empfindet keiner von uns als einen Nachteil. Justice ist mit so viel Enthusiasmus dabei, dass es einen riesigen Spaß macht, von ihm zu lernen.

Nach dem Abendessen sitzen wir bei Gitarrenmusik und Bier am Feuer zusammen. Es ist der schönste Abend seit langem. Meine Lieblingsmenschen sind für die ganze nächste Woche in meinem Team, und wir alle teilen die gleiche Begeisterung fürs Spurenlesen, fordern uns gegenseitig und haben dabei noch jede Menge Spaß. In diesem Moment ist alles so perfekt, dass es eigentlich nur bergab gehen kann. Und das tut es dann auch.

Sam setzt sich neben mich und starrt abwesend in die Flammen. Er sieht traurig aus.

»Ist alles in Ordnung?«

»Nicht wirklich«, gibt er zurück.

»Was ist los? Ist was passiert?«

»Nein, nichts Schlimmes. Es ist nur … das Camp hat grad einen Anruf aus Mashatu erhalten. Der neue Back-up wurde heute nicht über die Grenze nach Botswana gelassen. Ab morgen findet dort aber ein Trails-Guide-Kurs statt, und jetzt haben sie niemanden im Camp, der aushelfen kann … ich muss morgen früh nach Mashatu.«

»Aber du wolltest doch noch zwei Wochen hier bleiben«, sage ich enttäuscht.

»Ich weiß, aber ich habe keine Wahl. Wenn sie in Mashatu jemanden brauchen, dann muss ich da hin.«

»Ich verstehe.«

Wir schweigen eine Weile. Was gibt es auch noch zu sagen? Ich bereue jetzt wahnsinnig, dass wir uns die ganze letzte Woche nur im Schneckentempo aufeinander zu bewegt haben. Sam war wie immer sehr vorsichtig, und ich habe es langsam angehen lassen, weil ich dachte, wir hätten alle Zeit der Welt. Es gab lange Blicke und Gespräche, aber nach einer Woche haben wir uns gerade erst wieder aneinander gewöhnt. Dieses Mal ist die Chance auf ein baldiges Wiedersehen nicht gegeben, das wissen wir beide.

Ein starker Wind weht durch die Bäume und sorgt dafür, dass es sich immer mehr abkühlt. Die Funken des Feuers fliegen wie wild umher. Nach und nach gehen die anderen zu Bett. Sam und ich bleiben allein sitzen. Mir ist kalt, und ich rücke näher an die Flammen. Sam tut das Gleiche und nimmt schließlich endlich meine Hand. Die Luft ist zum Zerreißen gespannt und ich habe einen dicken Kloß im Hals.

»Ich weiß jetzt überhaupt nicht, was ich sagen soll«, drucke ich etwas herum, »es ist einfach nicht genügend Zeit, oder? Um sich wirklich kennenzulernen, meine ich.«

»Ich weiß«, sagt Sam traurig, »ich mag dich wirklich sehr gerne, Gesa. Ich habe mich so sehr gefreut, dich wiederzusehen, wirklich. Vielleicht habe ich sogar deinetwegen versucht, nach Karongwe zu kommen. Aber ich weiß nicht, wie das hier gehen soll.«

Wir schweigen wieder. Und halten uns einfach nur an den

Händen. Und zittern mit jedem Windstoß ein bisschen mehr. Endlich dreht Sam sich zu mir, schaut mich lange an, nimmt mein Gesicht in seine Hände und küsst mich. Ein bittersüßer Kuss.

Als ich am nächsten Morgen aufwache, ist Sam bereits fort. Wir haben noch am Abend Lebewohl gesagt. Und alles, was bleibt, ist der rauchige Geruch vom Lagerfeuer in meinen Haaren und in meinem Kopf die Frage, ob wir uns wohl irgendwann wiedersehen.

Kurz nach Sams Aufbruch ist das ganze Camp in Aufruhr. Der sandige Grund unten im Hof ist übersät mit Fußspuren: Die Löwen sind letzte Nacht hier gewesen. Ich komme aber trotz dieser aufregenden Neuigkeiten nicht recht in die Puschen. Im Kopf gehe ich den gestrigen Abend am Feuer immer wieder durch. In meinen Schlafsack eingemummelt liege ich auf unserer Liegewiese und lausche dem aufgeregten Geplapper im Hof. Ein ganzes Rudel Löwen ist gestern Nacht direkt unter unserem Radar vorbeigepirscht. Sam und ich waren sehr lange wach, der Camp-Besuch muss also kurz nach unserem Zubettgehen aufgetaucht sein. Endlich wird meine Neugier doch zu groß, und ich geselle mich zu Justice und den anderen aus meinem Team.

»Was habe ich euch gesagt? Der Kurs geht schon gut los.« Justice versammelt uns breit grinsend um eine der frischen Fährten, die wir untersuchen sollen. Mir bleibt keine Zeit, um über Sams Abreise nachzudenken, und für den Moment bin ich froh darüber. Die Löwenspur führt hinunter ins Flussbett und sie ist riesig. Ein stattlicher Ballen mit drei deutlich erkennbaren Rundungen im hinteren Teil der Spur sowie vier große Zehen, die sich im Halbkreis um den Ballen schmiegen.

Die nächsten Tage bleiben genauso spannend wie dieser erste Morgen unserer Tracking-Woche. Wir sind von morgens bis abends unterwegs und pressen Justice sein Wissen ab, das er mit unermüdlicher Hingabe teilt. Die Anzahl an Tracks, die wir nach so kurzer Zeit identifizieren können, ist enorm: Löwen, Hyänen, Elefanten, Impala, Kudus, Gnus, Buschböcke, Warzenschweine, Stachelschweine, Erdferkel, Leoparden, Geparden, Paviane, grüne Meerkatzen, Zibetkatzen, Ginsterkatzen, Schakale, Zebras, Nilpferde, Giraffen, diverse Mangustenarten (Zwergmanguste, Zebramanguste, Schlankmanguste, Wassermanguste, Weißschwanzmanguste), Pantherschildkröten, Schlangen, Krokodile – und dann noch das Kleinvieh, das ja bekanntlich auch Mist macht: Vögel, Ratten, Mäuse, Eichhörnchen, Tausendfüßler, Skorpione und Frösche. Ich schreibe Justice auf seinen Wunsch hin all diese Wörter auf Deutsch in seine Bibel. Auf der Suche nach immer neuen Spuren murmelt er fortan »Erdferkel«, »Stachelschwein« und »Eichhörnchen« vor sich hin, und ich kichere hinter vorgehaltener Bibel über seine Aussprache.

Während wir auf den Spuren der Tiere durch den Busch wandern, beschäftigt uns Schüler mehr und mehr ein anderes Thema: Emily aus dem Office, das für unsere Ausbildung zuständig ist, hat für die nächste Woche ihren Besuch im Camp angekündigt. Sie will mit jedem von uns persönlich sprechen und die Möglichkeiten für unser »Lodgeplacement« ausleuchten. Wir sollten uns im Vorfeld schon mal darüber Gedanken machen, wo wir gerne landen würden.

»Am liebsten möchte ich ja irgendwann mal nach *Londolozi*«, gesteht uns Mike, »aber ich weiß, dass die nur die Besten der Besten nehmen.«

»Ich würde mich gerne einer Anti-Wilderer-Gruppe anschließen«, sagt Quintin. Paul ist sich noch nicht sicher, aber »je wilder, desto besser«. Und auch Biff und ich sind noch am Rätseln.

»Ich würde am liebsten einfach noch weiter lernen, bevor ich in einer Lodge lande«, erzählt mir Biff eines Abends am Feuer. »Ich stehe doch noch ganz am Anfang.«

»Ich verstehe genau, was du meinst, mir geht es auch so.«

»Weißt du, was ich insgeheim am liebsten machen würde? Am liebsten würde ich Back-up in einem der Camps werden. Aber ich weiß nicht, ob ich dafür gut genug bin. Und geschossen habe ich auch noch nie«, gesteht Biff.

»Ich bin sicher, dass du das hinkriegen wirst. Das werden sie dir ja während des Trails-Guide-Kurses beibringen.«

»Ja, aber die meisten Mädchen fallen beim Schießtraining durch, habe ich gehört. Einfach, weil das Gewehr so schwer ist und sie es nicht lange genug oben halten können.«

»Das stimmt schon, aber du bist auch nicht wie die meisten Mädchen«, antworte ich und knuffe sie in die Seite. Und das stimmt wirklich. Biff ist nicht nur nicht wie die meisten Mädchen, sondern auch nicht wie die meisten Menschen, die ich in meinem Leben getroffen habe. Ich glaube, dieses Mädchen kriegt alles hin, was es sich vornimmt. Biffs Wunsch löst auch in mir etwas aus: Insgeheim muss ich zugeben, dass ich auch wahnsinnig gerne Back-up in einem der Camps werden möchte. Aber ich habe mich noch vor der Abreise aus Deutschland dafür entschieden, dass ich für drei Monate Namibia erkunden werde. Ich werde also zusammen mit Emily nach Optionen in Südafrikas Nachbarland suchen.

Während des Gesprächs mit Biff wird mir noch eine andere Tatsache schmerzlich bewusst: Wenn die Kurse in Karongwe zu Ende gehen, bedeutet das für mich auch, Abschied von meiner Klasse zu nehmen. Die anderen werden im Anschluss nach Makuleke reisen und im nächsten Monat ihren Trails-Guide-Kurs absolvieren. Für mich stand der Kurs während meiner Planung von Deutschland aus aber noch gar nicht zur Debatte – konnte ich mir von zu Hause aus doch nur schwer vorstellen, wochenlang zu Fuß durch den Busch zu marschieren –, und darum habe ich bereits andere Pläne gemacht. Bevor es nach Namibia geht, werde ich nach Sansibar fliegen, um mich mit Rieke für einen kleinen Schwesternurlaub zu treffen. Erst im Herbst ist für mich ein Platz als Trails-Guide-Schülerin frei. Ich werde also schon bald wieder auf mich allein gestellt sein.

Am letzten Tag der Tracking-Woche werden unsere Fähigkeiten als Spurenleser auf den Prüfstand gestellt. Ohne die Bibel, nur mit Stift und Zettel bewaffnet, machen wir uns mit Justice auf den Weg. Er geht voran und sucht Spuren, danach treten wir einzeln vor und müssen interpretieren, was wir sehen.

Wenn sich beim Tracking eines bewahrheitet, dann das: Es ist immer die beste Idee, dem ersten Instinkt zu vertrauen. Das ist wirklich ein Phänomen: Bei allen Spuren, die wir an diesem Morgen untersuchen, ist stets die Antwort richtig, die mir als Erstes durch den Kopf geht, wenn ich eine Spur untersuche. Jedes Mal, wenn ich zu lange überlegen muss oder in meinem Kopf alle Optionen durchgehe, liege ich falsch. Ich weiß nicht, wie die anderen durch diese Prüfung gehen, aber für mich ist es keine Frage von Ratio oder Logik. Ich lasse irgendwann nur noch das Bauchgefühl darüber entscheiden, welche Spur ich mir da gerade anschaue. Umso mehr ärgere ich mich, als Justice einen Kreis um die letzte Spur der Prüfung zieht.

»Leute, das hier ist eine Level-4-Frage. Das ist nur ein Überrest von einem sehr alten Track, bestimmt mehrere Tage alt. Wer diese Frage richtig beantwortet, der kann wirklich stolz auf sich sein.«

Ich schaue mir den Fußabdruck als Erste an. Es ist kaum etwas zu erkennen, und dass die Sonne bereits tief am Himmel steht, macht die Sache nicht unbedingt einfacher. Ohne groß nachzudenken, schreibe ich darum »Stachelschwein« auf meinen Zettel und stelle mich an die Seite. Aber während ich da so stehe und die anderen beobachte, wie sie den Abdruck untersuchen, setzt sich mein Denkapparat in Gang und mir kommen Zweifel an meiner Entscheidung.

Das kann doch kein Stachelschwein sein, bist du blöd? Das hier ist überhaupt nicht das passende Terrain für Stachelschweine. Hier gibt's doch gar keine Stachelschweine! Nee, nee. Aber Wildkatzen! Wildkatzenspuren haben wir genau auf diesem Pfad schon einige gefunden! Denk um die Ecke, Gesa! Das hat dir Justice doch beigebracht. Das ist kein Stachelschwein – das ist eine Wildkatze!

Ich streiche das Stachelschwein kurzerhand durch und schreibe stattdessen Wildkatze auf meinen Zettel. Als alle zu einem Ergebnis gekommen sind, reichen wir Justice unsere Zettel. Er schaut mich enttäuscht an und schüttelt den Kopf.

»Gesa, warum hast du das Stachelschwein durchgestrichen?«

»Weil es hier keine Stachelschweine gibt, dachte ich?«, frage ich unsicher und ahne natürlich schon, was jetzt kommt.

»Das war dumm von dir. Das hier ist ein Stachelschwein, Leute. Das ist eine sehr alte Spur von einem Stachelschwein. Mein Kompliment an die, die es richtig erkannt haben.«

185

Justice kniet sich nieder und erklärt uns die Spur. Ich ärgere mich schwarz. Haben mich die letzten Tage denn nichts gelehrt? Warum tappe ich immer wieder in dieselbe Falle und stolpere über meine eigenen Gedanken?

Justice wertet direkt im Anschluss unsere Ergebnisse aus. Zwar kann er uns noch nicht mit Sicherheit sagen, welches Tracking-Level wir erreicht haben, aber Biff und Mike müssten nach seiner Einschätzung Level 3 bekommen, Paul, Quintin und ich voraussichtlich Level 2. Auf dem Weg zurück zum Camp nimmt Justice mich zur Seite und flüstert mir etwas ins Ohr: »Schwester, du musst lernen, deinen Kopf auszuschalten! Hör auf, so viel nachzudenken und dich selbst in Frage zu stellen. Mach einfach, was dein Bauch dir sagt. Er weiß schon, wo er mit dir hin will, glaub mir.«

Sieht so aus, als hätte ich heute dank einer alten Stachelschweinspur eine grundlegende Lektion fürs Leben gelernt.

19.

Biff

Der Tracking-Kurs endet am gleichen Tag, an dem der Navigationskurs beginnt. Unser Team verabschiedet sich schweren Herzens von Justice, der aber verspricht, uns sobald er zu Hause ist, alle auf Facebook zu *adden*. Aus seinem Mund wirkt das befremdlich, auch sein Leben dreht sich um die blau-weiße Pinnwand. Das passt irgendwie nicht in unser Bild von einem echten Buschmann.

Die Tracker reichen direkt unserem neuen Lehrer die Klinke in die Hand: Thomas. Ein kleiner Mann mit Schnauzer und Brille, etwa Mitte vierzig. Ich glaube, Thomas muss so ziemlich der glücklichste Mann auf Erden sein. Wie alle Ranger trägt er die khakifarbene Uniform, aber was er für sich allein gepachtet hat, ist eine unvergleichlich positive Ausstrahlung. Dieser Mann lächelt einfach immer, und es ist ein Lächeln, das ohne Zweifel von ganzem Herzen kommt.

Thomas versammelt uns für unsere erste Theoriestunde »Navigation und Orientierung« im Klassenzimmer. Wir erfahren zunächst, dass er erst sehr spät das Ranger-Dasein für sich entdeckt hat und vorher Angestellter bei einer Bank war. In jungen Jahren diente er allerdings beim südafrikanischen Militär. Daher stammt wohl auch sein Wissen.

»Ich freue mich sehr, dass ich euch in den nächsten Tagen in Navigation und Orientierung unterrichten darf«, sagt er, »es ist eine spannende Kunst und eine wichtige Fähigkeit, die jeder Ranger beherrschen muss. Egal, ob zu Fuß oder im Geländewagen: Es ist enorm wichtig, dass ihr euch im Busch zurechtfinden könnt. Ich werde euch in den nächsten Tagen zusammen mit meinem Kollegen Lee die Grundkenntnisse der Orientierung in der Wildnis beibringen. Ihr werdet lernen, euch ohne Landkarte zu bewegen, und hoffentlich euren Weg zurück zum Camp finden. Wir werden euch beibringen, wie man die Himmelsrichtungen bestimmt und wie ihr euch verhalten müsst, wenn ihr euch doch mal verlauft. »Damit ihr außerdem schon mal einen Vorgeschmack bekommt, werde ich euch mit einem Gewehr laufen lassen. Das ist aber natürlich nicht geladen. Ich will ja am Ende wieder in einem Stück bei meiner Frau ankommen.« Thomas lacht herzlich.

»Es gibt verschiedene Möglichkeiten, wie ihr euch in der Wildnis orientieren könnt – GPS und Kompass sind natürlich sehr nützliche Hilfsmittel, aber die werden wir in dieser Woche nicht verwenden, wir wollen ja etwas lernen. Lasst uns mal loslegen!«

Thomas führt uns hinunter zur Feuerstelle, wo er einen Stock aufhebt und in die Höhe zeigt.

»Wer kann mir erklären, wie ich mit diesem Stock die Himmelsrichtungen bestimmen kann?«

Wir schauen uns ratlos an, murmeln vor uns hin. Biff tritt

vor. »Darf ich?«, fragt sie Thomas und deutet auf den Stock. Er reicht ihn ihr, und sie steckt ihn kurzerhand in den Sand.

»Das ist schon mal ein guter Anfang«, sagt Thomas und lacht, »und wie geht es weiter?«

»Jetzt würde ich den Punkt im Sand markieren, auf den der Stock einen Schatten wirft und dann einen Kaffee machen«, sagt Biff. »Das Ganze würde ich dann alle zehn Minuten wiederholen. Der erste Punkt müsste dann Westen sein und der letzte Osten. Dann würde ich im rechten Winkel eine Linie zu dieser Schattenlinie ziehen und die zeigt dann Norden und Süden an. Ach so, und wenn ich nach Norden schaue, müsste Westen links von mir sein … glaube ich.«

»Ich bin beeindruckt! Das ist absolut korrekt«, sagt Thomas und klatscht begeistert in die Hände.

»Gut gemacht«, flüstere ich Biff zu und klopfe ihr auf die Schulter.

»Das hat James mir in Mashatu beigebracht … hätte ich sonst auch nicht gewusst«, flüstert Biff und zwinkert mir zu.

Thomas erklärt uns noch, wie wir die Himmelsrichtungen anhand einer gängigen analogen Armbanduhr bestimmen können. Wenn man nördlich der Sonne in der südlichen Hemisphäre steht, hält man die Uhr horizontal, so dass die Zwölf in Richtung Sonne zeigt. Dann halbiert man den Winkel, der zwischen dem Stundenzeiger und der Zwölf liegt, und das ergibt dann grob Norden. Wer eine digitale Uhr hat, kann das trotzdem auch tun, indem er einfach ein Ziffernblatt in den Sand malt.

»So, Freunde, ich bin kein Verfechter von zu viel Theorie und schlage darum vor, wir satteln die Pferde und machen uns auf den Weg in die Wildnis!«

Und so beginnt unsere Odyssee. Ich habe mich buchstäblich

noch nie so verloren gefühlt wie in den kommenden Stunden. Thomas fährt mit uns einmal kreuz und quer durch Karongwe, bis wir nicht mehr wissen, wo wir sind. Dann stoppt er an irgendeinem Punkt X und lässt den Wagen von Lee zurückfahren. Wir Schüler sollen zu Fuß den Weg zurück ins Camp finden. Ohne Kompass und ohne Plan. Wir bekommen zwar eine Karte, aber ohne die Angabe von Himmelsrichtungen darauf ist die erstmal nutzlos. Hinzu kommt, dass mein Orientierungssinn nicht besonders ausgeprägt ist. Wenn ich in Berlin eine mir unbekannte Adresse finden muss, schaffe ich das grundsätzlich nur mit Google Maps auf meinem Telefon.

»Das Wichtigste, bevor ihr einfach drauflos marschiert, ist zunächst einmal euer eigener Standort«, erklärt uns Thomas. »Ihr müsst wissen, wo ihr steht, um dann einen Plan zu machen, wo ihr hinwollt. Dabei hilft euch vor allem die natürliche Umgebung. Ihr müsst euch Meilensteine suchen, auf die ihr zurückgreifen könnt. Große Hügel, prägnante Bäume, Straßen – wenn es denn welche gibt. Und wenn ihr dann loslauft, müsst ihr nur versuchen, immer dieselbe Richtung beizubehalten. Klingt erstmal einfach, aber das wird die schwerste Übung, glaubt es mir.« Er wendet sich an Biff: »Elizabeth, was hältst du davon, wenn du anfängst, die Gruppe zu führen?«

»Kein Problem.«

»Sehr schön. Ich möchte, dass du jetzt einfach mal für eine Weile nach Westen läufst, bis du zu dieser Kopjie hier auf der Karte gelangst. Versuch einfach, eine gerade Linie zu halten. Such dir einen Meilenstein, der in deiner Laufrichtung liegt, und wenn du den erreicht hast, suchst du dir wieder einen neuen und so weiter und so fort. Das nennt man auch ›Koppeln‹ oder ›Dead Reckoning‹.«

Biff nimmt das Gewehr, das Thomas ihr nun reicht, und läuft einfach los. Wie genau sie so schnell überhaupt Westen bestimmen konnte, ist mir schleierhaft. In meinem Kopf läuft indes der Merkspruch auf Dauerschleife, den ich in der Grundschule zum Thema Himmelsrichtungen gelernt habe: *Nie ohne Seife waschen. Nie ohne Seife waschen. Nie ohne Seife waschen.* Ich brauche um einiges länger als Biff, komme aber schließlich zum gleichen Ergebnis: Es ist früher Morgen, die Sonne geht im Osten auf, demnach müssen wir sie im Rücken haben, um nach Westen zu laufen. Es ist schon erstaunlich, wie schlecht ausgeprägt ein Sinn ist, wenn er nie trainiert wird. Mein Orientierungssinn musste in meinem ganzen Leben noch nie Himmelsrichtungen bestimmen. Dementsprechend langsam rattert es jetzt da oben in der Birne.

Nach knapp einer halben Stunde im Gänsemarsch stoppt Biff wortlos an einem Hügel. *Alles klar, nun hat sie sich verlaufen. Keine Schande. Würde mir auch passieren,* denke ich noch, bevor Biff zu meinem Erstaunen sagt: »Jo, da sind wir.«

»Bist du dir sicher?«, fragt Thomas.

»Ich denke schon.«

»Das ist absolut korrekt, sehr gut gemacht, Elizabeth! Das war klasse!«

Und wieder bestätigt sich, was ich bereits weiß: Biff ist für dieses Leben hier draußen geboren. Ihr unerschütterliches Bauchgefühl ist durch nichts aus der Ruhe zu bringen. Paul, Mike, Quintin und ich wechseln uns nach Biffs Meisterleistung mit der Führung ab und tragen nacheinander das Gewehr, während auch wir versuchen, möglichst immer in die gleiche Richtung zu laufen. Aber es stellt sich ziemlich schnell heraus, dass jeder seine ganz eigene Idee davon hat, wo der Weg zurück zum Camp liegt. Pauls Norden ist ganz woanders als meiner, Mike scheint einen starken Rechtsdrall zu haben, während ich einen starken Linksdrall habe – das müsste sich eigentlich ausgleichen, tut es aber nicht, weil zwischen uns beiden Quintin an der Reihe ist, der irgendwann nur noch im Kreis läuft. Der Einzige, den diese Schnitzeljagd höllisch zu amüsieren scheint, ist Thomas, der hinter uns läuft und grinst.

Nach zwei Stunden auf Irrwegen rätseln wir alle ratlos auf der Landkarte, wo wir sind. Nur Biff bleibt still.

»Biff, was glaubst du, wo wir auf der Karte sind?«, fragt Mike.

»Ich weiß es nicht, ehrlich.«

»Wir wissen es ja alle nicht. Aber was glaubst du?«

»Ganz ehrlich? Die Karte sagt mir leider überhaupt nichts. Ich kann euch nicht sagen, wo wir auf der Karte sind. Aber wo das Camp ist, weiß ich trotzdem, denk ich…«

»Wirklich?«

Biff zeigt in die Richtung, die ich für Süden halte. Thomas grinst verschmitzt in sich hinein.

»Biff? Lauf los«, sage ich aufmunternd, »ich vertraue dir blind.«

»Ich auch«, sagen die drei Jungs gleichzeitig.

»Okay, aber es kann sein, dass ich total falschliege, ja?«

Dann marschiert Biff zielstrebig durch die Büsche, vorbei an Hügeln und Bäumen und Dämmen und kleinen Flussläufen. Wir sind fast eine Stunde unterwegs, ohne dass jemand ein Wort sagt. Wenn Biff über diese lange Strecke tatsächlich ihren Orientierungssinn behalten hat, grenzt das für mich an ein Wunder. Schließlich erkenne ich in der Ferne eine Hügelkuppe, die mir bekannt vorkommt. Ja, das müsste *Beacon Hill* sein. Am Fuße des Hügels sollte ein kleiner Campingplatz sein, von dem aus ein paar deutsche Auswanderer Pferde-Safaris durchführen.

Marsch zum Mmamagwa

Auf dem Mmamagwa

In der Wildnis Mashatus

Gepard in Mashatu

Zebras in Mashatu

Giraffen in Selati

Löwen in Selati

Frische Fährte Löwenspuren

Auf einer „Kopje" über dem dichten Busch von Selati

Megan und ich nach bestandener Level-eins-Prüfung

Biff und Mike beim Fährtenlesen

Lagerfeuer in Karongwe

Sansibar an einem Tag ohne Regen

Rieke und ich auf
Sansibar

Eine Farm in Namibia zum Sonnenuntergang

Unterwegs in Damaraland

Chris nimmt Abschied von Mama Afrika

Eines unserer Camps während der Patrol-Week

Chris am Fuße des Brandbergs

Elefanten an der Quelle

Mutiger Baby-Elefant

Abendessen am Doros Crater

Sonnenaufgang in Damaraland

Alan

Unterwegs auf einem „Silent Walk" in Makuleke

Als Back-Up in Makuleke

Letzter Sonnenuntergang am Limpopo

Und richtig: Auf dem Pfad in Richtung Hügel sehen wir frische Pferdeäpfel und hören bald ein Wiehern aus der Ferne. Vom Beacon Hill ist es noch ungefähr eine halbe Stunde bis zum Camp, und Thomas bricht nun zum ersten Mal das Schweigen.

»Elizabeth, Elizabeth, über dich kann man wirklich nur staunen. Ihr wisst alle, wo wir sind und wo von hier aus das Camp liegt, oder?«

Wir nicken.

»Sehr gut gemacht, Elizabeth. Oder darf ich Biff sagen?«

»Ich bitte darum«, sagt Biff.

»Schön. Es ist jetzt nicht mehr weit, und wir werden dank Biff doch noch rechtzeitig zum Frühstück zurück sein. Auf dem letzten Abschnitt möchte ich, dass ihr eine Wasserstelle findet. Falls ihr tatsächlich mal in der Wildnis stranden solltet, ist Wasser zu finden die wichtigste Aufgabe, der ihr euch annehmen müsst. Wie würdet ihr das anstellen?«

»Können wir nicht den Pfaden der Tiere folgen? Die bewegen sich doch auch immer von Wasserstelle zu Wasserstelle«, sagt Paul.

»Richtig, junger Mann. Das ist eine gute Idee. Aber woher weißt du, in welche Richtung du einem Pfad folgen musst?«

»Ähm…«

»Die beste Idee ist, einem Pfad erstmal zu folgen, bis er auf einen anderen Pfad trifft und die beiden gemeinsam weiterführen. Schön. Was noch?«

»Wir könnten drauf achten, ob es bergab geht? Weil Wasser immer in Tälern zu finden ist?«, frage ich.

»Absolut korrekt. Exzellente Arbeit! Ihr wisst genug, um eine Wasserstelle zu finden, denke ich. Na dann, auf geht's, marsch!«, ruft Thomas freudig aus.

Im Team entscheiden wir daraufhin, wohin wir gehen wollen, und erreichen anhand der Zeichen und Spuren, die die Natur für uns bereithält, nach kürzester Zeit einen kleinen Teich, in dem zu unserer Freude eine Nilpferdfamilie badet. Das Kleine sitzt auf dem Rücken der Mutter, weil seine Beine noch zu kurz sind, um im tiefen Wasser zu stehen. Der Nilpferd-Vater reißt sein Maul zu voller Breite auf, als er uns kommen sieht. Er ist von unserer Gegenwart nicht besonders angetan. Und wir ziehen uns schnell zurück, können wir den frisch gebratenen Bacon in der Pfanne im Camp doch schon riechen.

Als wir von unserer Odyssee zurückkehren, erwartet uns Emily im Klassenzimmer. Sie begrüßt uns überschwänglich und gratuliert uns zu unserer bestandenen Prüfung. Ich kenne Emily nur per E-Mail. Sie stellt sich als eine fröhliche junge Frau heraus, die alle Namen der Schüler kennt, obwohl sie uns noch nie zuvor gesehen hat. In Einzelgesprächen nimmt sie sich nun für jeden von uns Zeit, um über unsere Berufswünsche und Ziele in der Branche zu sprechen.

»So, dann wollen wir mal«, sagt sie zu Beginn unseres Gesprächs, »du hattest ja im Vorfeld schon gesagt, dass du gerne für eine Weile nach Namibia möchtest. Was genau hast du dir denn vorgestellt?«

»Also, ich weiß es ehrlich gesagt noch gar nicht genau. Ich weiß nicht, ob eine Safari-Lodge das Richtige für mich wäre«, erkläre ich ihr, »aber ich würde gerne mehr über Umweltschutz und Conservation lernen.«

»Gibt es irgendetwas, was dir während der Ausbildung ganz besonders gut gefallen hat?«, fragt sie mich.

»Ja, der Tracking-Kurs hat mir großen Spaß gemacht. Und ich liebe Elefanten…«

»Hm ... da fällt mir vielleicht etwas ein. Wir haben schon zwei Schüler erfolgreich nach Namibia vermittelt, zu einer NGO, die dort mit den Wüstenelefanten arbeitet. Das ist keine Lodge, du würdest also nicht im direkten Sinne als Safari-Guide arbeiten, sondern freiwillige Helfer betreuen und mit ihnen und den dort ansässigen Farmern arbeiten.«

»Das klingt doch gar nicht schlecht.«

»Ja, das ist ein ganz tolles Projekt und ich habe das Gefühl, da könntest du gut reinpassen. Soll ich das mal für dich anfragen?«

»Ja, auf jeden Fall, das wäre großartig!«, strahle ich sie an.

»Und danach kommst du zurück nach Südafrika für deinen Trails-Guide-Kurs, nicht wahr?«

»Ja, also ich fliege vorher erst noch mal nach Deutschland und wäre dann im September wieder hier.«

»Und was hast du danach für Pläne? Weißt du das schon?«

Emily stellt damit genau die Frage, die mich selbst seit Tagen beschäftigt.

»Also, ich habe mir überlegt, wenn ich den Kurs bestehen sollte, dann würde ich mich vielleicht auch als Back-up hier versuchen wollen«, gestehe ich ihr.

»Das klingt doch nach einem großartigen Plan! Also willst du jetzt wirklich richtig Rangerin werden, ja?«

Emily weiß noch von unserem Austausch per E-Mail, dass ich die Ausbildung erstmal nur als einen Testballon starten wollte, um zu sehen, ob es mir gefällt.

»Das ist zurzeit auf jeden Fall die große Frage in meinem Kopf. Mir macht das hier alles unglaublich viel Spaß, und ich weiß, dass diese Umgebung das Richtige für mich ist«, sage ich, »aber ich bin noch nicht sicher, ob ich wirklich Rangerin werden soll. Vielleicht sollte ich auch eher versuchen, diese neue Welt mit meinem alten Job zu verbinden…«

»Auch da gibt es ganz bestimmt Möglichkeiten«, sagt Emily, »nicht jeder, der diese Ausbildung macht, wird am Ende Ranger. Viele nutzen diese Zeit im Busch auch erstmal, um sich über ihre Ziele klar zu werden. Am Ende dieses Jahres bist du bestimmt schlauer. Pass auf, ich frage erstmal bei den Elefanten in Namibia nach, ob sie dich haben möchten. Und dann schauen wir weiter.«

Das Gespräch mit Emily gibt mir ein wenig mehr Klarheit über meine Zukunft, obwohl ich noch immer nicht weiß, was nach diesem Jahr Safari kommt. Aber wie sollte ich das auch? Und warum ist es mir überhaupt so wichtig, mein Leben um jeden Preis definieren zu wollen? Wenn ich eines über die Zukunft gelernt habe, dann, dass sie sich nicht planen lässt. Ich bin jetzt hier. Und atme ein und dann wieder aus. Und morgen bin ich schon wieder ganz woanders. Alles, was ich habe, ist dieser Tag. Und den will ich nicht mit Gedanken an eine ungewisse Zukunft verschwenden.

Am Abend sitzen Biff und ich am Feuer. Seit dem Morgen will mir eine Sache einfach nicht mehr aus dem Kopf: »Biff, woher wusstest du heute Morgen so genau, wo das Camp liegt?«

»Ach, das war nur Zufall.«

»Aber wir sind eine Ewigkeit durch die Pampa gebrettert und du musstest trotzdem nicht einmal auf die Karte schauen. Hast du dir etwa den ganzen Weg gemerkt?«

»Nein, ich wusste einfach, wo ich war, und von da aus war es dann einfach, einen Plan zu machen, wo ich hingehen muss. Ich weiß auch nicht. Bestimmt war das nur Glück«, sagt Biff.

»Das glaube ich nicht«, sage ich, »manchmal habe ich das Gefühl, irgendwas stimmt nicht mit dir. Also, im besten Sinne, meine ich!«

»Ja, wieso?«, fragt Biff.

»Keine Ahnung, aber es kommt mir so vor, als fühltest du mehr als wir. Du bist von uns allen diejenige, die mit Abstand immer die besten Begegnungen mit den Wildtieren auf ihren Fahrten hat, du scheinst sogar irgendwie immer zu wissen, wo die Tiere sind! Und du hast keine Angst vor ihnen. Dein Orientierungssinn ist phänomenal! Und du hast so viel Empathie für alle um dich herum! Bist du sicher, dass du nicht von einem anderen Stern bist?«, scherze ich, und wir lachen beide.

Allein dafür hat sich das alles hier gelohnt. Dafür, dass ich hier jetzt mit Biff sitzen darf. Schon komisch, wir alle spielen die Hauptrollen in unserem eigenen Leben, aber was wir bei all den eigenen Gedanken und Problemen allzu oft vergessen, ist die Tatsache, dass wir außerdem jede Menge Nebenrollen im Leben der anderen spielen. Und ich möchte noch lange eine Nebenrolle in Biffs Leben spielen.

Die kommenden Tage vergehen viel zu schnell. Ich weiß nicht, wo die Zeit geblieben ist, aber mit einem Mal erwache ich an meinem letzten Morgen in Karongwe und sage wieder einmal Lebewohl. Die anderen werden erst am Nachmittag aufbrechen, ich aber muss meinen Flug von Johannesburg nach Daressalam erwischen und bleibe darum an diesem Morgen allein im Camp zurück, als der Rest sich zu einem letzten Game Drive im Reservat aufmacht. Mich von meinem Team zu trennen, gefällt mir überhaupt nicht. Gerade in den letzten Wochen sind wir zu einer richtigen kleinen Familie geworden.

Wir haben so viel voneinander gelernt, und ich will nicht die Erste sein, die geht. Ich beneide sie darum, dass sie noch einen ganzen weiteren Monat miteinander haben, und wünsche mir in diesem Moment nichts mehr, als selbst auch für den Trails-Guide-Kurs nach Makuleke zu reisen. Aber es hilft nichts. Ich muss ein weiteres Mal Abschied nehmen. Biff und ich halten uns lange im Arm. Sie wird mir unendlich fehlen. Und als der Geländewagen schließlich aus der Einfahrt fährt, muss ich wieder mal mit den Tränen kämpfen.

Ich möchte Biff noch irgendetwas dalassen, ihr etwas mitgeben, um ihr zu zeigen, wie viel sie mir bedeutet. Aber alles, was ich aus meinem Rucksack abzugeben habe, ist eine angebrochene Flasche Seifenblasen. Die habe ich immer mit auf Reisen. Wer weiß, wann ich sie mal brauche. Und dann soll Biff noch das einzige Buch bekommen, das ich abgesehen von der Fachliteratur mitgenommen habe: *Into the wild* von Jon Krakauer. Ich klettere ein letztes Mal die Plattform hinauf zu unserer Liegewiese. Dort setze ich mich auf die Matratzen und zücke einen Stift. Wann immer ich ein Buch verschenke, schreibe ich eine Widmung auf die erste Seite. Das mag vielleicht altmodisch sein, aber ich finde, dass es nicht genug solcher Gesten geben kann in einer Welt, die sich hauptsächlich auf Bildschirmen abspielt. Bevor ich das Buch unter Biffs Kissen verstecke, schreibe ich darum:

Liebe Biff,

von allen Menschen, denen ich in diesem Jahr Lebewohl sagen muss, fällt es mir bei dir am schwersten. Und darum habe ich mir überlegt, es einfach nicht zu tun. Stattdessen habe ich beschlossen, deine Abenteuer weiter zu verfolgen und wohin auch immer es dich verschlägt:

Wir werden uns da wiedersehen. Ich hoffe, dieses Buch wird dir gefallen – es erzählt von einem, der fast halb so wild ist wie du.

Es gibt da so ein Zitat von Tennessee Williams, das mich an dich erinnert und das geht ungefähr so: »Ich will dich mit der ungeheuren Begeisterung fürs Leben anstecken, weil ich daran glaube, dass du die Stärke hast, es auszuhalten.«

Danke, dass du mich angesteckt hast, Biff.

Bis zum nächsten Mal,
Deine Freundin Gesa.

Ich setze mich an die Feuerstelle und warte auf meinen Transfer. Schon komisch, wie leer und bedeutungslos ein Ort plötzlich wirken kann, wenn niemand mehr da ist, mit dem du ihn teilen kannst. Noch vor zwei Wochen saß ich hier mit Sam, mit dem ich hier draußen im Busch nicht in Kontakt treten kann, noch vor ein paar Stunden mit Biff. *Es geht ja nie nur um den Ort an sich*, überlege ich. Es geht um die Menschen, die du kennenlernst. Es geht um die Erfahrungen, die du machst, und es geht um die Momente, die du mit denen teilst, die dir etwas bedeuten. Vielleicht ist Abschied nehmen gar nicht so schlimm, denke ich schließlich, als ich ein Auto in der Einfahrt höre und meinen Rucksack schultere. Vielleicht ist auch was Gutes dran. Das wusste doch immerhin schon Winnie Puuh: »Wie glücklich bin ich, dass ich etwas habe, das den Abschied so schwer macht.«

20.

Verschnaufpause auf der Insel

Am internationalen Flughafen Daressalam in Tansania herrscht Chaos. Aber es ist alltägliches Chaos, das seiner eigenen Ordnung folgt. Ich lasse mich im Gewusel treiben, dann geht es mit einer kleinen Maschine weiter nach Sansibar.

Die Insel begrüßt mich mit Regen. Das stört mich aber wenig. Irgendwie passt das Wetter zu meiner Stimmung. Ich werde die ersten Tage auf der Insel allein verbringen. In der zweiten Woche sehe ich dann Rieke zum ersten Mal seit unserem Abschied in Tegel wieder. Und auch wenn wir beide das Thema bis jetzt vermieden haben, haben wir doch ein wenig Respekt vor diesem ersten Wiedersehen, glaube ich. In den letzten vier Jahren haben wir in unserem kleinen Gartenhaus in Berlin eine so enge Bindung aufgebaut, wie sie selbst für Schwestern selten ist, aber die letzten drei Monate haben mich ohne Zweifel verändert. Die Wahl fiel auf Sansibar, weil uns das beiden irgendwie neutral erschien. Sansibar ist weder Deutschland noch der

Busch, dafür weiße Sandstrände und frische Meeresfrüchte – das kennen und mögen wir beide.

Mein Taxifahrer heißt Khalid, er ist ein kleiner Mann mit verschmitztem Grinsen. Khalid hat sein eigenes Taxiunternehmen in Stonetown. Er selbst fahre allerdings nur noch die ganz besonderen Gäste, erzählt er mir. Ich frage mich, woher er denn vorher wissen will, wer besonders ist. Es ist schon spät und ich bin müde. Khalids gut gemeinten Smalltalk erwidere ich daher nur mit einem freundlichen Lächeln und ein paar flüchtigen »Mhmhms«.

Stonetown ist hässlich. Oder zumindest ist das mein erster Eindruck. In diesem sintflutartigen Regen wirken die zerfallenen Häuserfassaden traurig und trostlos. Von der romantischen Nostalgie dieser Stadt kann ich noch nichts erkennen. Das Hotel Zenji hat mir meine Freundin Yvonne empfohlen. Sie beschrieb es mir als eine kleine Oase mit gemütlichen Zimmern und freundlichem Personal. Und günstig sei es außerdem. Genau nach meinem Geschmack. Khalid zeigt mir den Weg zur Rezeption. Dann verabschiedet er sich mit einem kräftigen Handschlag und seiner Telefonnummer. Ich solle ihm bitte eine Nachricht schreiben, wenn ich ihn wieder brauche. »Und du wirst mich wieder brauchen«, zwinkert er mir zu.

Hinter einem Holztischchen sitzt ein Mann mit freundlichen Augen. Auf seinem Namensschild steht Saidy. Saidy strahlt etwas Friedliches aus, das ich gerade gut gebrauchen kann.

»Willkommen im Hotel Zenji«, begrüßt er mich und lächelt. Er bietet mir einen Stuhl an und reicht mir ein Glas Tee.

»Wie lange wirst du auf Sansibar bleiben?«

»Fast einen ganzen Monat lang«, antworte ich und stelle jetzt erst fest, dass das eine ganz schön lange Zeit für einen Inselurlaub ist, noch dazu während der Regenzeit.

Saidy macht große Augen, und es wundert ihn noch mehr, als ich ihm mitteile, dass ich für die Hälfte der Zeit im Zenji bleiben möchte. Die meisten Gäste bleiben hier nur ein, zwei Nächte, um Stonetown zu erkunden, bevor es sie an die schneeweißen Strände im Norden zieht, für die Sansibar so berühmt ist. Auch Rieke und ich werden uns in ein paar Tagen in eines der Luxusresorts da oben einnisten, aber bis dahin bin ich allein im Zenji.

Mein Zimmer ist klein, aber fein. Auf mosaikverziertem Boden steht ein massives Holzbett mit feinen Schnitzereien und einem üppigen Moskitonetz, in der Ecke steht ein kleiner Schreibtisch. Das Fenster zeigt in einen Hinterhof, Regen prasselt hart gegen die Scheibe. Von draußen schreit ein Kind, jammert eine Katze.

»Genieß deinen Aufenthalt im Zenji, und wenn du irgendetwas brauchst, dann weißt du, wo du mich findest«, verabschiedet sich Saidy in die Nacht.

Ich mache mir gar nicht erst die Mühe auszupacken und lasse mich mit ausgebreiteten Armen aufs Bett fallen. Ein echtes Bett, das hatte ich schon lange nicht mehr. Und noch bevor ich einen weiteren klaren Gedanken fassen kann, bin ich auch schon eingeschlafen.

Nur wenige Stunden später werde ich von einem Höllenlärm geweckt. Draußen auf der Straße holpert und poltert es ununterbrochen, Bremsen quietschen, laute Männerstimmen brüllen durch die Nacht. Ich spähe durch einen kleinen Schlitz in den alten Fensterläden und sehe eine Karawane Lastwagen vorbeiziehen. Ich kann mir zunächst nur schwer einen Reim darauf machen, dann fällt mir aber ein, dass das Zenji laut Karte ganz in der Nähe vom Industriehafen liegt. Wahrscheinlich werden gerade die Schiffe mit Gewürzen und Ähnlichem beladen, damit sie am frühen Morgen den Hafen gen Festland verlassen können. Zu wissen, was den Lärm verursacht, lässt ihn zwar nicht verschwinden, aber es macht ihn erträglicher, und weil ich immer noch Schlaf nachholen muss, döse ich schließlich wieder ein.

Am Morgen regnet es noch immer. Die Luftfeuchtigkeit in meinem Zimmer ist so hoch, dass es sich ohne Klimaanlage kaum aushalten lässt. Als ich in den offenen Hausflur trete, schlägt mir eine Hitze entgegen, die duschen überflüssig macht. Auf der Dachterrasse des Zenji gibt es Frühstück. Nur ein weiteres Zimmer scheint belegt zu sein, ein älteres Paar sitzt neben mir. Sie checken heute aus und fliegen zurück in die Heimat. Sieht so als, als wäre ich auf mich allein gestellt in den kommenden Tagen.

Sansibar ist stark vom Islam geprägt, gleichermaßen aber auch vom westlichen Tourismus – eine Mischung, die mir schon aus Marokko bekannt ist, wo ich im vorigen Jahr vom Norden bis nach Marrakesch gereist bin. Als ich an diesem Morgen vor die Tür gehe, um die Stadt zu erkunden, entscheide ich mich für lange Ärmel und Hosen. Für mich ist das keine große Umstellung, und wenn ich mich den Sitten und Gebräuchen des Landes anpassen kann, mache ich das gerne. Saidy drückt mir einen knallbunten Schirm in die Hand, den ich auf meinem Spaziergang munter um die eigene Achse drehe, während ich über Pfützen hüpfe. Angst habe ich keine. Stonetown wirkt gemütlich, fast verschlafen. Und durch den starken Regen klingen die Verkaufssprüche der Straßenhändler auch eher halbherzig. Bei dem Wetter scheint keiner ernsthaftes Interesse an Geschäften zu haben.

Ich sehe nicht viele andere Reisende. Hier und da ein verlorenes Gesicht, ein englisches Wort, manchmal gar ein deutsches. Ich wandere in Richtung Hafen und richtig, dort liegen noch immer die großen Frachter vor Anker, jetzt voll beladen, bereit für die Abfahrt. In Mercury's Bar, benannt nach Freddy, der hier auf Sansibar für eine Weile lebte, trinke ich eine Cola und nutze das WLAN, um meiner Familie mitzuteilen, dass ich sicher angekommen bin. Ich schreibe Nachrichten mit Sam hin und her, wann immer er Empfang hat – was allerdings viel zu selten vorkommt und mich ein wenig traurig stimmt. Auf Facebook sehe ich außerdem die ersten Bilder meiner Mitstudenten aus dem Makuleke Camp an der nördlichsten Spitze des Krüger Nationalparks, wo sie ihren Trails-Guide-Kurs angefangen haben. Der Anblick verpasst mir einen kleinen Stich. Wie gerne wäre ich jetzt dort!

Von Mercury's Bar folge ich dem Treiben und achte nicht darauf, wohin ich gehe. So lande ich schließlich auf einem riesigen Markt und stelle bald fest, dass ich mich verlaufen habe. Ich bin völlig überfordert von all den Menschen um mich herum. Wäre ich direkt aus Berlin gekommen, hätte ich den Trubel bestimmt leichter weggesteckt. Jetzt aber erschlägt mich alles mit einer ungeahnten Wucht. Von links gackern Hühner, die heute noch geschlachtet werden, von rechts werden lauthals frische Früchte zum Verkauf angepriesen, von vorne drängt mir eine Menschentraube entgegen – und von hinten klopft mir jemand auf die Schulter. Ich drehe mich um. Es ist Saidy.

»Guten Tag, Gesa. Hast du dich verlaufen?«

»Ja, ich habe nicht aufgepasst. Was machst du denn hier?«

»Meine Schicht ist zu Ende, und ich war auf dem Weg nach Hause, als ich dich gesehen habe.«

Saidy ist ein guter Mann. Und als der gute Mann, der er ist, führt er mich auf direktem Wege zurück zum Zenji, reicht mir eine Tasse Tee und verabschiedet sich.

»Bis morgen, Gesa. Und bis dahin, pass gut auf dich auf.«

Meine Streifzüge durch Stonetown werden in den kommenden Tagen Teil einer ganz entspannten Routine. Ich schlafe lange aus und frühstücke in Ruhe auf der Dachterrasse, während ich mit den Küchenjungs plaudere. Anschließend treffe ich Saidy auf einen Tee im hauseigenen Restaurant, dann reicht er mir den bunten Schirm und ich ziehe los, besuche die verschiedenen Märkte (immer mit genauen Wegbeschreibungen von Saidy), atme all die Gewürze ein, beobachte Gesichter, erkunde kleine Seitenstraßen. Zu Mittag esse ich wieder im Zenji, und den Nachmittag verbringe ich auf der Dachterrasse mit Schreiben und Lesen. All das wird von einem Dauerregen begleitet, der für die ganzen nächsten Tage nicht einmal aufhört.

Und ehe ich mich versehe, stehe ich um sechs Uhr morgens an der Rezeption, und es klopft an der Tür. Riekes Flug ging direkt von Frankfurt über Nacht nach Sansibar, dementsprechend früh ist sie in Stonetown gelandet. Natürlich hatte ich Khalid gebeten, sie zu mir zu fahren. Und jetzt schlägt mir das Herz bis zum Hals. Auf der anderen Seite der Holztür steht der Mensch, der mich am besten kennt.

Ich öffne die Tür und da ist sie. Sichtlich verschlafen und vielleicht auch ein wenig angespannt von der Fremde, aber mit einem Lächeln im Gesicht, das pures Glück bedeutet. Wir haben uns wieder. Da stehen wir im dunklen Hausflur und drücken uns. Draußen steht Khalid im Regen, drinnen Saidy und die beiden freuen sich mit.

Khalid fährt uns einmal über die ganze Insel, die so früh am Morgen noch tief und fest schläft. Obwohl wir beide noch nicht reden mögen, reden wir trotzdem. Vielleicht aus Angst vor einer peinlichen Stille. Vielleicht weil wir uns selbst davon überzeugen wollen, dass alles beim Alten ist und ich immer noch ich. Wir reden über Vertrautes, Mama und Papa, das Wetter, den Flug.

Nach über einer Stunde holpert Khalids Taxi eine alte Schotterpiste hinunter, die durch ein einfaches Dorf mit Lehmhütten führt. Wo hier nun ein Urlaubsresort stehen soll, ist uns beiden schleierhaft, und auch Khalid scheint sich etwas unsicher zu sein, ob das hier der richtige Weg ist. Schließlich hält er aber vor einem gewaltigen Holztor mit goldverzierten Griffen, und wir stehen vor dem wohl luxuriösesten Hotel, das ich jemals gesehen habe. Es ist riesig und pompös und wirkt in dieser Umgebung als alleinstehender Palast irgendwie auch lächerlich.

Unser Zimmer ist größer als beide unsere Berliner Wohnungen zusammen mit einem großen Himmelbett in der Mitte, einem Ankleidezimmer und einem mit Marmor verzierten Badezimmer.

»Willkommen in den Flitterwochen, Schatz«, sagt Rieke, und wir werfen uns auf die Matratze und kichern – so wie früher.

Der Strand von Kendwa ist in Abschnitte unterteilt, die zu den jeweiligen Luxusressorts gehören. Hier fläzen sich die Hotelgäste auf den Liegestühlen und schlürfen Cocktails, während sich in zehn Metern Abstand die Strandverkäufer aufgereiht haben und aus der Ferne ihre Waren anpreisen. Näher heran dürfen sie nicht kommen. Rieke und ich wagen uns vor und werden sofort von den Verkäufern belagert. Wir lehnen dankend ab, mit dem Hinweis darauf, dass sich in unseren knappen Badehöschen leider kein Geld versteckt. Hier am Strand sehe ich das Sansibar aus dem Bilderbuch: schneeweißer Sand vor türkisfarbenem Meer, die alten *Dhaus*, die hölzernen Fischerboote, die so typisch sind für die Insel, und ein Sonnenuntergang, der romantischer nicht sein könnte.

Beim Abendessen stellen Rieke und ich fest, dass wir wohl tatsächlich die Einzigen sind, die hier nicht ihre Flitterwochen feiern. An den Nebentischen sitzen durch die Bank weg verliebt turtelnde Pärchen. Jeden Abend wartet ein ausgiebiges Fünf-Gänge-Menü auf uns, so viel habe ich seit Wochen nicht mehr gegessen. Während wir Fischsuppe schlürfen, fragt Rieke endlich: »Nun erzähl doch mal. Wie war's denn bis jetzt? Oder kannst du's nicht so einfach wiedergeben?«

»Ich weiß nicht, wo ich anfangen soll, ehrlich gesagt. Aber es war auf jeden Fall großartig! Ich habe wohl selbst immer noch ein bisschen Angst davor, wie gut es mir gefällt.«

»Und denkst du, dass es vielleicht nicht nur eine Auszeit bleiben wird?«, fragt sie weiter.

»Ich weiß es nicht. Wirklich nicht. Ich weiß nur, dass es mir in zehn Jahren Berlin nie so gut ging wie jetzt.«

»Und du meinst nicht, dass das vielleicht nur… hört sich jetzt blöd an, aber dass es vielleicht nur eine Art Urlaubserscheinung ist? Also, keine Ahnung. Wenn ich im Urlaub bin, so wie jetzt, geht es mir ja auch immer tausend Mal besser als zu Hause, aber das bedeutet ja nicht, dass ich direkt nach Sansibar auswandern will.«

»Das kann natürlich sein. Und was wäre sonst die Konsequenz? Dass ich tatsächlich Deutschland verlasse? Ich kann doch dir und Mama und Papa und meinen Freunden nicht einfach so den Rücken kehren.«

»Na, mach dir um uns mal keine Gedanken. Wir gehen so schnell nirgendwohin. Wir bleiben dir immer. Das kann kein Grund sein.«

»Es ist noch zu früh für eine Entscheidung, denke ich. Ich mache erstmal das Jahr zu Ende. Dann sehe ich weiter.« Ich nehme einen großen Schluck Ingwerbier aus der Flasche.

Nach dem Essen verziehen wir uns in unser Schlafgemach und schauen Filme, so wie früher. Es tut gut, wieder mit Rieke zusammen zu sein und ich bin mir sicher: Egal wie viel Zeit wir getrennt voneinander verbringen, wir werden immer wieder genau da anknüpfen können, wo wir zuletzt aufgehört haben. In jedem von uns steckt immer noch das Kind, das wir mal waren. Und das kommt mit der Person zum Vorschein, mit der wir uns am wohlsten fühlen. Rieke ist seit meiner Geburt Teil meines Lebens, und daran wird sich auch in Zukunft nichts ändern, ganz egal, wohin es mich verschlägt.

In der Nacht wache ich auf. Mir ist wahnsinnig schlecht. Ich drehe und wende mich unentwegt und halte mir den Bauch. Schließlich halte ich es nicht mehr aus und renne ins Bad, um mich zu übergeben. Und das mache ich dann für den Rest der Nacht. Das Schöne daran: Rieke macht gleich fleißig mit. Wir scheinen wirklich sehr eng miteinander verbunden zu sein.

»Es war die Fischsuppe«, flüstert Rieke, als wir irgendwann in dieser Nacht mal wieder beide für kurze Zeit im Bett liegen. »Die verdammte Fischsuppe.«

»Hör doch bitte auf, dieses Wort immer wieder zu sagen…«, flehe ich sie an. Dann muss ich aber auch schon wieder losrennen.

Am nächsten Morgen scheint Rieke einigermaßen über den Berg. Mir geht es aber weiterhin hundsmiserabel. Sie bringt mir vom Frühstücksbuffet ein paar Scheiben Toast mit, aber ich kann einfach nichts essen. Ich trinke nur Mineralwasser, um nicht zu dehydrieren, und schlafe den ganzen Tag durch. Am Abend geht es mir endlich wieder etwas besser.

»Ist doch nicht zu glauben«, sage ich, »da lebe ich drei Monate unter einfachsten Bedingungen im afrikanischen Busch und wo kriege ich schließlich eine Lebensmittelvergiftung?«

»In einem Fünf-Sterne-Hotel«, antwortet Rieke und lacht.

Für die nächsten Tage leben wir in der Hotel-Blase. Wir schlafen lange und kullern irgendwann zum Strand, wo wir noch ein bisschen weiterschlafen. Am Nachmittag ziehen wir an den Pool um und schlafen da noch ein bisschen weiter. Am Abend haben wir dann so viel geschlafen, dass wir vor lauter Schlafen völlig k.o. sind und noch ein bisschen mehr schlafen. Es ist mein erster Urlaub dieser Art seit Jahren. Wenn ich sonst reise, dann hat das mit Entspannung wenig zu tun: Ich arbeite meist für Kost und Logis, wo immer man mich gebrauchen kann. So kann ich die Reisekosten gering halten und lerne außerdem Land und Leute besser kennen. In Asien, Australien und quer durch Europa habe ich das so gemacht. Urlaub im eigentlichen Sinne wird mir schnell langweilig. Und so werde ich auch im Inselparadies schließlich unruhig. Aber gerade, als ich hibbelig werde, bekomme ich von Emily die Bestätigung, dass das Elefantenprojekt in Namibia mich gerne für eine Weile aufnehmen würde. Und so habe ich für die letzten

Tage auf der Insel endlich wieder reichlich zu tun: Ich muss mir einen Transfer vom Flughafen in Windhoek, der Hauptstadt von Namibia, in das fünf Stunden entfernte Swakopmund organisieren, wo ich auf Rachel, die Managerin des Projekts, treffen werde. Ich lese viel über Elefanten und Namibia und mache mir natürlich auch wieder reichlich Sorgen, ob ich das wohl überhaupt hinkriege.

»Damit musst du aber irgendwann echt mal aufhören«, sagt Rieke schließlich am Strand, von Liegestuhl zu Liegestuhl.

»Womit?«, frage ich.

»Na, mit dieser ewigen Sorgerei. Du machst dich sonst noch völlig verrückt – und mich noch gleich mit! Es wird schon alles so kommen, wie es kommen soll. Du kannst nicht alles kontrollieren. Du musst lernen, auch mal loszulassen.«

Das scheint in der Tat das Motto dieses Afrika-Jahres zu werden. Von allen Seiten schallt mir seit Monaten die gleiche Botschaft entgegen: Lass endlich das Ufer los und vertraue darauf, dass du schwimmen kannst.

Am Tag des Abflugs wartet Khalids Kleinbus vor den großen Toren unseres Hotels. Ich setze Rieke zuerst am Flughafen ab. Mein Flieger geht erst spät am Abend.

»Wir sehen uns in drei Monaten in Berlin«, sage ich.

»Ich hole dich vom Flughafen ab!«

Und dann bin ich es, die zur Abwechslung mal ihr zuwinkt, während sie durch die Sicherheitskontrolle zum Gate geht. Ein komisches Gefühl. Ich frage mich, wie sie es schafft, immer für uns alle da zu sein. Rieke ist einer von diesen Menschen, die du mitten in der Nacht anrufen kannst und sie würde sich sofort auf den Weg machen, um dir zu helfen – ganz egal, wo du bist und wie lange sie brauchen würde, um zu dir zu gelangen. Sie würde kommen. Und selbst wenn sie dein Problem nicht verstehen sollte, würde sie trotzdem bei dir sitzen und dir einfach nur zuhören. Jeder sollte eine Rieke in seinem Leben haben. Aber meine gebe ich nicht her.

21.

Das wüste Leben

Swakopmund begrüßt mich mit dichtem Nebel, der vom Atlantik an die Küste gedrängt wird. Die fünfstündige Fahrt zu der Wüstenstadt am Meer habe ich schlafend im Kleinbus verbracht. Als der Fahrer die Seitentür aufschiebt, schlägt mir eine salzige, kalte Brise ins Gesicht. Es ist Juni und damit Winter in Namibia.

Ich schultere meinen Rucksack und betrete die Pension, die in einer ausgestorbenen Seitenstraße liegt. Die Rezeption ist nicht besetzt. Erst nach mehrmaligem Klingeln der Empfangsglocke schlurft ein junger Mann teilnahmslos aus der Küche und checkt mich ein. Ich scheine der einzige Gast zu sein. Das Haus ist wie ausgestorben, das Zimmer lieblos eingerichtet und nicht beheizt. Ich husche noch schnell über den eiskalten Flur und in die Dusche, dann lege ich mich schlafen. Rachel wird mich morgen früh um sechs Uhr abholen und mich zum drei Stunden entfernten Basecamp fahren, das am Ufer des Ugab-Flusses irgendwo im Nirgendwo liegt.

Als ich am Morgen um fünf aufwache, knurrt mir der Magen, aber um diese Uhrzeit bekomme ich natürlich noch nirgendwo etwas zu essen. Ich frühstücke ein paar Cracker, die ich noch im Rucksack finde, und ziehe so viele Kleidungsstücke wie möglich übereinander. Für das kalte Küstenwetter habe ich nicht die passenden Klamotten dabei. Pünktlich fährt Rachel mit einem Geländewagen vor – eine schlanke Frau mit fröhlichem Lachen und lockigen Haaren. Trotz der frühen Stunde plaudert sie direkt drauflos.

»Hallo, herzlich willkommen in Swakopmund! Bitte entschuldige die frühe Abfahrt, aber ich würde gerne so früh wie möglich im Camp ankommen.«

»Kein Problem.«

Auf dem Rücksitz thront ein gemütlicher alter Ridgeback und sabbert. Rachel kramt in ihrer Tasche und zieht ein paar Sandwiches hervor. »Hier, du hast bestimmt noch nicht gefrühstückt oder? Ich habe uns ein paar Brote geschmiert.«

»Oh, vielen Dank, ich bin ehrlich gesagt am Verhungern«, seufze ich erleichtert und gebe mir die größte Mühe, das Sandwich nicht allzu gierig zu verschlingen.

»Herrje, dieser Nebel ist furchtbar«, sagt Rachel und steuert den Wagen auf die Hauptstraße, »um diese Jahreszeit ist das hier immer so. Aber du wirst sehen, sobald wir ein paar Kilometer ins Inland gefahren sind, wird es schlagartig aufklaren.«

Rachel erzählt mir auf der Fahrt von dem Elefantenprojekt. Ihr Mann Johannes und sie haben die Organisation vor fast zwölf Jahren gegründet. Alles begann mit einer Petition, als die Wüstenelefanten, die einst Damaraland verlassen hatten, wieder hierher zurückkehrten. Doch Damaraland ist inzwischen Farmland und kein Wildreservat. Die lokalen Farmer hatten

Angst vor den Elefanten, fürchteten um ihr Hab und Gut und wollten sie nicht auf ihrem Land haben. Die Petition ermöglichte den Elefanten aber zumindest den Aufenthalt, und sie wurden nicht verjagt oder gar erschossen. Doch schon bald wurde klar, dass es damit nicht getan war. Darum gründeten Johannes und Rachel die *Elephant-Human-Relations-Aid-Organisation* (EHRA), die es sich seither zur Aufgabe macht, das Zusammenleben zwischen lokalen Farmern und Elefantenherden zu verbessern.

»Du wirst mit Chris zusammenarbeiten, er ist der Projektmanager und hat die gleiche Ausbildung wie du gemacht. Er ist 24 und macht den Job jetzt seit drei Jahren. Er ist witzig, du wirst ihn mögen«, sagt Rachel.

»Ein Einsatz zieht sich immer über zwei Wochen, in der ersten Woche fahrt ihr mit den freiwilligen Helfern zu einer der Farmen und helft dort, eine Mauer zu bauen, die die Elefanten davon abhalten soll, an die Wassertanks zu gelangen, die die Farmer für ihr Vieh und ihre Ernte brauchen. In der zweiten Woche fahrt ihr dann auf Patrouille und sucht die Elefanten, sammelt Informationen und Daten über die Tiere. Es gibt in der Gegend drei verschiedene Herden. Hast du schon mal eine Mauer gebaut?«

»Nein, leider nicht. Ich wohne zwar in Berlin, aber das mit dem Mauerbau fand vor meiner Zeit statt«, sage ich.

»Mauerbauen ist nicht schwer. Nach deiner ersten Build-Week hast du das raus«, lacht Rachel.

Ein paar Kilometer nördlich von Swakopmund biegen wir auf eine Sandpiste, die sich am Horizont im Nirgendwo verliert. Rachel behält recht: Es klart schlagartig auf, und plötzlich strahlt der Himmel in einem satten Blau über uns.

»Wir fahren jetzt nach Uis, das ist eine kleine Minenstadt am Brandberg, und von dort aus ist es dann noch ungefähr eine Stunde bis zum Camp. Das Team ist bereits zu einer der Farmen aufgebrochen. Sie haben dort die letzten drei Tage an einer Mauer gebaut und sind jetzt fast fertig. Deine erste Woche wird also direkt die Patrouille sein, hast du ein Glück!«

Während der Fahrt nach Uis erzählt mir Rachel, wie sie dieses Projekt in den letzten Jahren nach und nach aufgebaut haben.

»Wir sind ein kleines Team. Außer dir und Chris arbeiten wir noch mit drei Hereros zusammen. Herero ist einer der Volksstämme der Gegend. Die Build-Week und die Patrouille macht Old Mattias mit dir. Er ist der Älteste im Camp. Und dann ist da noch sein Sohn, der heißt auch Mattias, darum nennen wir ihn Young Mattias. Und der dritte im Bunde ist Adolf.«

»Adolf?« Ich bin sicher, nicht richtig gehört zu haben.

»Ja, er heißt leider tatsächlich so. Ich glaube, seine Eltern haben von der deutschen Geschichte nicht allzu viel mitbekommen.«

Wir erreichen die kleine Stadt Uis und biegen auf eine Straße, die nach Westen führt. Am Wegesrand sehe ich immer wieder verlassene Verkaufsstände, die Mineralien und kunstvoll verzierte Steine zum Verkauf anbieten. Hin und wieder zuckelt ein Eselskarren durch die sonst menschenleere Gegend. Mich erinnert Damaraland fast ein bisschen an das australische Outback. Alles ist sandig und verlassen und orange. Es gefällt mir hier auf Anhieb. Schon immer habe ich Orte gemocht, an denen nicht viel los ist.

»So, und hier kommt gleich unser erstes Elefantenschild«, kündigt Rachel an, und hinter einem Hügel sehe ich es: Ein rot-

215

weißes Straßenschild, wie ich es aus Deutschland in Gegenden kenne, wo Rehe die Straße passieren. Auf diesem hier prangt ein Bild von einem stattlichen Elefanten.

Wir fahren über eine Brücke, unter der kein Wasser fließt.

»Das hier ist der Ugab – oder das hier wäre er vielmehr. Der Fluss hat schon seit mehreren Jahren kein Wasser mehr geführt.«

Am Ende der Brücke stehen weitere Verkaufsstände. Im Schatten davor sitzen Frauen mit altertümlichen Kleidern und einer Art Hut auf dem Kopf, der die Form eines Ambosses hat.

»Das ist Adolfs Familie. Er wohnt hier im Dorf.«

»Was tragen die Frauen für Kleider? Ist das für die Touristen?«

»Nein, das tragen sie tatsächlich immer. Es ist die traditionelle Kleidung der Hereros seit der deutschen Kolonialzeit im 19. Jahrhundert«, erklärt mir Rachel.

Die Frauen winken uns fröhlich zu.

Vorbei an massiven Granithügeln schlängelt sich ein sandiger Pfad in eine unwirtliche Gegend. Mir kommt es so vor, als seien wir gerade auf dem Mond gelandet. Als Rachel schließlich durch zwei Felsvorsprünge fährt, liegt vor uns das Basecamp – mein Zuhause für die nächsten drei Monate.

Zwischen hohen Felsen stehen auf sandigem Boden ein paar Steinhäuser, die an Iglus erinnern. In der Mitte des freien Platzes hängen Wäscheleinen und unter den stattlichen graugrünen Anabäumen am Flussufer stehen ein paar alte Geländewagen. In einen der Bäume ist ein Baumhaus mit einer großen Holzplattform gebaut. Im Schatten der ausladenden Äste steht eine gemütliche Outdoor-Küche mit einem ausladenden Esstisch.

Der Ridgeback springt freudig in den Sand und läuft bellend auf und ab.

»Chris ist bestimmt in der Werkstatt«, sagt Rachel. Die liegt zwischen den beiden Stein-Iglus unter einer großen Plane. Unter einem alten Geländewagen sehe ich ein paar Füße.

»Chris, wir sind hier«, ruft Rachel, »wie kommst du mit Phoenix voran?«

»Phoenix wird bald fertig sein«, höre ich die Füße unter dem Auto mit einem französischen Akzent sagen. Chris kriecht unter dem Auto hervor und begrüßt Rachel mit einer Umarmung. Er trägt ein von Motoröl vollgeschmiertes T-Shirt und einen buschigen Vollbart, hinter dem sich sein junges Alter gut versteckt. Er sieht älter aus als 24; ja, er sieht sogar älter aus als ich.

Er wischt seine schmutzige Hand am noch schmutzigeren T-Shirt ab und reicht sie mir.

»Komm, ich zeige dir das Camp!« Wir gehen in den hinteren Teil der Werkstatt, wo ein kleiner Pfad zu der Outdoor-Dusche und den Klos führt. Ich bemerke sofort: Plumpsklo – nicht, weil ich das sehe, sondern weil ich das rieche. In diesen Teil des Lagers gehe ich dann besser nur noch mit angehaltenem Atem. Das Camp ist mit großen Holzpfählen eingezäunt.

»Damit versuchen wir, die Elefanten draußen zu halten«, erklärt Chris.

»Kommen die Elefanten denn ins Camp?«, frage ich und erinnere mich an die aufregenden Elefanten-Begegnungen in Selati.

»Sie waren lange nicht hier. Aber zu dieser Jahreszeit schauen sie öfter mal wieder vorbei, um zu checken, ob Wasser im Fluss ist«, erklärt Chris. Ich mag ihn auf Anhieb. Er hat etwas

Bodenständiges und Ehrliches an sich, was mir gut gefällt. Und er lacht gerne.

»Hier schlafen die Freiwilligen.« Chris deutet auf die Plattform im Baumhaus. »Du kannst auch sehr gerne hier schlafen, wenn du möchtest. Aber wenn du deine Ruhe brauchst, kannst du dir auch einen anderen Platz suchen.«

Dann zeigt er mir die Küche. Unter dem größten Anabaum am Flussufer steht eine übergroße weiße Box, die wohl mal ein Autoanhänger gewesen sein muss.

»Hier drin verstauen wir unser Essen, die Tür muss immer zu sein, sonst gehen die Eichhörnchen und Klippschliefer da ran. Du kannst auch gern hier oben drauf schlafen, wenn du möchtest. Habe ich auch mal für eine Weile gemacht.«

Nachdem die Führung beendet ist, fahren wir zu dritt fast zwei Stunden lang auf sandigen Wegen. Immer wieder hält Chris an einer der Farmen und fragt nach dem Weg. Es gibt hier draußen keine Straßennamen oder gar Hausnummern, darum ist es schwierig, die Farm zu finden, auf der das Team die Mauer errichtet.

»Gehört den Farmern das Land, das sie bestellen?«, frage ich Chris.

»In den meisten Fällen nicht. Sie pachten es und versorgen das Vieh.«

Schließlich erblicke ich vor uns auf offenem Gelände ein einzelnes Farmhaus. Ein paar Ziegen laufen durch die Gegend, und um einen auf Stelzen errichteten Wassertank sitzen fünf Menschen im Schatten der Mauer.

Wir sind da. Chris parkt den Wagen unter einem Mopanebaum. Eine kleine Frau mit blonden Haaren und einem EHRA-Shirt kommt freudig auf uns zugelaufen. Gesicht und Arme sind grau vom Zement, und sie trägt ein paar durchlöcherte Arbeitshandschuhe.

»Hallo, Wüstenfrau«, begrüßt Rachel sie herzlich. »Gesa, das hier ist Jill, deine Vorgängerin.«

»Wie sieht es aus? Wie weit seid ihr?«, fragt Chris.

»Ein, zwei Stunden heute Nachmittag noch, denke ich. Dann sollten wir fertig sein.«

Die freiwilligen Helfer stammen aus aller Herren Länder. Unter ihnen ein Deutscher, zwei Engländer und zwei Amerikanerinnen. Alle haben sich erst hier kennengelernt, doch das gemeinsame Arbeiten scheint sie bereits nach ein paar Tagen zu einem gut eingespielten Team gemacht zu haben.

Rachel stellt mir einen riesigen Mann, der jetzt aus einem Zelt gekrochen kommt, als Old Mattias vor.

»Old Mattias wird dir zeigen, wie man eine Mauer baut, die hält, nicht wahr?«, sagt Chris.

»Kein Problem, kein Problem!«, sagt Mattias und lacht.

»Wir wollten auch grad wieder loslegen«, sagt Jill. »Wie sieht's aus, Chris, hilfst du mit?«

»Leider nein. Aber ich lass dir Gesa hier, damit sie gleich mit anpacken kann«, sagt Chris, zwinkert mir zu und steigt mit Rachel wieder in den Wagen.

»Wir sehen uns heute Abend im Camp!«, ruft er aus dem schon wieder fahrenden Wagen. Wenn ich Welpenschutz erwartet habe, ist diese Aussicht hiermit gestorben.

»Hast du Handschuhe dabei?«, fragt mich Jill.

»Nein, ich habe ehrlich gesagt gar nichts dabei«, sage ich und schaue hinunter auf meine frische Jeans und das weiße T-Shirt.

»Na, macht nichts. Für heute wird es so gehen.«

Die nächsten zwei Stunden verbringe ich damit, in glühender Hitze Zementsäcke und Steine zu schleppen. Ich habe weder einen Hut noch Wasser oder Sonnencreme dabei, um mich vor der namibischen Sonne zu schützen, und versuche, mir nicht anmerken zu lassen, dass ich mich einem Sonnenstich nahe fühle.

Old Mattias ist kein Mann vieler Worte und spricht nur gebrochen Englisch, dafür aber fließend Afrikaans und Herero. Es geht etwas durch und durch Gutes von ihm aus, und ich gebe mir die größte Mühe, ihm die besten Steine für seine Mauer auszusuchen. Er nickt oder schüttelt den Kopf, je nachdem, ob ich das zu seiner Zufriedenheit erledige oder nicht. Und wenn ich ihm einen ganz besonders guten Stein aussuche, klatscht er begeistert in die Hände und lacht laut auf. Zwischendurch legt er immer mal wieder eine kleine Pause ein und zieht eine kleine Büchse Schnupftabak aus der Tasche. Jedes Mal, wenn er ihn benutzt, steigt auch mir ein starker Geruch aus Tabak und Pfefferminz in die Nase – der Geruch, den ich immer mit dem großen Herero in Verbindung bringen werde.

Am frühen Nachmittag zementieren wir den letzten Stein in die Mauer. Ich bin nach diesem kurzen Arbeitseinsatz fix und fertig und frage mich insgeheim, wie die anderen das die letzten vier Tage von morgens bis abends durchgehalten haben – und das vollkommen freiwillig.

»Leute, wir essen hier noch eine Kleinigkeit und packen dann zusammen, okay?«, schlägt Jill vor.

Ein paar Meter abseits der Farm stehen einige Zelte im spärlichen Schatten der Mopanes. Eine große Plane ist zwischen zwei der Bäume gespannt, und ein einfaches Loch dient als Feuerstelle.

»Das hier ist unser mobiles Camp für die Build-Week«, erklärt mir Jill, »die beiden Zelte sind nicht zum Schlafen da, darin verstauen wir nur das Essen. Wir schlafen unter der Plane.«

»Ist das denn sicher?«, frage ich vorsichtig.

»Ja, das ist sicher. Sag den Leuten nur, dass sie nichts offen rumliegen lassen und tagsüber am besten ihre Schlafsäcke zusammenrollen sollen. Es gibt hier draußen eigentlich keine Wildtiere außer den Elefanten, aber wir haben manchmal Zwischenfälle mit Skorpionen oder Schlangen.«

»Und was macht ihr, falls es zu einem solchen Zwischenfall kommt?«, frage ich so beiläufig wie möglich.

»Wir haben ein Satellitentelefon dabei, sollte es ganz ernst sein. Für kleinere Bisse oder Wunden haben wir mehrere Erste-Hilfe-Kästen. Du hast doch einen Erste-Hilfe-Schein, oder?«

»Ja klar.« Ich muss an Hump und Karongwe denken.

»Letzte Nacht waren die Elefanten tatsächlich hier, das war aufregend!«, erzählt Jill. »Sie haben direkt unter den Mopanes gefressen.«

Nach ein paar kräftigenden Sandwiches machen wir uns daran, das Camp zu räumen. Alles muss in zwei Anhängern verstaut werden. Ich komme mir dabei reichlich hilflos vor und staune nur über Jill, die die Sache voll unter Kontrolle hat und immer an drei Orten gleichzeitig zu sein scheint, um die Freiwilligen zu unterstützen und sie anzuweisen, wo alles hinmuss. Und das soll ich selbst alles ab nächster Woche übernehmen? Na, das kann ja was werden. Keine Ahnung, ob ich dazu tauge, eine Gruppe zu leiten oder gar anderen zu sagen, was sie tun oder nicht tun sollen.

Über die holprigen Straßen geht es schließlich zurück ins Basecamp, wo Chris und Rachel an einem lodernden Feuer auf uns warten. Es wird gegrillt an diesem Abend. Ich helfe in der Küche beim Gemüseschnippeln und lerne Jill etwas besser kennen. Sie kommt aus Edinburgh in Schottland. Es stellt sich heraus, dass sie die gleiche Ausbildung gemacht hat wie ich. Sie hat bereits Anfang des Jahres versucht, den Trails-Guide-Kurs zu bestehen, doch ist sie am Schießtraining gescheitert. Sie bestätigt mir, was auch Biff und ich schon in Karongwe befürchtet haben: »Das Gewehr ist einfach zu schwer für mich, das ist mein Problem. Ich bin gut im Zielen, aber ich kann die Waffe nicht lange genug an der Schulter halten. Irgendwann fange ich an zu zittern und dann treffe ich nicht mehr. Aber nach drei Monaten Steine schleppen und Mauern bauen habe ich jetzt vielleicht endlich genug Muskeln aufgebaut«, scherzt sie. Nach allem, was ich heute gesehen habe, trägt diese kleine Frau verdammt viel Stärke in sich, wahrscheinlich mehr als ich.

Beim Essen wird laut geplappert und gescherzt. Alle sind froh und stolz, heute die Mauer fertiggestellt zu haben. Ich sitze am Rand und bleibe still. Ich bin die Neue. Ich weiß nicht, was ich sagen soll. Der Tag war lang und voller neuer Eindrücke, ich muss erstmal in Ruhe ankommen und hole meinen Schlafsack aus Rachels Auto. Auf der weißen Box baue ich mir meine eigene kleine Liegewiese und lege mich hin. Durch die Äste des Anabaumes über mir schaue ich in einen Himmel, der von Sternen so hell erleuchtet ist, dass es fast weh tut, so schön ist er. Und in diesem Moment fehlen mir plötzlich ganz viele Menschen. Ich denke an Rieke, die ich gerade erst verabschiedet habe, an Mama und Papa und an Biff und Sam, meine Freunde zu Hause und noch so viele andere, die ich über die Jahre treffen durfte und schon viel zu lange nicht mehr gesehen habe. Und in diesem Moment wünsche ich mir nichts mehr, als mit ihnen allen zusammen an diesem Feuer da unten sitzen zu können.

Hier in Namibia muss ich jetzt wieder von vorne anfangen, muss mich aufs Neue Menschen öffnen und werde ganz sicher wieder einige von ihnen in mein Herz schließen. Und auch ihnen werde ich wieder Lebewohl sagen müssen. Einerseits liebe ich das Reisen und wilde Orte wie diesen, andererseits ist es schwer, immer wieder »die Neue« zu sein. Ich kann mich nicht beschweren, schließlich habe ich es mir so ausgesucht. Aber manchmal komme ich nicht umhin, mich zu fragen, warum ich ein Leben voller Neuanfänge gewählt habe, anstatt einfach mal die Füße still zu halten.

Als ich Papa vor ein paar Jahren von meinem Plan erzählte, als Reise-Autorin mein Geld zu verdienen, sagte er etwas zu mir, das ich wohl nie vergessen werde. Für ihn waren kleine Reisen in Deutschland und Europa immer genug. Und er würde nie so weit reisen, er fliegt nämlich nicht gerne lange Strecken.

»Darum ist es umso wichtiger«, sagte er zu mir, »dass du dir all die Orte, die du siehst, ganz genau einprägst, dass du dir merkst, wie es dort aussieht, wie es riecht und wie es sich anfühlt, da zu sein. Damit du mir später alles ganz genau berichten kannst. Du bist nämlich mein Frederick.« Damit meinte er eine meiner liebsten Kindergeschichten: *Frederick* von Leo Lionni.

Als ich an diesem Abend auf der weißen Box unter den Sternen liege, erzähle ich mir selbst diese Gute-Nacht-Geschichte noch einmal, so wie ich das immer mache, wenn ich mal wieder in Frage stelle, ob das hier alles überhaupt einen Sinn hat:

Frederick lebt mit seiner Mäusefamilie in einer alten Steinmauer auf einem Bauernhof. Als der Herbst kommt, sammeln alle anderen

Mäuse wie jedes Jahr Vorräte für den Winter, nur Frederick sitzt den ganzen Tag scheinbar untätig herum. Darum fragen ihn die anderen: »Frederick, warum hilfst du nicht mit?« Und Frederick antwortet, dass er für die langen Wintertage Sonnenstrahlen, Farben und Wörter sammele. Als der Winter dann kommt, leben die Feldmäuse unter der Erde von den gesammelten Vorräten. Aber der Winter ist lang, und das Essen geht ihnen irgendwann aus. Darum wird Frederick schließlich nach seinen Vorräten gefragt. Und so teilt er mit seiner Familie die gesammelten Sonnenstrahlen, um sie zu wärmen, die Farben, um den Winter weniger trist sein zu lassen, und die Worte, um sie alle ein wenig träumen zu lassen, bis der Frühling kommt.

22.

Mama Afrika

Am nächsten Morgen erwache ich in aller Früh. Alle anderen liegen noch in den Federn, und ich beschließe, Kaffee zu kochen. Aber um Kaffee kochen zu können, muss ich erstmal Feuer machen. In meiner Berliner Wohnung steht ein Kamin. Doch meine Versuche, den zum Laufen zu bringen, endeten in der Vergangenheit allesamt immer damit, dass ich das ganze Wohnzimmer zugeräuchert und einmal sogar eine panische Nachbarin vor der Tür stehen hatte, die drauf und dran war, die Feuerwehr zu rufen. Heute muss das besser klappen. Ich nehme mir Zeit, um in mühevoller Kleinarbeit dünne Äste und trockenes Gras auf einem Haufen zu drapieren, und zünde den schließlich mit einem Streichholz an. Dann puste ich. Und puste. Und puste. Aber es geht immer wieder aus. Eine halbe Stunde lang sorge ich für nichts anderes als jede Menge Rauch, der hoch zu der Plattform weht, wo die Freiwilligen schlafen. Schließlich wacht Jill auf und kommt mir zu Hilfe.

»Hier, du brauchst ein bisschen mehr Wind«, sagt sie und

wedelt daraufhin mit einem großen Blech hin und her, bis das Feuer endlich irgendwann brennt.

»Oh Mann, ich weiß wirklich nicht, ob ich das hier hinkriege«, sage ich, als ich den Wasserkessel schließlich auf die Flammen stelle.

»Natürlich kriegst du das hin«, sagt Jill, »ich wusste am Anfang auch nicht, wie alles funktioniert, aber das wirst du schnell lernen. Du bist ja nicht auf den Kopf gefallen.«

Nach einer großen Portion Porridge fahren wir mit den Freiwilligen nach Uis.

Eine Woche lang haben sie ohne Strom und heißes Wasser gelebt. Heute dürfen sie in dem verschlafenen Ort den Supermarkt stürmen und im Brandberg Rest Camp den Pool und das Internet nutzen.

»Wir fahren jeden Samstag nach Uis«, erklärt mir Jill, »wir müssen für die Patrouille frische Lebensmittel einkaufen und die Wagen auftanken.«

Ich helfe ihr bei den Einkäufen und decke mich für die kommende Woche mit reichlich Snacks und Feuchttüchern ein – das empfiehlt mir Jill, denn auf uns kommen fünf Tage ohne fließendes Wasser zu.

Zurück im Basecamp versammelt Chris die Freiwilligen am Feuer und erklärt, was in den nächsten Tagen auf sie zukommen wird.

»Wir werden morgen vom Camp aus starten«, sagt er, »und für die nächsten Tage versuchen, die Elefantenherden aufzuspüren, die es hier in der Gegend gibt. Es sind drei an der Zahl: ›G6‹, ›G8‹ und die Herde um die Matriarchin ›Mama Afrika‹. Die Matriarchin selbst ist seit mehreren Monaten spurlos verschwunden. Sie ist eine sehr alte Elefantendame, und wir müssen zu diesem Zeitpunkt leider vermuten, dass sie nicht mehr lebt. Wir werden mit zwei Geländewagen unterwegs sein und sehr einfach leben. Alles Wasser, das wir mitnehmen können, befindet sich in Wassertanks auf den Wagen, das heißt, dass es nicht möglich sein wird, sich zu waschen.«

Ein paar entsetzte Blicke wandern durch die Runde.

»Wir werden also nach spätestens zwei Tagen alle richtig gut riechen«, scherzt Chris. »Jeden Abend errichten wir ein neues mobiles Camp in der Wüste und schlafen auf einer Plane unter den Sternen. Wir machen die Patrouille, um Informationen über die Elefantenherden zu sammeln. Ich arbeite außerdem an einem Identifikationsbuch für alle Elefanten, das heißt, ich brauche eure Hilfe, um Bilder von den einzelnen Familienmitgliedern der Herde zu machen. Das hier ist kein eingezäuntes Wildreservat wie der Krüger Nationalpark. Wir werden durch ein riesengroßes Gebiet fahren und wissen nicht, was uns begegnen wird, aber es gibt die Chance, auch Antilopen, Giraffen, Hyänen oder Nashörner zu sehen. Da draußen gibt es außerdem ein Rudel Wüstenlöwen – aber das hat von uns bis jetzt noch keiner zu Gesicht bekommen.«

Damaraland ist karges, wildes Land. Kaum besiedelt, reicht es im Süden von Swakopmund bis hoch zum nördlichen Kaokoveld. Im Westen grenzt es an die Skelettküste, im Osten liegt der Etosha Nationalpark. Der Name »Damaraland« stammt noch aus Zeiten der *Homelands*, die unter der früheren südafrikanischen Führung eingeteilt wurden. Benannt ist das Land nach den Bewohnern dieser Gegend – den Damaras, die neben den San-Buschmännern zu den ältesten Einwohnern Namibias zählen.

Auf meiner ersten Fahrt durch das wilde Land am nächsten Morgen offenbaren sich mir grandiose Landschaften am Fuße des Brandbergs, dem mit knapp 2 500 Metern größten Berg Namibias. Der Name rührt von der glühenden Farbe, die das Bergmassiv annimmt, wenn die Sonne kurz vor ihrem Untergang auf ihn scheint. Die Hereros nennen ihn auch *Omukuruwaro*, den Berg der Götter. Am Fuße des Götterberges schlängelt sich der Ugab durch die Einöde. Auf beiden Seiten des trockenen Flussbettes ragen groteske Felsformationen hervor. Ich lerne schnell: Wüste ist eben nicht gleich Wüste, so wie man das vielleicht aus der Sahara kennt. Die karge Gegend ist geprägt von steinigen Plateaus und trockenem Grasland. Immer wiederkehrende Wahrzeichen der Gegend sind die eindrucksvollen Anabäume. Nur tief verwurzelte Bäume wie diese können in dieser trockenen Umgebung überleben. Um diese Jahreszeit wachsen langsam ihre sattgelben Blüten. Sie enthalten viel Protein und sind für Elefanten eine Köstlichkeit. Zudem enthält jedes grüne Blatt ein Minimum an Wasser. Und die Suche nach diesem kostbaren Gut bestimmt das Leben der Wüstenelefanten.

Aber nicht nur die Elefanten fristen hier ein hartes Dasein. Alles hier kämpft ums Überleben. Ich sitze neben Chris in der Fahrerkabine und halte das GPS-Gerät im Schoß. Wildtiere sind in Damaraland so spärlich gesät, dass es fast einer Sensation gleichkommt, wenn wir doch mal einen Springbock oder einen Oryx sehen. Für den Fall, dass das passiert, soll ich die Koordinaten aufschreiben. Die gesammelten Daten sollen später helfen zu analysieren, wo sich die Tiere befinden.

Noch vor dem Mittag erreichen wir Anixab, einen kleinen Ort am Ugab, dessen Grundschule von EHRA unterstützt wird. Die Elefanten sind nur fünfzig Prozent von dem, was die Organisation macht. Die anderen fünfzig Prozent sind genauso wichtig – wenn nicht sogar noch wichtiger, denn dabei geht es um die Menschen, die hier leben und täglich mit den Elefanten im Vorgarten auskommen müssen.

Am Ortsrand parken wir die Wagen im Schatten und vertreten uns kurz die Beine. Old Mattias geht ein paar Schritte, schaut auf den Boden und grummelt vor sich hin.

Chris ruft ihm zu: »Olifant, Mattias?«

Olifant ist das Afrikaans-Wort für Elefant.

»Viele Olifanten, ja.«

Chris, Jill und ich folgen Mattias und untersuchen die Spuren am Boden. Eine kleine Herde muss vor einer Weile hier durchgekommen sein. Ich erkenne drei ausgewachsene Fußspuren und eine kleine. Sie verschwinden in der Uferböschung.

»Frische Spuren am ersten Morgen der Patrouille! Das fängt doch gut an«, sagt Chris und gestikuliert den Freiwilligen, sich wieder auf die Wagen zu schwingen. Und dann wird getrackt. Mattias und Chris stehen über Funk miteinander in Verbindung und biegen auf den trockenen Flusslauf östlich des Gebüsches, in dem die Elefanten verschwunden sein müssen.

»Was glaubst du, wie frisch die Spuren sind?«, frage ich Chris. Das Alter einer Elefantenspur genau zu bestimmen, fällt mir noch schwer.

»Ich würde sagen von letzter Nacht vielleicht? Wenn wir Glück haben, finden wir sie heute Nachmittag noch. Aber diese Elefanten können bis zu siebzig Kilometer am Tag laufen. Der Fluss endet in einer Art Quelle ungefähr fünfzig Kilometer von hier. Wenn sie auf dem Weg dorthin nicht an einem Wassertank haltgemacht haben, könnten sie dort sein.«

Chris' französischer Akzent hat sich stark mit dem südafrikanischen Dialekt vermischt, dennoch ist er nach wie vor deutlich herauszuhören. »Woher aus Frankreich kommst du eigentlich?«

»Frankreich? Wie kommst du darauf, dass ich aus Frankreich komme?«, fragt er empört zurück.

»Wegen deines Akzents?«

»Verdammt, ich vergesse immer, dass ich den noch habe! Aber aus Frankreich komme ich trotzdem nicht.«

»Sondern?«

»Ich komme von *Morischus*«, sagt Chris.

Ich sage »Ach so« und nicke, habe aber keine Ahnung, wo dieser Ort liegen soll. Aber weil Chris es mit einer solchen Selbstverständlichkeit sagt – ganz so, als ob jeder diesen ominösen Ort kennen müsse –, frage ich nicht noch mal nach und überlege, dass ich das beizeiten mal googeln sollte. Erst nachdem Chris Wochen später einer deutschen Freiwilligen von seiner Heimat Morischus erzählt, frage ich sie klammheimlich, ob sie wisse, wo das liegt. »Na, im Indischen Ozean. Mauritius – das ist eine Insel. Kennst du die nicht?« Doch. Mauritius kenne ich. Ich Trottel.

Wir folgen den Elefantenspuren den ganzen Tag. Bei heruntergekurbelter Scheibe lasse ich mir den heißen Fahrtwind ins Gesicht wehen und frage Chris über die Bäume und Pflanzen aus, die hier in Damaraland wachsen. Am Flussufer stehen büschelweise Tamarisken, deren filzige Blätter das Salz aus der Erde ausscheiden und deshalb, wenn man an ihnen leckt, auch salzig schmecken. Kameldornakazien stehen etwas abseits des Flusses, und auf den steinigen Felsen wachsen sogenannte Herero-Sesambüsche, die es nur in dieser Gegend gibt.

Früher wollte ich immer unbedingt am Meer leben, aber mit der Zeit hat sich das geändert. Das Meer hat auch immer etwas Unnahbares, wie es so mit den Wellen immer wieder auf dich zu getanzt kommt, nur um sich dann wieder zurückzuziehen, wenn du dich gerade an seine Temperatur gewöhnt hast. Inzwischen finde ich mehr Ruhe in den Wäldern der Welt. Nichts erdet mich mehr, als unter einem Baum zu sitzen, dessen Wurzeln tief in den Boden ragen. Wie viele andere Rücken haben sich über all die Jahre schon gegen diesen Stamm gelehnt? Wie viele haben im Regen Schutz unter seinen Ästen gefunden? Wie viele Affen sind an ihm hinaufgeklettert, und wie viele Elefanten haben sich an seiner Rinde die Haut gerieben?

Die Spuren der Elefanten führen uns weiter und weiter Richtung Norden durch das trockene Flussbett. Wasser – oder vielmehr die Suche danach – definiert das Leben dieser Tiere, zusammen mit der Suche nach Nahrung. Ein ausgewachsener Elefant benötigt ungefähr 200 Kilogramm Futter am Tag und ist mitunter bis zu 20 Stunden unterwegs, um diese Menge zu finden. Dank der Flüssigkeit, die in den Blättern steckt, kann ein Elefant einen Teil seines Wasserbedarfs mit dem Verzehr der Pflanzen abdecken, dennoch benötigt er zudem mindestens einhundert Liter Wasser am Tag. Die Verantwortung dafür, dass jedes Herdenmitglied jeden Tag aufs Neue diese enormen Mengen zu sich nehmen kann, liegt einzig und allein bei der Matriarchin der Herde. Sie kennt geheime Wasserquellen und erinnert sich an gute Futterstellen. Von Generation zu Generation wird dieses Wissen weitergegeben. Es ist ein anstrengender Kampf ums Überleben.

Vor uns liegt nun eine offene Ebene, die von Tamarisken überwuchert ist und schließlich in einer Landschaft aus hohen Gräsern mündet. Der Boden hier ist matschig und fordert Chris' und Mattias' Offroad-Fahrkünste. Die Quelle liegt in einem Krater aus Basalt, an dessen Fuß wir schließlich halten. Von dort aus springen wir aus den Wagen und kraxeln die steile Felswand empor. Basalt ist grauschwarzes Gestein und im Grunde nichts anderes als abgekühlte Lava. Dauert das Abkühlen länger, entstehen manchmal meterlange Basaltsäulen, die senkrecht in den Himmel ragen. Auf diesem Krater hocken wir nun, Hunderte Kilometer von jeglicher Zivilisation entfernt, und zu unseren Füßen spielt sich eine Szene ab, die so bizarr wie wunderschön zugleich ist: Im drei Meter hohen Gras sehen wir endlich die Elefanten, die wir den ganzen Tag gesucht haben. Einzelne Pfützen und kleine Bäche ziehen sich durch die Landschaft. An die 15 Familienmitglieder streifen umher, die Großen laben sich am satten Grün, die Kleinen tollen ausgelassen im Schlamm. Ihre sonst graue Haut ist vom Matsch dunkelbraun verfärbt und glänzt im Schein der untergehenden Nachmittagssonne fast golden.

»Das ist nicht nur die Herde von Mama Afrika«, flüstert Chris, »das ist auch G6. Ich erkenne ein paar von ihnen wieder. Manchmal treffen sie sich und ziehen für eine Weile zusammen durchs Land.«

Wir beobachten die Herde von unserem Versteck aus. Mit der untergehenden Sonne verständigen sich die Älteren scheinbar lautlos darauf, dass es Zeit wird zu gehen. Elefanten hören nicht nur mit den Ohren, sondern auch mit den Füßen. Auf niedrigen Frequenzen entsenden sie Töne in die Erde, die von der sensiblen Haut der Füße aufgenommen werden. Nach und nach stapfen sie nun durch den tiefen Schlamm in Richtung des Grabens, durch den wir gekommen sind. Die Kleinen sind sichtlich enttäuscht, dass der Badetag vorbei sein soll. Sie reizen ihre Zeit im Matsch bis zum Ende aus. Die ganze Szene »menschelt« so sehr, dass ich auf den Gesichtern um mich herum nur breites Grinsen erkennen kann. Wir wissen alle, wie sich das anfühlt, wenn Mama sagt, dass jetzt aber Schluss für heute ist.

Da ein Pass zwischen Felswänden der einzige Weg aus dem Krater ist, geben wir der Herde Zeit, um einen Vorsprung zu erhalten. In gemächlichen Schritten wandern sie hintereinander her, aus unserem Blickfeld.

»Wer von euch hat gerade zum ersten Mal einen wilden Elefanten gesehen?«, fragt Chris leise.

Die meisten der Arme heben sich.

»Und wisst ihr, was das Großartige daran ist? Wir sind mit großer Wahrscheinlichkeit die einzigen Menschen, die diese Herde heute zu Gesicht bekommen haben. Und sie haben uns nicht gesehen.«

Ich kann Chris nur recht geben: Das war eine Begegnung wie aus dem Lehrbuch. Genau so sollten Menschen sich in der Wildnis bewegen. Ohne zu stören oder zu gefährden, ohne dass uns die Tiere überhaupt bemerken.

Erling Kagge, einer der berühmtesten Polarforscher der Welt, sagt, das Schwerste am Leben in der eisigen Wildnis sei, am Morgen aus seinem Schlafsack zu krabbeln. Bei minus fünfzig Grad die kalten Glieder aufzutauen und den Tag zu beginnen, ist hart. Aber was noch härter ist, sagt Kagge, ist die Furcht davor, es endlich zu tun. Die größte Gefahr im Leben besteht darin, das Unvermeidliche aufzuschieben. In der namibischen Wüste sind die Temperaturen zwar noch weitaus angenehmer als am Nordpol, aber dennoch: Als ich am nächsten Morgen in meinem Schlafsack erwache, ist meine Nase nur noch ein eiskalter Klumpen und allein der Gedanke daran, den Rest meines Körpers jetzt in die kristallklare Morgenluft zu schicken, lässt mich bibbern. Die Wüste liegt unter dichtem Nebel begraben. An manchen Tagen treibt er von der Küste bis tief ins Inland und bringt willkommenen Morgentau, der sich auf den Blättern sammelt und die Tiere hier mit Flüssigkeit versorgt.

Endlich schäle ich mich aber doch aus dem Schlafsack und hüpfe ein paar Mal auf und ab, um meine Glieder zu wecken. Auf der Feuerstelle glühen noch ein paar Scheite vom Abend, und langsam versammeln sich alle um das kleine Feuer, um die Hände aufzuwärmen. An kalten Wüstenmorgen wie diesen gibt es nichts Besseres, als warmen Porridge mit ein wenig Zimt und einer Tasse heißen Kaffee, selbst wenn dieser nur Instant ist.

»Ich schlage vor, wir packen langsam zusammen und fahren weiter. Am frühen Morgen stehen die Chancen gut, ein paar Wildtiere außer den Elefanten zu finden«, sagt Chris und klatscht motivierend in die Hände.

Mit Sonnenaufgang sind wir wieder startklar und fahren in die Richtung, in der gestern die Elefanten verschwunden sind. Chris braucht nach wie vor noch Fotos der einzelnen Familienmitglieder und möchte den Freiwilligen heute noch mehr über die Tiere beibringen. Ich bin beeindruckt davon, mit wie viel Leidenschaft er bei der Sache ist. Er gibt sich die größte Mühe, jedem im Wagen gerecht zu werden.

Old Mattias übernimmt an diesem Morgen die Führung und lenkt den vorderen Geländewagen etwas ungestüm durch tiefen Sand. Es ist nur eine Frage der Zeit, bis einer von uns steckenbleibt, so schwer wie die Wagen beladen sind. Und da ist es auch schon so weit: Mattias hat sich festgefahren und kommt weder vor noch zurück.

Jill lässt ein wenig Luft aus den Reifen, während ich sie freischaufele und ein paar flache, große Steine darunter schiebe. Chris spannt ein Abschleppseil und Old Mattias grummelt wütend vor sich hin. Mit vereinten Kräften ziehen wir den Wagen aus dem tiefen Sand, doch als die Fahrt weitergehen soll, steckt der zweite Geländewagen fest, und die Aktion beginnt von vorne. So verbringen wir den ganzen Morgen mit gegenseitigem Abschleppen. Hier draußen gibt es immer irgendwas zu tun, wir haben immer irgendeine Mission – selbst wenn sie nur darin besteht, in zwei Stunden fünf Meter Weg durch tiefen Sand zu bewältigen.

»Warum bist du überhaupt hier lang gefahren?«, fragt Chris schließlich Mattias, als wir endlich ganz frei sind.

»Ich habe ein Gefühl«, sagt Mattias nur, »folgt mir.«

Wir sind skeptisch, als der alte Mann daraufhin seinen Geländewagen weiter durch den tiefen Sand lenkt, aber wir folgen ihm und schaffen tatsächlich ein paar hundert Meter, ohne steckenzubleiben. Plötzlich bremst Mattias seinen Wagen scharf ab, so dass wir ihm fast hintendrauf fahren. Noch bevor ich erkennen kann, warum, bemerke ich einen höllischen Gestank. Ich kenne den Geruch mittlerweile. Verwesung. Chris springt aus dem Wagen und eilt durch den tiefen Sand vorbei an Mattias Wagen. Jetzt kann ich es auch sehen. Vor uns liegt ein großer, grauer … ja, was eigentlich? Ein Stein?

Auch ich verlasse den Wagen, und als ich näher komme, erkenne ich, dass es kein Stein ist, sondern der Leichnam eines Elefanten. Instinktiv sehe ich zu Old Mattias hinüber, der neben dem verstorbenen Tier steht und eine Prise Schnupf-tabak nimmt. Kann es wirklich sein, dass er geahnt hat, was hier im tiefen Sand des Flussbettes versteckt liegt? Wie könnte er?

Es ist ein grotesker Anblick, der sich uns bietet. Der Leich-nam ist völlig in sich zusammengefallen. Dort vor uns liegen buchstäblich nur noch Haut und Knochen. Aber ansonsten scheint das Tier unversehrt. Wir erkennen keine Verletzungen oder Wunden, selbst die Stoßzähne sind noch da. Der Elefant sieht tatsächlich so aus, als hätte er sich einfach nur zum Schla-fen hingelegt und sei dann nicht mehr aufgewacht. Chris steht ratlos vor dem riesigen Leichnam. Er ist sichtlich betroffen. Ich frage mich, ob er diesen Elefanten wohl kennt. Wortlos zeigt er nun auf den sandigen Boden rund um den Leichnam. Er ist übersät mit frischen Elefantenspuren, die mehrere Male im Kreis um das tote Tier führen. Zum ersten Mal sehe ich nun etwas, über das ich bisher nur gelesen habe: Elefanten erwei-sen den Überresten verstorbener Familienmitglieder die letzte Ehre, indem sie behutsam die Knochen, Stoßzähne und Füße mit ihrem Rüssel berühren. Es gibt Geschichten von Elefanten, die, wenn sie an einem Ort vorbeikommen, wo ein Familien-mitglied gestorben ist, regungslos stehenbleiben und dort mehrere Minuten verharren. Für mich besteht kein Zweifel daran, dass genau das hier passiert sein muss, und eine Träne kullert meine Wange hinunter.

Der Leichnam ist allerdings nicht frisch. Dieses Tier muss schon vor mehreren Wochen, wenn nicht sogar Monaten ge-storben sein. Chris beugt sich hinunter zu dem knochigen Kopf des Tieres. Die Zähne sind sichtbar und er untersucht sie genau. Endlich bricht er sein Schweigen.

»Ich kann es zwar nicht zu hundert Prozent sagen, aber ich bin mir ziemlich sicher, dass das hier Mama Afrika ist«, sagt er.

»Warum glaubst du das?«, fragt Jill.

»Dies ist eine sehr alte Elefantendame. Das erkennt man an ihren Zähnen. Elefanten gehen durch sechs Reihen von Backenzähnen in ihrem Leben. Dieses Tier hier kaute auf dem letzten Satz Zähne herum. Ich kann leider den linken Stoßzahn nicht sehen, weil er unter dem Körper versteckt liegt. Mama Afrikas linker Stoßzahn war leicht abgeschlagen.«.

Chris untersucht nun die Füße des Tieres. Die einst watteweichen Sohlen sind knüppeltrocken und hart. In einer von ihnen findet Chris einen dicken Dorn.

»Es muss sehr schmerzhaft gewesen sein, damit zu laufen, bei all den sensiblen Nerven, die in den Füßen liegen«, sagt Chris.

Für mich bestätigt sich mit diesem Fund so vieles, was ich vorher nur im Theorieunterricht gelernt habe. In die Jahre gekommene Elefanten trennen sich irgendwann von ihrer Herde, um sie nicht aufzuhalten. Sie wandern fortan für die letzten Atemzüge ihres Lebens allein durch die Wildnis. Alte Elefanten verhungern früher oder später, weil sie das Futter nicht mehr kauen können. Sie ziehen sich oft in Flussgegenden oder Sümpfe zurück, wo sie weichere Blätter und Früchte finden, die sie mit ihrer letzten Reihe alter Zähne noch zerkauen können. Auf diese Art kaufen sie sich noch ein bisschen Zeit. Hier in der kargen Wüste gibt es einen solchen Rückzugsort allerdings nicht. Wenn der Regen so lange auf sich warten lässt wie jetzt, ernähren sich die Wüstenelefanten sogar von abgestorbenen Bäumen. Doch auf den trockenen Ästen kann ein alter Elefant nun wirklich nicht mehr herumkauen.

Die Stimmung in der Gruppe ist betrübt. Aber Chris findet genau die richtigen Worte: »Mama Afrika war die Erste, die ihre Familie vor Jahren wieder zurück in diese Gegend führte. Die anderen Herden folgten erst später. Wir haben sie in den letzten Jahren mit EHRA lange begleitet, und diese Elefantendame ist uns ans Herz gewachsen. Darum haben wir sie auch seit Monaten gesucht. Ich schlage vor, wir erweisen ihr auch unsere Ehre. Was meint ihr?«

Alle nicken zustimmend. Ein paar der Mädchen haben Tränen in den Augen.

»Vielleicht holt jeder einen von den großen Basalt-Steinen und wir setzen ihr ein Denkmal dort unter dem Baum?«

Wir stiefeln alle los und formen aus den Steinen im Schatten eines großen Anabaumes Mama Afrikas Anfangsbuchstaben.

»Lasst uns vielleicht einfach für eine Minute schweigen und Mama Afrikas Familie unser Mitgefühl senden«, sagt Chris leise. Und das machen wir dann auch. Es gibt sicher Leute, die würden das albern finden: sich in einen Kreis stellen und weit entfernten Elefanten unser Beileid auszusprechen. Aber ich glaube, Chris geht es in diesem Moment gar nicht so sehr um die Elefanten, als vielmehr darum, die Stimmung in seiner Gruppe aufzufangen und, wie immer, den Menschen um ihn herum ein gutes Gefühl zu geben. Für einen langen Moment stehen wir stumm da, während derweil irgendwo da draußen die Herde durch eine karge Landschaft streift und hoffentlich auch fortan Mama Afrikas Wissen an die nächsten Generationen weitergeben wird.

23.

Old Mattias

Warum war der Leichnam von Mama Afrika so unversehrt?«, frage ich Chris, als wir zurück zum Basecamp fahren. »Hätte er nicht von Aasfressern gefressen werden müssen?«

»Normalerweise schon. Das wäre auch der natürliche Lauf der Dinge. Aber hier in Damaraland gibt es kaum noch Aasfresser. Weiter nördlich findet man Hyänen, aber die waren vielleicht zu weit weg, um die Fährte aufzunehmen. Und viele Geier in dieser Gegend wurden in den letzten Jahren getötet.«

»Warum sollte jemand Geier töten?«

»Wilderer machen das leider. Eine Ansammlung Geier in der Luft bedeutet, dass am Boden höchstwahrscheinlich ein totes Tier liegt. Wenn es keine Geier gibt, dann können sie die Wilderer auch nicht verraten.«

Über das Satellitentelefon hat Chris bereits das Umweltministerium verständigt, damit das Tier untersucht und die Stoßzähne sichergestellt werden können.

239

Zurück im Camp richte ich mich wieder auf meiner weißen Box häuslich ein. Meine Klamotten hänge ich über einen
der Äste des Anabaumes, meinen Schlafsack rolle ich auf dem
Dach aus, meine restlichen Sachen erhalten alle ihren eigenen
Platz, damit ich sie auch im Dunkeln schnell wiederfinden
kann. Und am Kopfende meines Schlafplatzes stelle ich ein
gerahmtes Foto meiner Familie auf. Mir mein eigenes kleines
Zuhause zu schaffen, fiel mir schon immer leicht. Zuhause ist
dort, wo ich meinen Rucksack auspacke – egal für wie lange
oder wie kurz.

In einem Kleinbus fahren wir am nächsten Morgen nach
Swakopmund, wo wir die Gruppe Freiwilliger verabschieden
und die neuen abholen werden. Vorher zeigt Chris mir aber
noch diese ulkige Stadt am Meer. Namibia ist eine deutsche
Kolonie gewesen, und nirgends spürt man das mehr als im verschlafenen Swakopmund. Die Zeit scheint hier einfach stehen-
geblieben zu sein. Das hier ist wohl die südlichste deutsche
Stadt der Welt. Noch immer reihen sich Geschäfte mit altdeut-
schen Lettern über den Eingängen aneinander, im Vorbeigehen
schnappe ich deutsche Wortfetzen auf, im Café Anton gibt es
typisch deutschen Käsekuchen und im »Kückis« wunderbar
deutsche Schnitzel. Am Strand führt eine Landungsbrücke
raus ins Meer, und ich fühle mich zurückversetzt in die Urlau-
be meiner Kindheit, die wir in Grömitz an der Ostsee verbrach-
ten. Chris zeigt mir an diesem Wochenende außerdem einen
kleinen Musikladen, wo ich mir eine Wandergitarre gönne, für
all die Abende am Lagerfeuer.

Am Sonntagmorgen treffe ich Jill zum Frühstück. Sie wird
heute abreisen, und der Abschied fällt ihr sichtlich schwer.

»Wenn du irgendetwas nicht weißt oder meine Hilfe

brauchst, dann schreib mir immer gerne«, sagt sie und drückt mich fest zum Abschied. Schon komisch, wie schnell einem Menschen ans Herz wachsen können.

Am Sonntagabend treffe ich im Hostel auf die neuen Freiwilligen, und mein Herz pocht wie verrückt. Chris möchte, dass ich sie in Empfang nehme und ihnen erkläre, was in den nächsten zwei Wochen auf sie zukommt. Alle versammeln sich im Frühstücksraum und schauen mich erwartungsvoll an. Es ist eine kleine Gruppe, die uns für die nächsten zwei Wochen begleiten wird. Ich gehe die Namensliste durch: Josephine aus Holland, Lucy aus Schottland, Ben aus England, Claudia aus Österreich und Maja aus Dänemark – alle zwischen 25 und 30 Jahre alt. Ich heiße sie in Swakopmund willkommen und versuche, so selbstsicher wie möglich vorzutragen, was ab morgen passieren wird.

Als Chris am nächsten Morgen den Kleinbus mit mir und den Helfern wieder auf die sandige Straße gen Osten lenkt, erwacht in mir ein abenteuerliches Gefühl. Ich kann es kaum erwarten, der Zivilisation wieder den Rücken zu kehren und in die Wüste zu kommen.

»Auf dieser Straße wurde der neue *Mad Max* Film gedreht«, erzählt Chris den Freiwilligen, woraufhin wir für einen Foto-Stopp halten. In der Ferne sehen wir eine große Ansammlung Strauße, bestimmt dreißig an der Zahl, im Norden am Horizont sitzt der Brandberg, im Süden sehe ich die Spitzkoppe, einen Felsen, der von vielen Touristen als Übernachtungspunkt angesteuert wird.

Als wir Uis hinter uns lassen, eröffnet mir Chris: »Du wirst die Build-Week diese Woche mit Old Mattias allein machen. Ist das in Ordnung?«

»Meinst du, das kriege ich hin?«

»Ja, kein Problem. Mattias kennt sich ja aus. Er weiß, wo die Farm liegt und wie man die Mauer baut. Du musst dich im Grunde nur um die Freiwilligen kümmern und dafür sorgen, dass die Stimmung gut ist und dass keiner verhungert.«

»Alles klar.« Ich klinge zuversichtlicher, als ich mich fühle.

»Jill hat mir erzählt, dass du noch den Trails-Guide-Kurs in Südafrika machen willst«, wechselt Chris schnell das Thema. »Den habe ich auch gemacht, bevor ich als Back-up im Makuleke-Camp gearbeitet habe.«

Ich horche interessiert auf. »Ach, wirklich?«

»Ja, das war die beste Zeit meines Lebens!«

»Ich würde ja auch gerne Back-up werden, aber ich weiß nicht, ob ich das mit dem Schießen hinbekomme.«

»Ach, was, du bist doch eine große Frau. Da sehe ich kein Problem, solange du zielen kannst.«

»Hm, aber man muss ja auch sonst ganz schön viel wissen und können, oder?«

»Na, du hast ja jetzt drei Monate Zeit. Ich kann dir helfen, wenn du willst.«

»Das wäre großartig!«, freue ich mich.

Chris hält Wort und nimmt seine Rolle als mein Mentor mit diesem Tag in Angriff. Geduldig erklärt er mir immer wieder, welcher Vogel da durch die Luft fliegt und welcher Baum dort am Wegesrand steht. Im Camp verbringt er seine freie Zeit damit, mir einiges über Geländewagen beizubringen. Ich lerne von ihm nicht nur, wie man einen Reifen wechselt, sondern auch wie man diese Riesenteile flickt. Er erklärt mir, was sich alles unter der Motorhaube abspielt, wie eine Autobatterie funktioniert, was Allradantrieb überhaupt bedeutet und wie ich richtig offroad fahre. Es macht ihm sichtlich Spaß, sein Wissen zu teilen, und er ist ein großartiger Mentor, der die Dinge so einfach erklärt, dass selbst ich sie kapiere. Aber nicht nur Automechanik gehört zu meinen neuen Unterrichtsfächern. Als ich Chris erzähle, dass ich gerne lese, bekomme ich eine lange Leseliste und Zugang zur Fachbibliothek in seinem Wüsteniglu. Und so entpuppt sich meine Zeit in der namibischen Wüste als tolle Weiterbildung: Ich bekomme Gelegenheit dazu, endlich mehr über das zu erfahren, woran ich in den letzten Monaten nur oberflächlich kratzen konnte. Arten- und Umweltschutz, Wissen über die Tiere und die Vegetation, in der sie leben. Und das alles von diesem 24-jährigen Jungen. Chris hat sich ein beeindruckend breites Spektrum an Wissen angeeignet. Er scheint von Natur aus wissbegierig zu sein und hat die letzten drei Jahre in der Wüste wirklich genutzt, um mehr über die Dinge zu lernen, die ihn interessieren. Sicher ist das Leben hier draußen nicht immer einfach. Und einsam muss es auch sein. Seine Freundin sieht Chris nur alle paar Wochen, höchstens. Und doch beneide ich ihn um dieses einfache Leben.

Old Mattias und ich brechen am nächsten Morgen mit unserer kleinen Reisegruppe zu der Farm auf, für die wir die neue Mauer bauen sollen. Die Ziegenfarm liegt mehrere Stunden nördlich vom Camp. Auf dem Weg dorthin passieren wir die »Hauptstadt« von Damaraland, Khorixas. Dort gibt es nicht viel zu sehen, wir halten nur kurz und Mattias verschwindet im Supermarkt, um sich mit ausreichend Schnupftabak für die kommenden Tage einzudecken. Als er wieder hinauskommt, wird er von einigen Passanten freudig begrüßt, und am Ende dauert es fast eine halbe Stunde, bis wir weiterfahren können, weil so viele Menschen mit ihm Smalltalk halten wollen.

»Bist du berühmt, Mattias?«, frage ich ihn, als er sich wieder hinters Steuer zwängt.

»Ja, Old Mattias kennt hier jeder«, sagt er und lacht laut. Er schnupft ein bisschen von seinem frischen Tabak und erzählt mir von seiner Familie. Ich kann es kaum fassen: Old Mattias hat 19 Kinder! Erst als er mir alle 19 Namen aufzählt, kann ich nicht anders, als ihm zu glauben. Dass all diese Kinder von seiner Frau stammen, wage ich zu bezweifeln, aber ich frage nicht weiter nach. Ich erfahre, dass Mattias mit seiner Familie in einem kleinen Haus in Uis lebt. Er hat als junger Mann in einer Mine unter Tage gearbeitet. Das erklärt nun auch seine massige Statur. Er muss sein Leben lang hart geschuftet haben. Als er älter wurde und die Arbeit für ihn zu hart, fand er eine neue Anstellung bei der Tierschutzorganisation »Save the Rhino« – Rettet das Nashorn –, die in der Kunene-Region die letzten frei laufenden Spitzmaulnashörner bewacht und außerdem die Aktivitäten von Wilderern zu kontrollieren versucht. Während dieses Jobs lernte er die Gegend, die wir nun auf den Patrouillen abfahren, richtig kennen. Auf der Fahrt zu der Farm erzählt er mir, dass er mitunter wochenlang allein in der kargen Landschaft unterwegs war und von dem leben musste, was das Land ihm gab. Ein harter Job, keine Frage. Nur mit einer Waffe und spärlichen Essensrationen streifte er durch die Wildnis und musste sich jeden Tag zum Sonnenuntergang einen sicheren Schlafplatz auf einem Hügel suchen. Von dort oben konnte er im Schein des Mondes die nächtlichen Aktivitäten am Boden beobachten. Er hat unzählige Nashörner, Elefanten und Hyänen beobachtet.

»Und Löwen natürlich auch!«, sagt er, »aber ich mag keine Löwen. Olifanten sind meine Freunde, aber Löwen? Pah! Löwen sind gefährlich!«

Ich mag Old Mattias. Hinter seiner grummeligen Art versteckt sich ein großes Herz, und er blickt auf ein Leben zurück, vor dem ich jede Menge Respekt habe.

Die Ziegenfarm liegt am Ende einer holprigen Schotterpiste und am Fuße eines trockenen Flusslaufs. Wir bauen unser Lager unter ein paar Mopanes auf. Anschließend gehe ich mit Mattias zu der Farm selbst. Ich bin nicht ganz sicher, wie die Leute hier zu uns stehen. Nicht alle Farmer sind von der Idee überzeugt, dass sie mit den Wüstenelefanten zusammenleben sollen. Verübeln kann ich es ihnen nicht. Die Elefanten bedrohen die Existenz, die sie sich mit den eigenen Händen aufgebaut haben. Im letzten Jahrzehnt ist ein wildes Tier in ihre Heimat zurückgekehrt, dem sie vorher noch nie begegnet sind. Ich wäre davon sicher auch nicht begeistert. Spielt sich nicht sogar in meiner Heimat etwas ganz Ähnliches ab, wenn auch auf anderer Ebene? Nachdem Wölfe vor fast 150 Jahren komplett ausgerottet waren, wurden in Deutschland im Jahr 2000 wieder die ersten Wolfswelpen in Freiheit geboren. Seitdem finden sie mehr und mehr den Weg zurück in ihre alten Lebensräume. Genau wie die Wüstenelefanten nach Damaraland sind auch die Wölfe aus freien Stücken aus den Nachbarländern nach Deutschland zurückgekehrt. Seitdem bringen sie jedes Jahr wieder Junge zur Welt. Aber wollen wir wirklich in Zukunft mit wilden Wölfen zusammenleben? Denn genau wie die Damara können auch bei uns die meisten auf keinerlei Erfahrungswerte zurückgreifen, wie wir mit wilden Tieren zusammenleben sollen. Keine Frage: Der sonntägliche Waldspaziergang würde dadurch sicherlich zu einem Abenteuer, für das nicht jeder bereit sein dürfte. Wer möchte schon einem wilden Tier völlig schutzlos ausgeliefert sein? Und wer sind wir, dass wir den namibischen Farmern etwas abverlangen, was wir selbst vielleicht gar nicht bereit wären zu leisten?

Diese Farmer hier begrüßen uns aber sehr freundlich. Sie sprechen zwar kein Englisch, aber Mattias scheint sich gut mit ihnen zu verstehen.

Am Abend sitzen wir alle am Feuer zusammen, und das Kochen über den Flammen gelingt mir wider Erwarten ganz gut. Es gibt Hähncheneintopf mit Reis.

»Gesa, erzähl uns eine Geschichte«, bittet Lucy, die Schottin. Sie ist ungefähr in meinem Alter und hat eine quirlige, offene Art. Sie hat sich zwei Jahre Zeit genommen, um einmal um die Welt zu reisen.

»Was für eine Geschichte möchtest du denn hören?«, frage ich sie unsicher. Erst jetzt wird mir klar, dass es auch Teil meiner Aufgabe hier draußen ist, die anderen zu unterhalten, damit sie eine gute Zeit haben.

»Vielleicht etwas von deiner Ausbildung in Südafrika?«

Ich erzähle ein paar Elefanten-Geschichten, schließlich sind es diese Tiere, für die die Gruppe nach Namibia gekommen ist. Nach dem Essen hole ich meine Gitarre und spiele ein paar Akkorde, während die anderen sich besser kennenlernen. Old Mattias sitzt schweigend neben mir und lauscht. Als ich eine Pause einlege, fragt er mich, ob er sie mal halten dürfe.

»Kannst du spielen?«

»Oh, ich habe früher mit meinen Brüdern gespielt, aber ich kann es nicht mehr«, sagt er, streichelt die Gitarre liebevoll, spielt ein paar Seiten an und freut sich.

»Ich mag Musik«, sagt er, «spiel noch ein bisschen mehr.«

Er reicht mir die Gitarre, und wir sitzen noch lange zusammen am Feuer, bis die Flammen schließlich runtergeprasselt sind und es Zeit wird, zu Bett zu gehen. Mattias schläft in einem Zelt etwas abseits der anderen. Ihm ist es in der Nacht zu kalt, um unter freiem Himmel zu schlafen. Ich mümmele mich in meinen Schlafsack unter der Plane und rücke mit dem Kopf so weit unter ihr hervor, dass ich die Sterne sehen kann.

Der Mauerbau geht in den nächsten Tagen nur schleichend voran. Wir sind eine kleine Gruppe und schaffen deshalb nicht sonderlich viel. Gegen Ende der Woche zeichnet sich ab, dass wir mit der nächsten Gruppe noch einmal wiederkommen müssen. Am Freitag packen wir schließlich unsere Sachen zusammen und bauen unser Lager ab. Ich bin mit der Koordination des Ganzen so beschäftigt, dass ich am Ende meine geliebten Wanderschuhe im Sand stehen lasse. Ich werde sie nicht wiedersehen. Erst auf der Rückfahrt zum Basecamp blicke ich seit Tagen das erste Mal wieder in den Seitenspiegel. Meine lockigen Haare stehen in sämtliche Richtungen ab und sind vom Wüstensand völlig verfilzt. Meine Haut hat vom Zement eine gräuliche Farbe angenommen, der auch noch so viele Feuchttücher keine Abhilfe schaffen konnten. Mein Anblick erinnert mich an jemanden, und zwar an mich als kleines Mädchen, das in ihrem Sandkasten die ganze Welt finden konnte.

Am Samstag fahren wir für den wöchentlichen Einkauf nach Uis, auch um den Dreck der letzten Tage im Abfluss einer lang ersehnten Dusche runterzuspülen. Am nächsten Morgen brechen wir zu einer neuen Patrouille auf. Chris und Mattias sitzen auf den Vordersitzen, und ich geselle mich zu Lucy und

Josephine, der jungen Holländerin. Sie hat ein umwerfendes Lächeln und einen unschlagbaren Sinn für Humor. Auf dem Rücksitz herrscht aber sowieso eine ausgelassene Stimmung, denn Lucy hat auf Facebook gelesen, dass kein Geringerer als Prinz Harry von England zurzeit in Namibia ist. Diese Tatsache allein wäre nun natürlich wenig spannend, aber Prinz Harry befindet sich laut *Daily Telegraph* genau in der Gegend, auf die wir nun zusteuern. Er ist mit »Save the Rhino« unterwegs, um vor Ort Erfahrungen im Tierschutz zu sammeln. Die Fahrzeuge von »Save the Rhino« sind die einzigen, die sich außer uns in diese gottverlassene Gegend vorwagen. Auch wenn die Kunene-Region riesig ist: es besteht die reale Chance, dass wir den Prinzen auf ein Meet-and-Greet hier draußen treffen.

Für diese Patrouille möchte Chris ein gutes Stück weiter nördlich landen, und wir verbringen den ganzen Morgen im Fahrtwind Richtung Twyfelfontain. Twyfelfontain bedeutet »zweifelhafte Quelle« in Afrikaans, lerne ich von Josephine, die sich die Sprache sehr gut von ihrem Holländisch herleiten kann. Diese Quelle liegt im nördlichen Bergland und wurde von den weißen Farmern so benannt, weil die Quelle ständig versiegte. Heute wird das gesamte Tal nach ihr benannt. In Twyfelfontain finden sich Felsmalereien, die noch aus der Jungsteinzeit stammen, und auf der Fahrt durch die bergige Landschaft können wir einen Blick auf einige davon werfen.

In Twyfelfontain finden wir die ersten frischen Elefantenspuren und folgen ihnen für den Rest des Tages, doch die Spuren verlieren sich immer wieder, und die Gesichter auf dem Rücksitz werden mit der Zeit immer länger. Mir ist das schon bei der letzten Patrouille aufgefallen: Bis zu dem Moment, in dem wir die Elefanten zum ersten Mal erblicken, liegt eine Erwartungshaltung in der Luft, alle fragen sich wohl insgeheim, ob sie überhaupt das zu Gesicht bekommen werden, wofür sie die lange Reise angetreten haben. Wenn wir dann endlich eine Herde finden, entlädt sich die Stimmung mit einem Mal. So auch an diesem Tag, als wir eine der Herden schließlich auf weiter Steppe verteilt in den Mopanebäumen finden.

Es ist ein besonders heißer Tag. Auch im Schatten herrschen nach wie vor über vierzig Grad. Elefanten können nicht schwitzen. Deshalb schlagen sie mit den Ohren, um das Blut abzukühlen. Ein erwachsener Elefant ist in der Lage, das ganze Blut seines Körpers innerhalb von zwanzig Minuten durch die Adern in seinen Ohren zu pumpen. Eine wichtige Adaption, die hier draußen in dieser harschen Umgebung das Überleben sichert. Chris bekommt einige neue Fotos für sein ID-Buch und die Freiwilligen das, was sie sich erhofft haben: eine Begegnung mit dem schwersten an Land lebenden Säugetier. Mir fällt auf, dass die Elefanten von Damaraland wesentlich kürzere Stoßzähne haben. Sie sind nicht länger als der Abstand zwischen meinem Ellenbogen und meiner Hand. Ich frage Chris danach und er erklärt mir: »Dafür gibt es verschiedene Begründungen. Zum einen mag es daran liegen, was für Futter diese Elefanten hier finden. Ihre Ernährung dürfte viel weniger wichtige Nährstoffe enthalten, zum Beispiel auch Kalzium. Zum anderen ist es einfach die Erbmasse. Es ist genetisch bedingt, wie lang ein Stoßzahn wird. In ganz Afrika findest du dieser Tage leider immer weniger *Big Tusker*. In Afrika gibt es von ihnen vielleicht noch um die vierzig. Aber die meisten wurden von den Großwildjägern erlegt.«

Das Wort *Tusker* kommt von dem englischen Wort »Tusk« für Stoßzahn. Ein *Big Tusker* ist demnach ein besonders alter und mächtiger Elefant von stattlicher Größe und mit beträchtlichen Stoßzähnen. Vor über dreißig Jahren erreichten sieben von ihnen weltweite Bekanntheit. Diese stattlichen Bullen lebten im Krüger Nationalpark und wurden »die glorreichen Sieben« genannt. Einer ihrer Stoßzähne wog jeweils über fünfzig Kilo!

Nachdem wir unsere Elefanten-Dosis für diesen Tag bekommen haben, führt Old Mattias uns weiter gen Norden. Vorbei an der Brandberg West Mine – seinem früheren Arbeitsplatz, wo er einst Zinn abbaute – fahren wir weiter, bis wir *Doros Crater* passieren, einen riesigen Krater mit einer Länge von über siebzig Kilometern. Vor Sonnenuntergang erreichen wir gerade noch rechtzeitig unseren Schlafplatz für die Nacht. Auf einem weitreichenden Felsplateau am Fuße des Kraters ist die Fahrt für heute beendet. Eingelassen in die Felsen finden sich Aushebungen, die wir als Bänke nutzen können. Während im Westen die Sonne über den Felsen untergeht, kochen wir ein Curry, trinken Wein aus Tetrapacks und reden über Elefanten.

»Leute, wir müssen heute Nacht Wache halten«, mahnt Chris schließlich, als die Ersten zu gähnen beginnen. Es ist gerade mal acht Uhr, aber nach einem ganzen Tag an der frischen Luft fühlt es sich an wie Mitternacht.

»In dieser Gegend gibt es ein paar Hyänen, und außerdem möchte ich, dass wir auch nach menschlichen Aktivitäten Ausschau halten.«

»Was meinst du mit menschlichen Aktivitäten?«, fragt Lucy.

»So was wie Scheinwerfer oder Motorengeräusche. Es könnte sich dabei um Wilderer handeln.«

»Sind wir hier draußen in Gefahr?«, fragt Maja, die Dänin, die bisher eher ruhig war.

»Nein, überhaupt nicht«, beruhigt Chris sie, »in meinen Jahren hier habe ich noch nie einen Wilderer gesehen. Aber trotzdem ist es eine gute Idee, wenn einer von uns die Nacht über wach bleibt. Jeder übernimmt eine Schicht von einer Stunde. Der Letzte macht zum Sonnenaufgang Kaffee und weckt die anderen.«

Ich bin von 2 bis 3 Uhr nachts an der Reihe und verkrieche mich in meinen warmen Schlafsack. Doch bevor ich einschlummre, höre ich plötzlich panisches Rufen durch die Nacht.

»Chris!«, ruft eine weibliche Stimme hinter einem Hügel hervor.

»Ja, bitte?«, ruft Chris noch scherzend zurück.

»FEUER!!!«

Das Wort löst bei Chris alle Alarmglocken aus und in null Komma nichts ist er hinter dem Hügel verschwunden, von dem aus ich nun gelbgoldenes Licht sehe. Auch ich renne los und greife im Halbschlaf nach meiner halbleeren Wasserflasche – obwohl deren Inhalt niemals ausreichen wird, um ein Feuer zu löschen. Hinter dem Hügel steht die stille Maja schockstarr, während Chris versucht, die Flammen auszutreten. Das Gras hier ist so trocken, dass es mit nur einem einzigen Windhauch zu einem Buschfeuer kommen könnte. Josephine fasst sich ein Herz und schleppt einen Kanister Wasser heran. Wortlos löscht sie den Brand, bevor die Lage überhaupt erst ernst werden kann.

»Was ist passiert?«, fragt Chris. Maja schaut peinlich berührt zu Boden. Aber ich denke, Chris weiß schon, was passiert ist. Wer in der Wildnis ein großes Geschäft erledigen muss, geht dabei wie folgt vor: Man nehme – möglichst unauffällig – den

Spaten vom Rücksitz des Geländewagens und verschwinde – möglichst unauffällig – hinter einem großen Hügel oder Baum. Dann grabe man ein Loch und erledige sein Geschäft. Das verwendete Papier werfe man daraufhin in das Loch und brenne es mit einem Streichholz nieder, bevor man das Loch wieder zuschaufelt und die Stelle mit einem Stein markiert, damit kein anderer auf die Idee kommt, an selbiger Stelle zu buddeln. Ich weiß nicht genau, welcher dieser Schritte bei Maja nicht geklappt hat, aber wir beschließen, einfach kein Wort mehr darüber zu verlieren. Gefahr erkannt, Gefahr gebannt. Es ist ja Gott sei Dank nichts weiter passiert. Nur Chris verbringt den Rest des Abends damit, seine Schuhe im Sand zu säubern.

Während meiner Nachtwache sitze ich allein am Feuer und trinke Tee. In der Ferne höre ich eine Hyäne und irgendwo in der Nähe heult ein Schakal. Ich habe sie vermisst, die nächtlichen Geräusche Afrikas. Meine Nächte in Damaraland verliefen bisher so still, dass ich eine Stecknadel hätte fallen hören können. Wie ungewohnt Stille ist. In Berliner Nächten höre ich immer irgendetwas. Polizeisirenen, Gelächter aus den nahe gelegenen Restaurants, Straßenverkehr, Türen knallen, den Kühlschrank. Es ist ein Segen, einfach mal nichts zu hören. Hier am Feuer spüre ich außerdem eine instinktive Zugehörigkeit, die Jahrtausende zurückreicht. Vor knapp zwei Millionen Jahren verlängerte die Kontrolle von Feuer den Tag der ersten Menschen. Waren sie vorher der dunklen Nacht schutzlos ausgeliefert, gab ihnen das Lagerfeuer die Möglichkeit, länger wach zu bleiben und trotzdem Schutz vor den wilden Tieren zu finden. Seit jeher wurden am Lagerfeuer Geschichten getauscht und Traditionen weitergegeben. Seit jeher vermittelt ein Lagerfeuer mir ein Gefühl von Sicherheit und Behaglichkeit.

Am nächsten Tag fahren wir eine weite Strecke. Die Landschaft wird jetzt rauer und steiniger. Unwegsame Pfade schlängeln sich durch bergiges Gelände. Noch dazu ist es eisig kalt. Der Fahrtwind lässt unsere Glieder auf dem Rücksitz versteifen und Lucy, Josephine und ich kuscheln uns unter einer großen Wolldecke aneinander. Auf fernen Hügeln sehen wir einen Harem Bergzebras – so scheu, dass sie das Weite suchen, sobald sie unsere Motorengeräusche vernehmen. Die Gegend ist so verlassen und grotesk, dass ich es zunächst für einen von Chris' Sprüchen halte, als er ausruft: »Oh, guckt mal, da ist ein Fahrzeug!«

Aber dann erspähe ich es auch in der Ferne.

»Das sind die Jungs von Save the Rhino«, ruft Chris uns zu.

»Prinz Harry!«, rufen wir drei Mädels daraufhin aufgeregt und setzen uns sofort aufrecht hin und ein breites Lächeln auf. Man kann ja nie wissen…

Als wir uns dem Wagen von »Save the Rhino« nähern, erkenne ich, dass die Insassen mit schweren Gewehren bewaffnet sind. »Bodyguards«, flüstert Lucy. Ich vermute aber, dass sie eher zur Verteidigung gegen Wilderer so schwer bewaffnet sein müssen, für den Fall, dass es zu einem Zwischenfall kommt.

Chris stoppt neben dem anderen Fahrzeug und führt eine kurze Unterhaltung von Fahrerkabine zu Fahrerkabine. Wir Mädchen suchen mit den Augen das gesamte Fahrzeug ab. Auf der Ladefläche steht ein Haufen Männer, keiner von ihnen hat rote Haare. Aber auf dem Beifahrersitz sitzt einer, dessen Gesicht wir nicht sehen können. Lucy zwickt mir aufgeregt in die Seite. Sie ist Feuer und Flamme.

Der andere Fahrer verabschiedet sich von Chris, und der Wagen lässt nichts weiter als eine Staubwolke zurück. Und auch, wenn wir ihn nicht sehen konnten, sind wir uns sicher: Das war Prinz Harry auf dem Beifahrersitz, keine Frage.

Wir erreichen schließlich ein sattgrünes Tal, das in der kargen Gegend wie eine Oase vor uns liegt.

»Dieser Ort nennt sich ›das Tal der Verzweiflung‹«, sagt Chris. Kein Name wurde jemals einem Ort weniger gerecht. Das Tal der Verzweiflung ist einer der friedvollsten und schönsten Orte, die ich je sehen durfte. Die verschiedenen Grüntöne der Büsche und Sträucher bilden einen starken Kontrast zu den schwarzen Basaltsteinen, auf denen wir stehen und die Ruhe genießen.

Auf der Rückfahrt entdecken wir Spuren im Sand: Löwenspuren. Und sie sind frisch. Wir können unser Glück kaum fassen! Das einzige Rudel Wüstenlöwen ist hier gerade erst vor wenigen Stunden vorbeigekommen. Trotzdem rechnet niemand damit, die Löwen tatsächlich zu Gesicht zu bekommen. In dieser Gegend werden sie fast als Phantome angesehen. Es muss ein hartes Dasein sein, das die Löwen hier fristen. Es gibt in dieser Einöde nur wenig Wild zu jagen und mitunter auch sehr wenig Wasser.

»Ach du Scheiße, ein Löwe!«, kreischt Ben plötzlich und Chris stoppt abrupt den Wagen. Oben auf der erhöhten Uferböschung liegen zwei Löwinnen in der Nachmittagssonne und starren uns genauso verwundert an wie wir sie.

»Chris, fahr weiter! Na los, fahr weiter!«, ruft Ben, immer noch panisch. Wir Mädels gucken uns irritiert an. Die Löwinnen sind bestimmt 15 Meter weit weg. Erst als ich einen Blick in den Rückspiegel werfe, begreife ich, warum Ben so aufgeregt ist: Direkt neben dem Geländewagen liegt ein junger Löwe auf der Lauer. Er ist keine zwei Meter vom Wagen entfernt. Wir müssen ihn komplett übersehen haben, als wir durch das trockene Flussbett an ihm vorbeigefahren sind. Der Löwe pirscht sich an uns heran, und jetzt rufe auch ich: »Chris, fahr los! Fahr!« Aus der Fahrerkabine können weder Chris noch Mattias den Löwen im Sand sehen. Aber Gott sei Dank hört Chris auf unsere Rufe und drückt aufs Gaspedal. Zu meiner großen Überraschung weicht der Löwe daraufhin aber nicht zurück, sondern nimmt die Verfolgung auf. Im Laufschritt setzt er uns nach. Ich kann mir sein Verhalten nur durch Neugier erklären. Außerdem muss er wohl bei der ganzen unkoordinierten Bewegung und dem aufgeregten Geplapper auf dem Rücksitz erkannt haben, dass es sich bei diesem Geländewagen nicht um ein einzelnes großes Objekt oder Wesen handelt. Ich bin mir sicher, dass er in der Lage war, einzelne Personen im Wagen auszumachen – und das muss seine Neugier (oder seinen Hunger) noch mehr angeregt haben.

Chris fährt den Wagen weiter durch den tiefen Sand des Flussbettes. Ich sende derweil ein kurzes Stoßgebet gen Himmel, dass wir jetzt bloß nicht steckenbleiben. Schließlich haben wir aber so viel Distanz zwischen uns und den Löwen gebracht, dass wir ihn nicht mehr sehen können. Obwohl die Sonne sich bereits gen Horizont neigt, fährt Chris uns trotzdem noch eine ganze Weile weiter – wohl um einen beträchtlichen Abstand zwischen uns und die Löwen zu bringen, falls diese sich dazu entschließen sollten, in der Nacht nach uns zu suchen.

Chris führt uns zu einem Übernachtungsplatz, der sowohl sicher als auch wunderschön ist. Am Fuße zweier riesiger Sanddünen errichten wir unser Nachtlager. Unsere Schlafmatten legen wir wie immer im Schutz der Hügel und unseres Lagerfeuers aus. Auch heute Nacht werden wir Wache halten müssen und mit der Taschenlampe durch die Nacht leuchten, um die Löwen frühzeitig entdecken zu können, falls sie näher kommen. Aber für einen Besuch an unserem Lagerfeuer kommen sie nicht vorbei, und am Morgen liegt die Wüste wieder still und friedlich vor uns.

»Gesa, weißt du, was das für eine Blume ist?«, fragt mich Lucy an diesem Morgen, und ich schaue auf eine kleine Wildblume, die sie mir reicht. »Die habe ich gestern im Tal der Verzweiflung gefunden, hübsch oder?«

»Litogyne gariepina«, sage ich und lächele.

»Wie bitte?«

»Litogyne gariepina – das ist eine Art Gänseblümchen«, antworte ich und reibe die Blume in meinen Händen, woraufhin mir ein altvertrauter, würziger Duft in die Nase steigt. Und mit diesem Geruch prasselt eine geballte Ladung an Erinnerungen auf mich ein. In den letzten Wochen habe ich täglich an Sam gedacht. Es sind keine konkreten Momente oder Gedanken, es ist mehr ein Gefühl. Er fehlt mir. Aber nach unserem abrupten Abschied habe ich versucht, mich damit zu arrangieren, dass es für uns im Moment keine Zukunft gibt. Uns trennen Welten. Als wir an diesem Morgen aber zurück nach Swakopmund aufbrechen, fällt mir auf, dass das so gar nicht mehr stimmt. Sam weiß noch nicht von meinen neuen Plänen, dass ich ab September weitere drei Monate in Südafrika sein werde.

Auf dieser Patrouille jagt Chris mir noch einen unglaublichen Schrecken ein. Es passiert am letzten Tag, als wir mittags unter einem Anabaum Rast machen und er sich eine halbe Stunde schlafen legt. Ich sitze auf dem Beifahrersitz und lese, als Chris plötzlich auf mich zu torkelt, die Augen gerötet und die Haut ganz blass.

»Kannst du mal bitte auf meinem Rücken nachsehen, ob da irgendwas ist?«

Ich schiebe sein T-Shirt hoch und suche seinen Rücken ab. Auf der rechten Schulter sehe ich einen winzig kleinen Biss.

»Ja, da ist was. Aber nur ein ganz, ganz kleiner Biss.«

»Ist irgendwas auf meinem T-Shirt?« Chris klingt etwas beunruhigt.

»Ähm … nein, ich glaube … warte, doch. Da ist eine ganz kleine Zecke.« Sie ist wirklich nicht größer als ein Stecknadelkopf.

»Okay, scheiße«, murmelt Chris. »Gesa, mir geht es überhaupt nicht gut. Mir ist total schwindelig und ich kann nicht richtig gucken.«

»Okay. Ähm. Komm mal mit.« Ich führe ihn ein paar Meter weg von den Freiwilligen, um sie nicht zu beunruhigen. Als ich Chris wieder anschaue, sind seine Augen auf einmal dick angeschwollen, ja, sein ganzes Gesicht ist feuerrot und aufgedunsen. Bei mir setzt Panik ein. Wir sind irgendwo in der Pampa und mein Kapitän wurde von irgendwas gebissen, was offensichtlich nicht gut sein kann. Ich untersuche erneut seinen Rücken, und jetzt bilden sich überall riesige weiße Quaddeln.

»Mein ganzer Körper juckt!« Chris fängt an, sich wie wild zu kratzen.

»Ich hole den Erste-Hilfe-Kasten und das Satellitentelefon«, sage ich hastig und eile so schnell ich kann zurück zum Wagen. Als ich zurückkomme, untersucht Old Mattias Chris' Rücken, während der sich noch immer so heftig kratzt, dass es Schürfwunden auf seiner Haut hinterlässt.

Ich schmiere ihm eine Creme gegen den Juckreiz dick auf den Rücken. Das scheint zwar das Jucken zu stoppen, die

Quaddeln breiten sich aber weiter und weiter auf seine Arme und Beine aus.

»Soll ich jemanden anrufen?«, frage ich.

»Nein, warte noch. Da drin muss irgendwo Antihistamin sein. Ich habe wahrscheinlich nur eine allergische Reaktion auf den Biss. Wenn es wirklich nur eine Zecke war, müsste es bald vorbei sein.«

Dass er sich in dieser Lage noch selbst diagnostiziert, beeindruckt mich, und ich wühle im Erste-Hilfe-Kasten nach den Tabletten, von denen er dann gleich zwei auf einmal schluckt. Ich kenne die Symptome, die er aufweist, nur aus dem Lehrbuch und meine mich daran zu erinnern, dass das typische Anzeichen für neurotoxisches Gift sind, also Gift, das zum Beispiel Kobras und Mambas in sich tragen. Aber den Gedanken spreche ich natürlich nicht laut aus. Ich platziere meinen Mentor unter einem Baum und bringe ihm Wasser. Er atmet tief durch und nach einer halben Stunde bilden sich die Quaddeln langsam zurück. Gott sei Dank, er sieht nicht mehr aus wie ein Zombie. Seine Augen sind aber weiterhin stark gerötet und geschwollen.

»Wir müssen jetzt weiterfahren«, sagt Chris, »sonst kommen wir nicht mehr rechtzeitig an. Aber du musst fahren.«

»Okay, kein Problem. Was sagen wir den anderen?«

»Dass ich eine allergische Reaktion hatte und jetzt auf Droge bin«, lacht Chris und drückt mich fest an sich. Die Drogen haben ihn wohl ein bisschen liebebedürftig gemacht. Doch die Schwellungen sind vollends zurückgegangen. Ich hätte ihn dennoch am liebsten sofort ins Krankenhaus gebracht. Aber hier draußen wäre das nur mit einem Helikopter möglich gewesen. Ich setze meinem Kapitän also die Sonnenbrille auf die

Augen, damit bei seinem Anblick keiner einen Schrecken bekommt, und verfrachte ihn auf den Beifahrersitz, wo er nach ein paar Minuten Fahrt ganz erschöpft einschläft. Aus den Augenwinkeln beobachte ich ihn immer wieder, während ich den Wagen zurück Richtung Camp lenke. Was ich ganz sicher aus Namibia mitnehmen werde, ist, wie wichtig es ist, Menschen um sich zu haben, die auf einen aufpassen. Auch in den kommenden Wochen geben Chris und ich in der Wüste aufeinander acht, wir hören einander zu und helfen uns gegenseitig. So wie Freunde das eben tun.

24.

Don't stop believin'

Während der kommenden Wüstentrips finde ich mich mehr und mehr in die zweiwöchige Routine ein, die jetzt mein Leben ist. Meine Haut hat einen ledrigen Braunton angenommen und ist vom heißen Wüstenwind so trocken, dass ich sie als Schleifpapier benutzen könnte. Seit Wochen habe ich einen Dauerschnupfen – vielleicht eine Reaktion meines Körpers auf all den Sand, der mir in sämtliche Gesichtsöffnungen fliegt, und ich habe ganz sicher ein paar Kilo zugenommen, denn in der Build-Week schleppe ich zwar Steine, aber meine Ernährung besteht hauptsächlich aus Fleisch und Süßigkeiten. Die braucht man nämlich unbedingt während der Patrouillen. Wenn wir mitunter stundenlang durch die Wüste fahren, auf der Suche nach einer der Herden, gibt es einfach nichts Besseres, als Chips zu futtern und Werther's Echte zu lutschen, während ich mit Chris über Gott und die Welt philosophiere. Werther's Echte gibt es in Swakopmund in jedem Supermarkt zu kaufen und sie haben die hervorragende Eigenschaft, dass sie in der namibischen Hitze nicht schmelzen, wie Schokolade das ja leider täte. Der Geschmack von Werther's hat mich bisher immer an meine Oma erinnert. Ab jetzt wird er mich wohl für immer an diese unendlichen Stunden in der Fahrerkabine erinnern.

Unterdessen lese ich all die Bücher aus Chris' Wüsten-bibliothek und fange damit an, die Lehrbücher für den Trails-Guide-Kurs zu studieren, der mit jedem neuen Tag näher und näher rückt. Doch alles Theorie-Wissen der Welt kann mich nicht auf das vorbereiten, was im nächsten Monat auf mich zu-kommt. Ob ich mit einem Gewehr umgehen kann und Groß-wildtieren aus nächster Nähe gewachsen bin, das kann ich nur am eigenen Leib erfahren. Ich kann mir noch nicht vorstellen, wie ich mit einem riesigen Gewehr in Sekundenschnelle eine Zielscheibe treffen soll. Schon gar nicht kann ich mir aber aus-malen, jemals auf ein Tier zu schießen.

Ich verdränge den Gedanken daran und kümmere mich lieber um das Wohl der Freiwilligen. Ständig von Menschen umgeben zu sein und als ihr Ansprechpartner zu fungieren ist aber auch anstrengend. Ich entspanne am besten, wenn ich al-lein bin, ein Buch lese, laufen gehe oder Musik höre – am liebs-ten für mehrere Stunden. Hier geht das nicht. Und ich frage mich insgeheim, ob mein Eigenbrötler-Gen eine Karriere als Safari-Guide nicht unmöglich macht. Es macht mir Spaß, Leu-te zu unterhalten, ihnen Wissen zu vermitteln und Geschich-ten zu erzählen. Aber ich rede nicht gern über das Wetter. Ich will wissen, wie ein Mensch tickt. Für manche der Freiwilligen ist meine Art sicher nicht ganz leicht. Ich höre erstmal zu, blei-be im Hintergrund und bin eher vorsichtig.

In einer langen Mail schreibe ich Sam von den Erfahrungen,

die ich in Namibia mache, und erzähle ihm außerdem, dass ich schon bald wieder in Südafrika sein werde. Ich hege die Hoffnung, dass sich unsere Wege dort wieder kreuzen – auch gerne mit Absicht.

Es ist Ende August, als meine letzten Wochen in der Wüste anbrechen. Die Gruppe freiwilliger Helfer ist groß und es ist ein ganz neuer, ungewohnter Mix an Leuten. Sabine und Wolfgang, ein deutsches Paar, das mittlerweile in Ägypten lebt, Josep, ein pensionierter Spanier, der durch seinen Beruf im Außendienst schon viel von Afrika gesehen hat, Marion, eine junge Französin, die Elefanten über alles liebt, aber während dieses Trips zum ersten Mal einen in freier Wildbahn sehen möchte, und eine schottische Familie mit zwei Söhnen im Teenager-Alter und einer 13-jährigen Tochter.

Ich glaube nicht an Schicksal und dass wir einfach so die Hände in den Schoß legen und darauf warten können, dass jemand unser Leben in die richtigen Bahnen lenkt. Ich glaube aber, dass wenn wir uns für eine bestimmte Richtung entscheiden, einen Weg einschlagen, auf dem wir gern unterwegs sind, dann kreuzen Menschen diesen Weg, die uns helfen können. Zufall? Für mich hat es sich auf jeden Fall immer wieder bewahrheitet, ich habe immer wieder Leute getroffen, die mich weiterbringen konnten. Wolfgang ist einer davon.

Am ersten Abend mit den Neuen im Camp sitzen wir bei Spaghetti Bolognese zusammen, während Chris erklärt, wie man sich zu verhalten hat, wenn ein Elefant zu nahekommt, wo sich die Skorpione gerne verstecken und dass Rumpelgeräusche in der Nacht von einem Stachelschwein namens Percy stammen, das die Mülltonnen auf der Suche nach Essbarem durchwühlt. Wolfgang fällt mir auf, weil er sich zurückhält. Während der Sicherheitseinweisung steht er im Schatten und raucht eine Zigarette. Ab und an schmunzelt er und beobachtet die Gesichter am Tisch. Ich habe das Gefühl, sein Blick könne mich durchbohren, wenn ich ihm zu lange standhalte, und halte zunächst Abstand, auch wenn ich insgeheim neugierig bin, was das für ein Mensch ist, der genau wie ich zu versuchen scheint, unsichtbar zu sein.

Während der Build-Week ist er es dann, der einen Schritt auf mich zugeht.

»Du hast die Ausbildung zum Guide in Südafrika gemacht, ja?«, fragt er mich.

»Ja, genau«, antworte ich. »Wieso? Du etwa auch?«

»Nein, also das heißt nicht direkt. Ich war für einen Monat in Makuleke und habe den Trails-Guide-Kurs zum Spaß mitgemacht«, sagt Wolfgang.

»Ach, wie cool! Ja, den Kurs mache ich auch nächsten Monat! Wie hat es dir gefallen?«

»Makuleke ist natürlich ein Traum, das war toll!« An seiner Art zu sprechen erkenne ich, dass Wolfgang aus dem Ruhrpott kommt. Er trägt immer Lederweste und Lederhose, schwere Schnürstiefel und einen Hut mit breiter Krempe, den eine Feder ziert.

»Und Alan ist schon eine Klasse für sich, der wird dir gefallen.« Er meint wohl Alan, den neuen Head-Instructor von Makuleke. Ich kenne seinen Namen bereits aus Erzählungen. Er hat einen guten Ruf in der Branche und gilt als ein sehr inspirierender Lehrer, der – so heißt es – eine ganz eigene Art hat, sich Elefanten zu Fuß zu nähern.

»Kannst du denn schon schießen?«, fragt mich Wolfgang.

»Nein, ich habe noch nie in meinem Leben eine Waffe in der Hand gehalten, um ehrlich zu sein.«

»Ich bin in Deutschland Jäger gewesen und hab den Nachwuchs im Schießen unterrichtet. Ich kann dir ein bisschen was beibringen in den nächsten zwei Wochen, wenn du möchtest. Eine Minute täglich. Na, wie wär's?«

Und da ist es wieder passiert: Seit Tagen beschäftigt mich die Frage, ob ich als völliges Greenhorn überhaupt die geringste Chance habe, das Schießtraining zu bestehen. Und dann kommt ein Profi-Jäger und Schießtrainer in unser Camp gewandert und bietet mir seine Hilfe an. Natürlich nehme ich sie dankend an und Wolfgang macht sofort ernst: »Alles klar, die erste Minute startet jetzt!«

»Jetzt? Aber…«

»Nix aber, eine Minute wirst du ja wohl haben.«

Da kann ich schlecht widersprechen.

Wolfgang zieht mich ein Stück zur Seite, während die schottische Familie das Feuer in Gang bringt und Sabine den Reis aufsetzt.

»Das Allerallerwichtigste, mal abgesehen vom richtigen Stand oder von der Haltung oder sonst irgendwas, ist, dass du deine innere Mitte findest.«

Großartig. Wenn ich seit Jahren eines suche, dann ist es genau die. Das sind ja beste Voraussetzungen.

»Stell dich mal auf ein Bein, solange du kannst. Und versuch nicht zur Seite umzufallen und egal, was um dich herum passiert oder was für Gedanken du hast: Du bleibst genauso stehen.«

Ich tue, was Wolfgang mir sagt, aber falle nach nur einer Sekunde in Zeitlupe zur Seite.

»Konzentrier dich auf deine Atmung. Atme ganz tief ein und aus. In den Bauch. Ganz tief. Genau so. Und das machst du jetzt jeden Tag, wann immer dir langweilig ist. Stell dich einfach auf ein Bein, atme und finde deine Mitte.«

Und das mache ich fortan. Ich werde zum Flamingo.

Tags darauf will Wolfgang herausfinden, ob ich Rechtsschütze oder Linksschütze bin. Ich soll meinen Zeigefinger mit ausgestrecktem Arm langsam auf mein Gesicht zuführen. Und dann soll ich einfach mal ein Auge zumachen, um den Finger schärfer zu stellen. Ich mache automatisch das linke Auge zu und stelle mit dem rechten scharf.

»Alles klar, dein rechtes Auge ist das Dominante«, diagnostiziert Wolfgang. »Ich nehme an, dass du Rechtshänder bist?«

»Nein, Linkshänder.«

»Hm, das macht die Sache natürlich schwieriger. Wenn du Linkshänder bist, wäre es natürlich einfacher, wenn auch dein linkes Auge das Dominante wäre. So ist das irgendwie ein blöder Mix. Unsere Minute ist eigentlich schon rum, aber ich würde gern noch etwas ausprobieren, wenn du möchtest.«

»Ja klar!«

Wolfgang holt einen Spaten von der Baustelle und reicht ihn mir. »Ich möchte, dass du dir jetzt vorstellst, das hier sei dein Gewehr. Und dann üben wir den Anschlag. Halte dein Gewehr mal mit der linken Hand und führ es zu deiner rechten Schulter und dann ziel auf den Baum dahinten.«

Ich tue, was er sagt. Und komme mir dabei ziemlich bescheuert vor.

»Gut. Und jetzt mal die andere Seite. Also, Gewehr in die rechte Hand und zur linken Schulter führen.«

Ich tue erneut wie mir geheißen.

»Und, was fühlt sich besser an?«

»Ich weiß nicht. Beides okay, denke ich.«

»Okay, pass auf, ich filme mal beide Varianten, und wir schauen es uns an. Wer gut schießen lernen will, der lässt sich am besten dabei filmen.«

Wir wiederholen die Übung also noch zweimal und Wolfgang filmt, wie ich versuche, mit dem Spaten einen Baum zu erschießen. Aber schon, als ich mir dieses eigentlich lächerliche Video danach anschaue, erschrecke ich: Die Bewegung, wie ich ein vermeintliches Gewehr an meine Schulter führe und meinen fokussierten Blick auf das Ziel richte, machen mir Angst. Das bin doch nicht ich!

Nachdem wir die Videos zusammen analysieren, beschließen Wolfgang und ich beide, dass die Bewegungen mit dem rechten Arm etwas flüssiger aussehen.

»Schau mal, ich zeige dir noch kurz ein paar Videos von den Schülern aus Makuleke. Denen habe ich auch ein bisschen geholfen«, sagt Wolfgang dann.

Als er mir die Videos zeigt, macht mein Herz einen Freudensprung. Die kenne ich doch!

»Wolfgang, wann warst du in Makuleke?«

»Im Mai. Wieso?«

»Weil das meine Mitschüler sind! Das ist Biff und das Quintin und hier ist Mike!«

»Wahnsinn! Ja, das sind sie! Was für eine kleine Welt«, sagt Wolfgang. Ich schaue mir die Videos wieder und wieder an und kann mich kaum sattsehen an meinen Freunden, die auf einmal wie die Profis mit dem Gewehr umgehen.

Wolfgang und ich verbringen den Rest des Abends damit, über Makuleke und die Ausbildung und die Leute zu reden, die wir beide kennen. Der Mann, der mir noch am ersten Abend nicht ganz geheuer war, wird zum besten Gesprächspartner.

In den nächsten Tagen übe ich jeden Tag etwas, und auch wenn der Spaten kein Vergleich zu einem echten Gewehr ist, gibt es mir trotzdem das gute Gefühl, beim Schießtraining nächsten Monat nicht bei null anzufangen.

Auch mit den anderen aus der Gruppe verbringe ich viel Zeit. Es ist eine perfekte Zusammenstellung von Leuten, die hart arbeiten und tüchtig mit anpacken. Besonders die schottische Familie wächst mir in den Tagen des Mauerbaus richtig ans Herz. Ich sitze lange Abende mit ihnen am Feuer, und die beiden Söhne Rob und Tommy bringen mir schottische Volkslieder auf der Gitarre bei, während Tommy auf einer Panflöte dazu spielt. Das Mädchen Nicola hätte den Familienurlaub wohl lieber irgendwo am Strand verbracht anstatt in der Wüste. Aber mit der Zeit taut auch sie immer mehr auf und stellt mir viele Fragen. Ihre Mutter Sonia erzählt mir viel von ihren eigenen Reisen, als sie jung war, und es zeigt sich wieder einmal, dass Freundschaft kein Alter kennt. Zwischen Sonia und mir liegen bestimmt zwanzig Jahre, aber wir verstehen uns nach nur wenigen Tagen blind.

Mit vereinten Kräften schaffen wir es, die Mauer am letzten Tag der Build-Week fertigzustellen. Verschmutzt und verstaubt geht es am Samstagmorgen nach Uis. Meine Zeit in Namibia neigt sich dem Ende zu, und ich muss den letzten Abschnitt meines Abenteuers planen. In weniger als zwei Wochen werde ich für eine kurze Zeit zurück in Berlin sein. Den Gedanken daran habe ich bis jetzt vor mir hergeschoben. Ich habe ganz schön Respekt vor dieser Stippvisite. Und auch wenn ich mich auf nichts mehr freue, als Rieke, Mama und Papa wieder mal in die Arme zu nehmen, rechne ich doch damit, dass ich mich gar nicht richtig darauf werde einlassen können. Meine Reise ist eben noch nicht zu Ende. Was nach Berlin kommt, könnte sogar der Höhepunkt meines Abenteuers sein. Kaum vorstellbar, dass ich eigentlich vorhatte, jetzt schon aufzuhören. Ich komme jetzt erst wirklich in Afrika an und beginne, Zusammenhänge zu verstehen und den Gedanken zuzulassen, tatsächlich als Safari-Guide zu arbeiten.

Ich buche online meinen Flug von Berlin zurück nach Johannesburg und einen Mietwagen, mit dem ich aus der Stadt wieder die südafrikanische Wildnis erreichen kann. Ich bin so beschäftigt mit meiner Planung, dass ich fast die Mail übersehe, auf die ich seit Tagen hoffe: Sam hat geantwortet. Aufgeregt öffne ich seine Nachricht und freue mich, als ich sehe, wie lang sie ist. Doch als ich zu lesen beginne, verfliegt dieses Gefühl so schnell, wie es gekommen ist. Als ich am Ende angelangt bin, klappe ich meinen Laptop zu und starre ins Nichts. Chris fängt meinen Blick auf.

»Schlechte Nachrichten?«, fragt er und deutet auf meinen Laptop.

»Ähm…« Ich ärgere mich für einen Moment, dass ich mir meine Traurigkeit so offensichtlich habe anmerken lassen und stottere: »Ja, also … ja.«

»Was ist los?« Chris setzt sich zu mir. Ich will eigentlich überhaupt nicht reden gerade. Chris und ich sind zwar schon sehr vertraut, aber über Männer habe ich mit ihm bisher nicht gesprochen.

»Also, es gibt da diesen Typ…«, sage ich.

»Das habe ich mir schon gedacht.«

»Und ich habe gerade erfahren, dass er eine Freundin hat«,

sage ich und Tränen steigen mir in die Augen. Mir ist das so peinlich, dass ich schnell aufstehe und ins Bad gehe. Ich klappe den Toilettensitz runter und verberge mein Gesicht in den Händen. Sam hat eine Freundin. Er hat sie nur wenige Wochen, nachdem er Karongwe verlassen hat, kennengelernt. Es sei alles noch ganz frisch, schreibt er, aber er wollte es mir sagen, bevor ich es von jemand anderem erfahre. Mich wirft diese Nachricht so sehr aus der Bahn, dass ich mich frage, warum. Im Grunde kenne ich ihn doch kaum. Wir haben nicht viel mehr als einen Monat miteinander verbracht. Aber für mich war dieser eine Monat einer der wichtigsten meines Lebens. Unsere gemeinsamen Tage in Mashatu sind für mich wahnsinnig prägend gewesen. Diese ersten magischen Wochen in Afrika sind für mich ganz fest mit der Nähe zu Sam verknüpft. Dass er nun so schnell einen Ersatz für mich gefunden hat, lässt das, was wir hatten, plötzlich bedeutungslos werden. Nicht im Traum hätte ich mir vorstellen können, dass eine Begegnung, die mir so wertvoll ist, für ihn so leicht zu vergessen war.

Ich putze mir die Nase und wische meine Tränen weg. Ich muss eine ganze Weile im Klo verschwunden gewesen sein, denn als ich wieder rauskomme, sitzen alle Freiwilligen und Chris auf dem Geländewagen und warten auf mich. Während der Fahrt zurück zum Basecamp schaue ich aus dem Fenster und sage keinen Ton. Als wir schließlich ankommen, will ich mich schnell auf meiner weißen Box verkriechen, aber Chris hält mich zurück.

»Hey, warte mal«, sagt er und nimmt mich in den Arm. »So. Und wenn du reden willst, dann weißt du, wo du mich findest, ja? Dafür sind Freunde nämlich da, weißt du?«

»Ja … danke.« Ich fange fast schon wieder an zu weinen.

Am Abend trotte ich zu seinem Iglu, das er liebevoll den »Pleasure Dome« nennt (ich möchte gar nicht genau wissen, warum). Er sitzt beim Schein eines kleinen Feuers am Holztisch und werkelt an einem Spotlight für den Phoenix, den alten Geländewagen, den er jetzt fast fertig hat.

»Klopf, klopf«, sage ich vorsichtig, da der Pleasure Dome keine Tür hat.

»Hey, komm rein, setz dich her. Möchtest du ein Bier?«

»Auf jeden Fall. Ich brauche eins!« Ich setze mich auf die Bank ihm gegenüber.

»Wie geht's dir?«

»Okay«, sage ich.

»Willst du darüber reden?«

»Eigentlich nicht.«

»Verstehe ich. Willst du mir dann vielleicht helfen?«

»Wobei denn?«

»Ich habe das Licht für den Phoenix repariert und will ihn jetzt kurz auf eine erste Testfahrt ausführen.«

»Und wofür brauchst du da meine Hilfe?«

»Es ist schon dunkel draußen. Du musst das Spotlight halten.«

Natürlich braucht Chris dafür nicht wirklich meine Hilfe, aber ich bin dankbar für die Ablenkung. Wir holen ein paar Decken und das Bier, und als Chris den Motor startet, ist er aufgeregt wie ein kleines Kind, das gerade zum ersten Mal Kettcar fahren darf. Er lenkt den Phoenix ins trockene Flussbett, und ich leuchte mit dem Spotlight durch die Dunkelheit. Große Hoffnung habe ich nicht, dass wir in dieser Einöde irgendetwas finden. Aber darum geht es ja auch nicht. Chris und ich reden die gesamte Fahrt über Autos und wie viel Spaß es ihm macht, sie umzubauen und zu reparieren. Ich verstehe natürlich nur die Hälfte von dem, was er versucht zu erklären. Als wir nach einer Stunde wieder im Camp ankommen, fragt Chris: »Sag mal, warst du eigentlich überhaupt schon in unserem zweiten Camp auf dem Hügel?«

»Nein, noch nie. Ich wusste gar nicht, dass es noch ein anderes Camp gibt.«

»Doch, es war sogar das erste, das gebaut wurde. Aber da oben auf dem Hügel ist es tagsüber einfach zu heiß, darum eignet es sich nicht als Basecamp. Aber nachts ist es cool da oben. Wollen wir?« Chris steuert den Phoenix den Hügel hinauf, an dessen Fuß die Werkstatt steht. Das Camp ist kleiner als das unter den Anabäumen unten, aber nicht minder gemütlich und liebevoll hergerichtet. Für den Fall, dass mehrere Gruppen einen Einsatz machen, wird auch dieses Camp genutzt. An den Phoenix gelehnt trinken wir unser Dosenbier und schauen in die Sterne.

»Weißt du«, sagt Chris nachdenklich, »ich glaube, die Person, die man am Ende heiratet, sollte der beste Freund sein. Anders kann das mit der Liebe auf die Dauer nicht funktionieren.«

»Ich kannte ihn eigentlich kaum«, antworte ich.

»Dann war er vielleicht einfach nicht der Richtige. Wenn er der Richtige wäre, dann hätte er jetzt keine andere.«

»Da hast du recht«, sage ich, »aber weh tut's trotzdem.«

»Ja, das glaube ich, aber versuch trotzdem, nicht sauer auf ihn zu sein. Davon hast du selbst am Ende nämlich nichts. Man sollte immer versuchen, die beste Version von sich selbst zu sein, auch wenn es schwerfällt.«

Der Morgen bricht an. Ich sitze auf meiner weißen Box und schreibe in mein Tagebuch. Die Seiten sind mittlerweile zerfleddert und ausgeblichen. Meine Sachen sind gepackt. Es ist Zeit zu gehen.

Die Sonne hebt sich langsam über dem Ugab und strahlt warm über die orange-roten Granithügel und die Anabäume mit ihren gelben Blüten. Heute ist mein letzter Tag in Damaraland. Ein weiterer Abschnitt, der zu Ende geht. Ich habe hier viel gelernt. Über mich selbst, die anderen, den Job. Was ich aus dem Gelernten machen soll, das weiß ich noch immer nicht. Aber wie langweilig wäre auch das Leben, wenn ich alle seine Wege schon kennen würde?

Bevor wir die Rückreise nach Swakopmund antreten, laufe ich durchs Camp und nehme Abschied. Als ich in den Wagen steige, schaue ich noch einmal zurück zu meiner weißen Box. Das Leben war einfach und schön auf diesen zwei Quadratmetern, von wo aus ich nachts durch die Äste des Anabaumes in die Sterne schauen konnte. Es war eine gute Zeit, aber hierher gehöre ich nicht.

Wir fahren nach Uis, um Old Mattias dort abzusetzen. Während Chris einen Wagen volltankt und die Freiwilligen sich an den Verkaufsständen mit Souvenirs eindecken, biete ich an, Old Mattias mit dem anderen Wagen nach Hause zu fahren. Er lebt mit seiner Familie etwas außerhalb der Stadt in einem einfachen kleinen Haus. Ein paar Hühner gackern vor der Tür, drei seiner 19 Kinder kommen aus dem Haus gerannt und umarmen ihren Vater innig. Sie haben ihn immerhin seit zwei Wochen nicht mehr gesehen. Es fällt mir schwer, mich von Old Mattias zu verabschieden. »Mach's gut, Mattias, vielen Dank für alles, was du mir beigebracht hast.« Wir drücken uns etwas unbeholfen. Wenn es jemanden gibt, der noch schlechter im Verabschieden ist als ich, dann ist das wohl dieser Mann. Er nickt mir nur traurig zu und holt seine Tasche vom Rücksitz. Dann geht er mit schnellen Schritten ins Haus. Ich steige in den Wagen und starte den Motor, hupe zum Abschied und winke. Seine Kinder winken zurück. Aber Old Mattias dreht sich nicht noch einmal um. Ich kann es ihm nicht verübeln. Wahrscheinlich musste er in seinem Leben schon wesentlich häufiger Abschied nehmen als ich. Ich habe ihm meine Gitarre im Camp hinterlassen. Hoffentlich fängt er doch noch mal an zu spielen.

Gegen Mittag fahren Chris und ich auf der sandigen Straße zurück Richtung Küste. Kurz bevor wir die geteerte Straße erreichen und wieder im Empfangsgebiet unterwegs sind, schaltet Chris das Radio ein. Da so viele Deutsche in Namibia leben, ist es ein deutscher Hitsender, auf dem gerade die Nachrichten gesprochen werden.

Im Anschluss tönt »Don't stop believin'« von Journey aus den alten Boxen. Chris dreht die Lautstärke voll auf. Und während wir beide aus dem Fenster blicken, fangen wir an zu singen, zunächst beide ganz leise, bis wir beim Refrain voller Inbrunst einsteigen:

…Some will win, some will loose
Some were born to sing the blues
Oh, the movie never ends
It goes on and on and on and on

Don't stop believin'
Hold on to that feelin'…

Wenn Gerüche unser Gedächtnis anregen, dann bin ich sicher, tut Musik das Gleiche mit unserem Herzen. Der Song wird in den kommenden Monaten so oft wie nie zuvor immer mal wieder zufällig im Radio laufen. Oder vielleicht habe ich ab diesem Moment einfach nur ein besonderes Gehör für ihn entwickelt. Aber jedes Mal, wenn er gespielt wird, sitze ich in Gedanken wieder mit Chris dort im Wagen, irgendwo zwischen Abschied und Wiedersehen. Denn das steht außer Frage.

Als wir in Swakopmund ankommen, überraschen mich Wolfgang und die anderen mit einem Luxus, den ich seit Monaten nicht mehr gewohnt bin: Als Dankeschön haben sie alle zusammengelegt und mir für meine letzte Nacht in Swakopmund ein Zimmer in einem Vier-Sterne-Hotel spendiert. Ich bin davon so gerührt, dass ich mal wieder nicht weiß, was ich sagen soll. Darum drücke ich sie einfach nur alle ganz fest zum Abschied. Die Nacht verbringe ich auf weißen Daunen gebettet und träume so schön wie selten zuvor.

Chris kommt am Morgen vorbei, um sich zu verabschieden. Wir nehmen uns lange in den Arm. Und bevor wir loslassen, flüstert er mir ins Ohr:

»Glaub an dich selbst.«

Am Flughafen in Windhoek habe ich noch mehrere Stunden Zeit. Ich sitze in einem Café und beobachte die vorbeieilenden Leute. Woher kommen sie? Wohin gehen sie? Sind sie auf dem Weg in den Urlaub oder auf dem Weg nach Hause? Ich klappe meinen Laptop auf, um einen Beitrag für meinen Blog zu schreiben. In meinem E-Mail-Postfach finde ich eine Nachricht mit einem sonderbaren Betreff:

Vor dem Abenteuer ist nach dem Abenteuer.

Ich beginne, die Nachricht zu lesen und bin schon von den ersten Worten des Absenders zutiefst gerührt. Hier schreibt jemand, dem es genauso ergangen zu sein scheint wie mir selbst. Es dauert ein, zwei Sätze, dann erst setzt mein Herz für einen Moment aus, als mir plötzlich aufgeht, wer der Absender dieser Zeilen ist: Ich bin es selbst. Und jetzt erst fällt es mir wie Schuppen von den Augen: Es ist Anfang September. Hier ist die Mail, die ich mir vor über einem halben Jahr selbst geschrieben habe. Ich hatte sie völlig vergessen. Mit einem Lächeln lese ich meine eigenen Worte.

Hallo Gesa,

wenn du diesen Brief liest, dann hast du es geschafft, dann bist du wieder in Berlin und schläfst in dem Bett, von dem aus ich hier schreibe. Wie gerne wäre ich jetzt schon du! Ich weiß, das ist unfair deinem Abenteuer gegenüber. Aber ich glaube im Moment einfach noch nicht daran, dass ich das hinbekomme.

Ich werde in einer Nacht aufbrechen und würde am liebsten hierbleiben. Ich beneide dich um das bestandene Abenteuer und um deinen Mut, es durchzuziehen. Und darum, dass du jetzt wieder durch Berlin streifen kannst, mit neuen Geschichten im Gepäck. Ich kann mir nicht vorstellen, dass ich in sieben Monaten du bin.

Mir wird Berlin fehlen. Ich habe die Stadt auf meinen Streifzügen im letzten Monat wieder lieben gelernt. Hier ist Zuhause, so unvollkommen es auch sein mag.

Warum schreibt jemand einen Brief in die Zukunft, frage ich mich?

Wahrscheinlich um sich daran zu erinnern, dass alles, was jetzt gerade weh tut und schwerfällt, schon in ein paar Monaten Geschichte sein wird. Wahrscheinlich, um sich selbst anzuspornen und sich an die Person zu erinnern, die sie sein möchte in gar nicht allzu ferner Zukunft.

Ich wünsche mir so sehr, dass ich mein Abenteuer lieben werde, sobald ich erstmal unterwegs bin. Und dass sich die Angst legt. Es erscheint mir unmöglich, morgen in dieses Flugzeug zu steigen. Aber das Einzige, was ich tun kann, um die Angst endlich loszuwerden, ist wohl genau dieser Schritt.

Ich wünschte, ich wäre jetzt schon du.

Viele Grüße aus dem Januar,
Gesa

Ich klappe meinen Laptop zu, bezahle meinen Kaffee und begebe mich zum Gate. Noch im Januar, als ich diesen Weg in Tegel gegangen bin, zitterten mir die Knie, war mein Gesicht tränenverschmiert. Jetzt ist das Gefühl ein ganz anderes.

Es kann ein wahrer Segen sein, an bestimmte Orte zurückkehren zu dürfen. Mir geht es jedes Mal so, wenn ich alle Jubeljahre mal wieder an meiner alten Schule vorbeilaufe. Dann erinnere ich mich an das Mädchen, das ich mal war, das Mädchen, das mit großen Hoffnungen und noch viel größeren Ängsten gerade erst ins Leben startete. Und genauso fühle ich mich auch heute, als ich wieder in den Flieger steige. Die Situation ist gleich. Nur ich bin auf einmal anders.

25.

Endspurt am Limpopo

Zwei Wochen später lande ich am frühen Morgen in Johannesburg. Die kurze Stippvisite in der Heimat liegt hinter mir. Gedanken an Heimkehr habe ich aber gar nicht erst aufkommen lassen. Ein kurzer Heimaturlaub, um mit Familie und Freunden Zeit zu verbringen. Ich bin froh um die Chance, mich noch mal ganz neuen Herausforderungen zu stellen. Bevor ich nun wieder in den Busch aufbreche, kommt an diesem ersten Morgen in Südafrika auch gleich die erste Herausforderung auf mich zu: Ich muss zum ersten Mal mit einer echten Waffe schießen, um die grundlegende Bedienung eines Gewehres zu erlernen. Frisch aus dem Flieger gestolpert, könnte ich mir allerdings entspanntere Aktivitäten vorstellen, um in den Tag zu starten.

Auf einem Schießplatz am Rande von Johannesburg treffe ich Bob und Peter, zwei freundliche Herren, die mich in den sicheren Gebrauch mit einer Schusswaffe einweisen und mir ein Zertifikat ausstellen sollen, das es mir erlaubt, im Anschluss in Makuleke den Waffenschein für Fortgeschrittene abzulegen. Ich habe im Flugzeug kaum schlafen können und bin sichtlich verpennt, als ich die beiden begrüße. Sie führen mich ohne große Umschweife zum Schießstand, und Bob drückt mir ein Gewehr in die Hand.

»Das ist ein .308-Kaliber«, erklärt er. »Du wirst später größere Kaliber schießen müssen, aber da es dein erstes Mal ist, fangen wir mal mit der kleineren Variante an. Der Rückschlag ist hier geringer, aber du wirst trotzdem noch etwas an der Schulter merken. Bist du Rechtshänder oder Linkshänder?«

»Ich bin Linkshänder, aber mein rechtes Auge ist das Dominante. Ich würde mal versuchen, mit rechts zu schießen.«

»Alles klar. Wenn du das hinbekommst, wäre das für dich auf jeden Fall einfacher«, sagt Bob, und Peter erklärt mir, wie ich mich richtig hinstellen muss und setzt mir ein paar große Ohrenschützer auf. Ich erinnere mich an Wolfgangs Worte, versuche irgendwie meine Mitte zu finden und ziele auf die etwa 15 Meter entfernte Schießscheibe. Zum ersten Mal den Abzug einer Waffe zu betätigen ist ein merkwürdiges Gefühl. Ich drücke ihn mit zittriger Hand gleichmäßig nach hinten und erwarte jeden Moment den Schuss. Instinktiv lehnt sich mein ganzer Körper in einer Abwehrhaltung immer mehr zur rechten Seite. Als ich dann den Schuss abfeuere, knallt es erstaunlich leise und ich rieche verbranntes Schießpulver in der Luft.

»Feuer mal das ganze Magazin leer, dann bekommst du ein erstes Gespür fürs Schießen«, ermutigt mich Bob und hilft mir beim Nachladen. Nachdem ich drei weitere Schüsse abgefeuert habe, treten wir alle drei an die Schießscheibe heran und begutachten das Ergebnis.

»Gar nicht mal schlecht, dafür dass es dein erstes Mal war«, sagt Bob, »zumindest haben alle Kugeln die Scheibe getroffen. Ich schlage vor, du versuchst mal das schwerere Kaliber, was meinst du?«

Ich lasse mir von Peter eine .375 reichen. Der Unterschied im Gewicht ist enorm. Ich kann das massige Gewehr kaum lange genug an der Schulter halten, um überhaupt anständig zu zielen. Als ich den Abzug betätige, prallt der Schaft hart gegen meine Schulter und der Rückschlag wirft mich ein paar Meter zurück. Der Knall ist unfassbar laut und ich erschrecke mich tierisch. Der Schuss ging auch ganz gewaltig daneben.

»Du musst ein wenig mehr auf deinen Stand achten. Lehn dich ein bisschen mehr nach vorne und versuch, nicht gegen die Waffe zu arbeiten.«

Ich nicke, kann aber trotzdem nicht wirklich umsetzen, was er mir sagt. Meine Schulter schmerzt und ich habe Angst vor dem Rückschlag und dem lauten Knall, darum geht auch der nächste Schuss daneben. Beim dritten Mal treffe ich zumindest die Scheibe. Bob und Peter sind dennoch zufrieden. Sie drücken mir einen großen Haufen Unterrichtsmaterial in die Hand, das ich in den nächsten Tagen noch durcharbeiten muss, um dann den Theorietest zu absolvieren. Damit ist mein erstes Schießtraining auch schon vorbei.

Makuleke heißt der Ort, an dem sich jetzt fügen soll, was ich Anfang des Jahres begonnen habe. Er wird definieren, wie es für mich weitergeht. Alles scheint auf dieses wilde Reservat an der nördlichen Spitze des Krüger Nationalparks hinzuweisen. Immer wieder fiel der Name in den letzten Monaten, immer wieder habe ich gehört, was für ein wunderbares Fleckchen Erde Makuleke sei. Ich erhoffe mir Antworten von diesem Ort.

In Makuleke soll sich entscheiden, ob mein Abenteuer Afrika nur eine Auszeit bleiben wird oder ob ich mehr daraus machen kann. Und Makuleke bedeutet noch mal eine ganz neue Herausforderung. Hier werde ich noch einer ganz neuen Spezies begegnen, die ich bis jetzt nur aus Büchern kenne: den afrikanischen Büffeln. Es heißt, Büffel seien die gefährlichsten Tiere im Busch, bekannt für ihre schlechte Laune und für die meisten »Zwischenfälle« verantwortlich.

Auf der Fahrt von Johannesburg zum Krüger Nationalpark denke ich viel über das Schießen nach. Hätte mir vor einem Jahr jemand gesagt, dass ich mal versuchen würde, einen Waffenschein zu machen, ich hätte ihm einen Vogel gezeigt. Den Gebrauch von Schusswaffen lehnen eigentlich alle in meinem Umfeld ab. Ich bin in einer Welt groß geworden, in der ich nie eine Waffe in der Hand gehalten habe – noch nicht einmal auf dem Jahrmarkt zum Büchsenschießen! Die Frage, die ich mir nun aber stellen muss, ist: Könnte ich das? Könnte ich, wenn es die Situation erfordert, auf ein Tier schießen? Der Gedanke ist mir zuwider. Ich will mir die Tiere anschauen und sie anderen zeigen. Auf keinen Fall möchte ich für ihren Tod verantwortlich sein. Und könnte ich überhaupt, wenn es hart auf hart kommt, einen kühlen Kopf bewahren und innerhalb von Millisekunden die Waffe laden und treffsicher eine Kugel abfeuern?

So viel wird mir jetzt klar: Ich werde in den kommenden Wochen eine ganz neue Seite von mir kennenlernen. Mehr denn je wird es jetzt darum gehen, auf meine Instinkte zu hören und vor allem zu lernen, Situationen, die den Gebrauch der Waffe nötig machen würden, gar nicht erst zuzulassen, sondern die Zeichen des Busches so frühzeitig zu lesen, dass sowohl Mensch als auch Tier keiner Gefahr ausgesetzt sind.

Makuleke birgt aber nicht nur tonnenschwere Entscheidungen und neue Herausforderungen, sondern auch ein Wiedersehen, das ich kaum mehr erwarten kann: Biff wird dort sein. Sie macht ihr Lodge-Placement zusammen mit Mike in einem Camp am Fuße des Levuvhu-Flusses, der durch das Reservat führt.

Als ich in Makuleke ankomme, könnte es mir nicht besser gehen. Auch wenn ich noch nie hier war, wandere ich hier dennoch wieder auf gewohnten Camp-Pfaden in einer Umgebung, die mir vertraut ist. Zu meiner Rechten liegt das Küchenzelt, zu meiner Linken die Feuerstelle und das Study Deck, weiter hinten die Unterkünfte für die Schüler. Die Zelte in Makuleke sind eher kleine Hütten, auf Stelzen gebaut, mit Türen und eigenen Badezimmern. Luxus, möchte man fast meinen. Ich fühle mich direkt heimelig.

Ein Mann mit langem, blond-rotem Bart kommt auf mich zu. Er trägt Schlappen und die Head-Instructor-Uniform und stellt sich als Alan vor.

»Hallo, Alan, ich hab schon viel von dir gehört.«

»Glaub bloß kein Wort davon«, grinst Alan, »Gesa, wir haben dich in Zelt Nummer zwei untergebracht. Folge einfach dem Pfad zu deiner Linken. Du bist die Erste. Die anderen Schüler sollten aber auch bald hier sein. Es ist eine kleine Gruppe, ihr seid zu sechst. Wenn es irgendetwas gibt, was du brauchst, lass es uns bitte wissen.«

»Vielen Dank, ich bringe erstmal meine Sachen ins Zelt.«

Es ist merkwürdig, einen Menschen zu treffen, von dem ich vorher schon so viel gehört habe: Bodenständig, ehrlich, witzig, absolut Busch-vernarrt und vor allem bescheiden sei er. Ich bin neugierig, was es mit diesem Mann auf sich hat.

Als ich meine Sachen ausgepackt habe und mich an die Feuerstelle setze, treffe ich auf meinen anderen Lehrer, Vaughn.

»Hallo, ich bin Gesa«, sage ich, »ich soll dich schön von Bob und Peter grüßen. Und von Chris aus Namibia! Er war mal Back-up hier, hat er mir erzählt.«

»Ach was, Chris! Woher kennst du den denn? Geht es ihm gut?«

Ich erzähle von Namibia und Chris. Vaughn hat einen durchdringenden Blick und einen sehr starken Händedruck. Er muss etwa Ende zwanzig sein, aber genau vermag ich es nicht zu sagen, weil auch er, genau wie Chris, sein Gesicht hinter einem zotteligen Bart versteckt. Alan und Vaughn wirken auf mich wie zwei richtige Naturburschen. Sie scheinen sich zu mögen und zu respektieren. Respekt scheint in diesem Camp sowieso eine große Rolle zu spielen. Alle gehen sehr höflich und freundlich miteinander um. Es ist ein Ort, an dem ich mich sofort fallenlassen kann. Ein Ort, an dem es leichtfällt, meinen Rucksack auszupacken und mich zu Hause zu fühlen. Wie in allen anderen Camps auch werden die Mahlzeiten und die Betten von zwei südafrikanischen Frauen gemacht. In Makuleke sind es Elisa und Olivia, beide recht füllig und um die 50 Jahre alt.

Am späten Nachmittag treffen nach und nach meine Mitschüler ein. Claudio und Hendrik, zwei Afrikaans-Jungs Anfang 20, die gerade ihren Level-1-Kurs bestanden haben, Benjamin und Roger, die beide aus Makuleke stammen und im Dorf außerhalb des Reservats leben, und die einzige andere Frau namens Lauren, mit der ich mir ein Zelt teilen werde. Wir versammeln uns auf dem Study Deck und Vaughn gibt uns eine kleine Einführung in die kommenden vier Wochen.

In den nächsten Tagen werden wir einmal von Alan und

Vaughn durch das Reservat geführt, damit wir uns mit der Gegend vertraut machen können. Ab Tag drei sollen wir Schüler die Aktivitäten anführen und hierfür zu Übungszwecken auch immer mit dem Gewehr laufen. Mir ist das sehr recht, so kann ich mich wenigstens ein bisschen an das Gewicht gewöhnen. Und ich bin erleichtert, dass wir nicht sofort mit dem Schießtraining beginnen. Vaughn und Alan möchten, dass wir uns erstmal in Ruhe eingewöhnen. Wir alle wissen, was für uns mit der Schießprüfung auf dem Spiel steht: Nur wenn wir sie bestehen, können wir am Ende des Monats die Prüfung zum Back-up-Trails-Guide ablegen. Wenn wir durchfallen, ist der Rest des Kurses eigentlich umsonst, da das Schießtraining nicht wiederholt werden kann. Es gibt also nur diese eine Chance.

Für mich ist der Druck noch etwas größer, weil ich mich im Anschluss hier im Camp als Back-up bewerben möchte, um weitere Monate bleiben und am Ende hoffentlich meine Prüfung zum Lead-Trails-Guide ablegen zu können. Nur weiß davon hier im Camp noch niemand. Ich will aber auch erst fragen, ob ich bleiben darf, wenn ich das Schießtraining bestanden habe. Sam hatte mir noch in Mashatu erklärt, dass die Back-ups in den Camps von den Lehrern selbst ausgewählt werden. Hier geht es neben den bestandenen Prüfungen also ganz sicher auch um Sympathiepunkte und die Frage, ob jemand in dieses Umfeld passt.

Vor Sonnenuntergang kehren die beiden Back-ups von einem Marsch ins Camp zurück: Sie stellen sich uns als Nicolas und Frank vor und laden uns zu unserem ersten Makuleke-Sundowner im trockenen Flussbett des Limpopo ein. Auf überwucherten Pfaden steuert Nicolas den Geländewagen durch Mopanewälder und schließlich durch die satte Vegetation am Flussufer und erklärt uns dabei die Straßennamen des Reservats, die wir für den kommenden Kurs lernen müssen: Auf der *Middle Road* fahren wir zunächst gen Osten bis zu einer Kreuzung inmitten der Mopanes und biegen dann rechts ab Richtung Norden auf den *Sandpfad* bis zur *Riverroad*, wo wir erneut rechts abbiegen und in westlicher Richtung entlang des Flusses fahren, bis Nicolas den Wagen zum Halten bringt. Er ist ein freundlicher Typ und wirkt sehr entspannt. Er spricht mit einem starken Afrikaans-Akzent und läuft die ganze Zeit nur barfuß. Das ist mir auf Anhieb sympathisch. Frank scheint etwas zurückhaltender zu sein. Er hat breite Schultern und ein verschmitztes, jungenhaftes Gesicht. Wenn er redet, kommt ein starker australischer Akzent durch, und während er sich mit den beiden Makuleke-Jungs unterhält, schnappe ich auf, dass er zwar in Südafrika geboren, aber in Australien aufgewachsen ist.

Wir ziehen uns die Schuhe aus und stehen nun auf der riesigen Sandfläche, die die Ströme des mächtigen Limpopo geformt haben, irgendwo zwischen Südafrika, Botswana und Simbabwe. Der Name *Limpopo* bedeutet übersetzt in etwa »der starke, sich ergießende Wasserfall«. Rudyard Kipling erklärt in seiner Kindergeschichte *Der Elefantenjunge*, wie die Elefanten zu ihren langen Rüsseln kamen – nämlich, weil ein Krokodil aus dem Limpopo ihnen allen die Nasen langzog.

Mich erfasst hier im warmen Sand des Limpopos nun fast ein Gefühl von Heimkehr. Anfang des Jahres hat genau an diesem Fluss mein Abenteuer angefangen. Nur angemessen, dass ich nun am selben Fluss meine Reise abschließen werde. Zusammen mit Lauren buddele ich die Füße in den Sand. Sie wirkt auf mich sehr quirlig, ist ungefähr in meinem Alter und spricht mit einem starken holländischen Akzent.

»Seit wann bist du schon in Südafrika, Lauren?« Ich bin neugierig auf Laurens Weg. Als Europäerin hat sie den mutigen Schritt gewagt, sich in Südafrika niederzulassen.

»Ich bin seit drei Jahren hier und arbeite für eine Lodge im Süden des Krüger Nationalparks. Ich habe bis jetzt nur Game Drives gemacht, und das wird mir langsam langweilig. Ich will endlich zu Fuß durch den Busch laufen«, erzählt sie mir aufgeregt.

Ich bin froh, dass wenigstens noch eine weitere Frau unter den Schülern ist. Auch wenn sich die Zeiten langsam ändern und immer mehr Frauen den Beruf des Rangers ausüben, so ist es dennoch zu großen Teilen eine Männerdomäne. Lauren erzählt, dass es mehrfach vorgekommen sei, dass Safari-Gäste es abgelehnt hätten, mit ihr auf einen Game Drive zu gehen, weil sie bezweifelten, dass Lauren sie im Fall der Fälle vor den wilden Tieren beschützen könne.

»Das ist natürlich absoluter Blödsinn, aber was soll Frau da machen? Als Trails Guide zu Fuß im Busch und mit einem Gewehr wird das sicherlich noch häufiger vorkommen.«

Die Holländerin ist zierlich und hat ein hübsches Gesicht voller Sommersprossen, das von lockigen roten Haaren umrahmt wird. Auf mich wirkt sie sehr schlagfertig und selbstsicher. Bis zum Sonnenuntergang bekomme ich viele Tipps, was die Jobsuche in Südafrika angeht. Lauren beschönigt dabei aber auch nicht meine Aussichten, wirklich etwas zu finden.

»Wenn du es wirklich willst, dann wirst du einen Weg finden, da bin ich mir sicher. Aber einfach wird es nicht, davon kannst du ausgehen«, sagt sie, als wir schließlich den Sand von unseren Füßen wischen und langsam die Uferböschung zum Wagen hinaufkraxeln.

Auf der Fahrt zurück zum Camp bin ich tief in Gedanken versunken. Die Frage, die mir schon das ganze Jahr durch den Kopf geht, stellt sich mir nun lauter denn je: Will ich wirklich Rangerin werden? Habe ich überhaupt das Zeug dazu? Und selbst wenn die Antwort darauf »Ja« lautet – ist es ein Traum, der sich überhaupt umsetzen lässt?

Bevor ich zu Bett gehe, beschließe ich, dass ich all diese Fragen nach wie vor nicht beantworten kann. Im Moment zu leben wird mal wieder zu meiner einzigen Möglichkeit.

Versuche nicht, den Fluss zu lenken, habe ich mal irgendwo gelesen. Er wird schon wissen, wo er mit mir hin will.

26.

Der Geruch von Sonnenstrahlen

In aller Herrgottsfrühe sitzen wir am nächsten Morgen bei einem Kaffee auf dem Study Deck. Ich habe mich mittlerweile so an Instant-Kaffee gewöhnt, dass ich mich tatsächlich schon auf die morgendliche Plörre freue. Worauf ich mich allerdings noch mehr freue, ist endlich wieder zu Fuß in der Wildnis unterwegs zu sein! Ein ganzer Monat voller Buschmärsche liegt vor mir. Und mit etwas Glück vielleicht sogar noch eine Weile länger…

Nach dem Kaffee teilen wir unsere Gruppe in zwei Teams auf. Ich schließe mich den beiden Afrikaans-Jungs und Alan an, der mit uns gen Osten gehen will. In Südafrika ist es Voraussetzung, als Trails Guide zu Fuß im Busch ein großkalibriges Gewehr zu tragen – und es natürlich auch benutzen zu können. Alan trägt seines wie eine Sporttasche mit einer Schlinge über der Schulter. Genau wie ich scheint er nicht zu der Sorte Mensch zu gehören, die jemals auf ein Tier schießen wollen. An ihm wirkt das Gewehr wie ein lästiges Accessoire, ein Fremdkörper. Auf dem Rücken trägt er einen alten Rucksack, in dem nicht viel drin sein kann. Aus den Seitentaschen schaut links eine Orange und rechts ein Apfel heraus. Die beiden Früchte werden in den kommenden Wochen zwei feste Größen in meinem Sichtfeld werden.

Während wir durch dichte Akazien wandern, geht die Sonne langsam über Makuleke auf. Alan führt uns auf einen Hügel, von dem aus wir die Flussaue des Limpopo überblicken können. Hier oben steigt mir ein Geruch in die Nase, den ich mit Worten kaum zu beschreiben vermag. Er fällt mir auch in den kommenden Wochen immer mal wieder auf, und ich brauche eine Weile, um zu erkennen, dass er mir immer nur am frühen Morgen auf den Hügeln des Reservats begegnet, die von der Sonne bereits in warmes Licht getaucht werden. Unten im schattigen Tal ist es oft noch kalt, aber hier oben verursachen die hellen Strahlen eine angenehme Gänsehaut. Und dazu dieser betörende Geruch. Süßlich, fast wie Schokolade, aber gleichzeitig auch so reich und satt wie Blütenstaub. Ich kann es nicht besser beschreiben, aber für mich riechen so die ersten Sonnenstrahlen eines frühen Morgens in der Wildnis.

Makuleke braucht nur die ersten zehn Minuten Buschmarsch an diesem ersten Morgen, um mich völlig in seinen Bann zu ziehen. Es ist ohne Zweifel einer der wildesten Orte des Landes – und einer der bezauberndsten noch dazu. Massige Büffel grasen an grünen Flussufern, Elefanten trompeten in der Ferne, verträumte Wälder und moosüberwucherte Hügel lassen einen vergessen, dass es so etwas wie Zivilisation überhaupt gibt. Das Reservat wird eingegrenzt von zwei Flüssen: dem Limpopo im Norden und dem Levuvhu im Süden. Das Land gehörte bis ins Jahr 1968 dem Stamm der Makuleke, die während der Apartheid von hier vertrieben wurden. Der Tag, an dem das Land den Makuleke im Jahr 1998 endlich wieder zugesprochen wurde und sie in ihre Heimat zurückkehren konnten, gilt in Südafrika als wichtiges historisches Ereignis. Makuleke ist die wohl vielseitigste Gegend im ganzen Krüger Nationalpark. Dieser wilde Landstrich stellt einen natürlichen Engpass dar, auf dem Wildtiere von Norden nach Süden und wieder zurück emigrieren, über die von Menschen gemachten Grenzen hinweg.

Von unserem kleinen Hügel kann ich zwar nur einen kleinen Teil des Reservats erblicken, aber es ist Liebe auf den ersten Blick. Die Akazien bilden im Umkreis unseres Camps dichten Busch, daraus ragen große Nyalabäume hervor. Zwischen unserem Hügel und dem Limpopo erstreckt sich die weite Aue mit ihren hohen Gräsern. Zwischen Lalapalmen erspähe ich einen künstlichen Wassertrog, der von einer alten Windmühle angetrieben wird. Überall im Krüger Nationalpark wurden solche Löcher zur Wasserversorgung der Tiere angelegt. Die meisten von ihnen sind mittlerweile aber stillgelegt, damit die Tiere wieder lernen, sich auf natürliche Wasserressourcen zu beschränken. Aber hier an der nördlichen Spitze des Parks sind sie nach wie vor aktiv, wohl um die Tiere davon abzuhalten, auf der Suche nach Wasser ins benachbarte Simbabwe abzuwandern. Zur anderen Seite der Flussaue ragen schmale Akazien bis zu dreißig Meter in den Himmel. Es sind Fieberbäume, bekannt für ihre gelbe Baumrinde. Und irgendwo hinter dem Wald beginnt die saftig grüne Flussvegetation mit ihren tiefverwurzelten Jackalberries und Anabäumen.

Alan erspäht durch sein Fernglas eine Herde Büffel zwischen den Lalapalmen an der Windmühle.

»Wollen wir dann?« Alan nickt uns aufmunternd zu, und wir marschieren los. Ein Buschmarsch bedeutet so viel mehr als nur das Beobachten von Wildtieren zu Fuß. Ein Buschmarsch bedeutet, in unberührten Gegenden wie dieser unterwegs zu sein, die Umwelt schätzen und lieben zu lernen und mit offenen Augen und Ohren durch die Wildnis zu wandern. Es ist eine befreiende und aufregende Erfahrung, die einem vor Augen führt, dass man ein Teil dieser Welt ist. Ein Buschmarsch öffnet alle Sinne für die großen und kleinen Dinge im Leben, die wir vielleicht verlernt haben, wahrzunehmen.

Es ist eine erstaunlich große Büffelherde, auf die wir uns zubewegen – zumindest für mich, die noch nie einen Büffel gesehen hat. Alles, was ich über Büffel weiß, stammt aus meinen Lehrbüchern. Und die raten zur Vorsicht. Auf den ersten Blick wirken die Wiederkäuer auf mich aber nicht anders als gewöhnliche Milchkühe, und ich möchte nicht so recht glauben, dass von diesen gemütlichen Viechern eine besonders große Gefahr ausgehen soll. Tatsächlich ist der Büffel aber verantwortlich für die meisten »Zwischenfälle« im Busch. Und das liegt an seiner unfassbar schlechten Laune. Es sind die älteren Bullen der Herde, mit denen nicht zu spaßen ist. Hier in Südafrika werden sie Dagga Boys genannt. Was sich erstmal nach Boyband anhört, bedeutet übersetzt so viel wie »Matsch-Jungs«. Mit zunehmendem Alter verlieren Büffelbullen ihr Fell und suhlen sich zum Schutz vor der Sonne fortan im Matsch. Wer jetzt aber denkt, Dagga Boys hätten kein dickes Fell, der hat sich gewaltig getäuscht. Daggas haben immerhin über vierzig Jahre auf dem Buckel, in denen sie sich gegen Raubkatzen, Hyänen und Menschen behaupten mussten. Wenn sie sich bedroht fühlen, fackeln sie also nicht lange. Sollte man zu Fuß im

290

Busch ein Tier überraschen, gibt es immer den sogenannten »Fight-or-Flight-Moment« – den Moment, in dem das Tier entscheidet, ob es angreifen oder weglaufen soll. Entscheidet sich der Büffel für den »Fight«, stürmt er mit einer Geschwindigkeit von 54 Kilometern pro Stunde und gesenktem Kopf auf den Feind zu und nimmt ihn ohne lange zu zögern zwischen die Hörner. Das ist dann ungefähr so, als würde man von einem Taxi gegen eine massive Mauer geschleudert.

Ein Marsch durch den afrikanischen Busch gleicht in vielerlei Hinsicht einem Segeltörn auf dem offenen Meer: Wer den Wind nicht beachtet, hat schon verloren. Die Grundregel beim Anpirschen an wilde Tiere lautet: immer gegen den Wind. Unser Menschengeruch soll uns auf keinen Fall vorauseilen und die Tiere verschrecken. Als sich Alan mit uns Schülern im Schlepptau der Herde nähert, zieht er seine Aschesocke hervor und wirft sie kurz in die Luft. Die Asche weht in östliche Richtung davon. Wenn wir in gerader Linie weitermarschieren, wird die Herde schnell unsere Fährte aufnehmen. Alan ändert fast unmerklich, aber nicht weniger bestimmt seinen Kurs und steuert selbstsicher, nun aber mehr aus südlicher Richtung auf die Büffel zu. Wir suchen Deckung hinter einer der Lalapalmen und befinden uns jetzt in unmittelbarer Nähe des Wassertroges, aus dem die Büffel trinken. Jetzt sehen sie wirklich aus wie harmlose Kühe.

Alan flüstert uns zu: »Hört ihr die Madenhacker?«

Die beiden Jungs nicken. Ich nicke mit. Da ist es wieder, mein Problem. Den Ruf der Rotschnabelmadenhacker zu erkennen, fiel mir doch schon in Selati schwer. Hier in Makuleke ist es jetzt aber unabdingbar, dass ich ihn lerne. Das frühzeitige Erkennen dieses Rufes kann hier tatsächlich über Büffel oder

Nicht-Büffel entscheiden, und wem während der praktischen Prüfung am Ende des Kurses auch nur ein einziger Madenhacker entgeht, der kann eigentlich gleich einpacken. Die kleinen braunen Vögel mit den roten Schnäbeln hüpfen auf jedem zweiten Büffelrücken munter umher und sammeln die Zecken von der Haut. Wenn sie in die Luft flattern, machen sie eine Art zischendes Geräusch, so als würde ein Miniaturauto lossausen.

»Wir müssen über die offene Flussaue durch das Gras in den Fieberwald«, sagt Alan, »wenn wir uns auf die offene Ebene begeben, werden sie uns bemerken. Das ist nicht ideal, aber manchmal ist es einfach das beste, an den Tieren vorbeizugehen und sie gar nicht weiter zu beachten.«

Ich bin schwer darauf bedacht, die Büffel einfach links liegen zu lassen. Aus den Augenwinkeln behalte ich sie aber ganz genau im Blick. Als wir an den Lalapalmen vorbei ins Freie treten, erschrecken ein paar von ihnen, andere heben die Köpfe, schnüffeln und prusten, als seien sie verdammt sauer. Die ganze Herde ist auf einmal in Alarmbereitschaft.

»Moin«, sagt Alan und zieht seinen Hut. Daraufhin erschreckt die gesamte Herde so sehr, dass sich alle aufbäumen und das Weite suchen. Sie laufen aber nur ein paar Meter und drehen dann wieder um, ganz so, als hätten sie sich eben überlegt: Sag mal, sind wir blöde? Wir sind starke Büffel! Wir müssen doch vor nichts davonlaufen! Das Spiel wiederholt sich mehrere Male. Die Büffel folgen uns, um die potenzielle Gefahr im Auge zu behalten, aber als wir stehenbleiben und sie anschauen, rennen sie wieder davon. Ich glaube, was diese Tiere gefährlich macht, ist ihre Schreckhaftigkeit. Das und die Tatsache, dass sie mit der Wucht einer Abrissbirne auf dich losdonnern können.

Ich lerne bereits an diesem Morgen unglaublich viel, einfach nur indem ich Alan beobachte und ihm Fragen stelle. Seine Devise lautet, mit der Tierwelt zu interagieren, anstatt sie nur als Außenstehender zu betrachten. Wer die Zeichen, die der Busch entsendet, frühzeitig zu lesen weiß, kommt gar nicht erst in Gefahr. Alles hängt miteinander zusammen. Woher kommt der Pavian-Ruf? In welche Richtung schauen die Impalas? Was hat sich an dem Baum gerieben? Alles gibt Aufschluss und hat Bedeutung. Die wichtigsten Zeichen gibt aber das direkte Verhalten der Tiere selbst. Um jedes Tier lassen sich theoretisch vier Kreise ziehen, die für verschiedene Komfortzonen stehen. Von weit weg bis nah dran: Komfortzone, Alarmzone, Warnzone und kritische Zone. In jeder dieser Zonen weisen die Tiere unterschiedliche Verhaltensmerkmale auf, die es zu deuten gilt. Wenn ein Tier uns nicht bemerkt hat, verhält es sich selbstverständlich so wie immer, es weiß ja schließlich nicht, dass wir da sind. Wenn es unsere Gegenwart wahrnimmt, sich aber nicht bedroht fühlt, befinden wir uns in seiner Komfortzone. In der Alarmzone wirkt das Tier merklich nervös und alarmiert und zeigt erste Anzeichen, dass es uns bemerkt hat. Wenn wir diese Anzeichen ignorieren oder übersehen und uns noch weiter vorwagen, gelangen wir in die Warnzone. Wir sind dem Tier jetzt offensichtlich so nah gekommen, dass es sich bedroht fühlt und uns eine Warnung geben wird: »Bis hierher und nicht weiter!« Die sollte nicht auf die leichte Schulter genommen werden. Die letzte Zone ist die kritische. Das Tier fühlt sich so sehr bedroht, dass es als letzten Ausweg nur noch zwei Möglichkeiten sieht: Entweder es flieht oder es greift an.

Jedes Tier ist unterschiedlich, hat eine eigene Seele, einen eigenen Charakter, eine eigene Geschichte. Der größte Fehler, den man machen kann, ist, alle Tiere über einen Kamm zu scheren und anzunehmen, die Komfortzone sei bei jedem gleich. Bei uns Menschen ist das ganz ähnlich. Manche fühlen sich schon unwohl, wenn sich ein Fremder in der U-Bahn zu nah auf den Sitz neben sie setzt, andere werden erst nervös, wenn sie von jemandem geschubst werden. Als Neulinge in Sachen Buschmärschen sollen wir uns an die äußerste Zone halten und ihre Grenze möglichst gar nicht überschreiten. Die Praxis sieht etwas anders aus. Denn immer wieder kann es im Busch zu Situationen kommen, die so nicht im Lehrbuch stehen.

Wir erreichen schließlich den Fieberbaumwald und machen auf einem der umgeknickten Stämme Rast – zweifelsohne war hier ein Elefant am Werk. Alan setzt sich auf den Waldboden und schält seine Orange.

»Wisst ihr, warum diese Bäume Fieberbäume genannt werden?«

Wir verneinen.

»Als die ersten Siedler in diese Gegend kamen, erlitten manche von ihnen plötzlich hohes Fieber. Sie bekamen Malaria und konnten sich die Krankheit nicht anders erklären, als dass diese merkwürdigen Bäume mit den gelben Stämmen dafür verantwortlich sein müssten. Erst später fanden sie heraus, dass die Krankheit von den hier vorkommenden Mücken hervorgerufen wurde. Einige Volksstämme verstehen sich sogar darauf, aus den Fieberbäumen ein Mittel gegen das Fieber herzustellen – also im Grunde das komplette Gegenteil.«

Alan spricht mit leiser Stimme, aber trotzdem braucht er nur den Mund zu öffnen und alle hören ihm zu. Auch, weil es so wirkt, als würde Alan nur dann etwas sagen, wenn er auch etwas zu sagen hat. Mir fällt bei seinen Worten wieder ein, dass ich mich nun zum ersten Mal tatsächlich in einem Malaria-Gebiet befinde. Mein Hausarzt hat mir vor meiner Reise ein Antibiotikum verschrieben, das ich täglich zur Prophylaxe einnehmen könnte. Er hat mir aber auch ein Medikament mitgegeben, das ich in dem Fall einnehmen kann, dass ich Malaria bekommen sollte. Ich entscheide mich für die zweite Variante, auch wenn sie das größere Risiko birgt, an Malaria zu erkranken. Der Gedanke, mich für mehrere Monate mit schweren Antibiotika vollzupumpen, gefällt mir nicht. In diesem September gibt es in Makuleke zudem kaum Stechmücken, weil kaum Regen fällt. Der Name der Krankheit kommt aus dem Lateinischen und bezeichnet die schlechte Luft, die zumeist aus modernden Gewässern oder Sümpfen aufsteigt – *Mal' Aria*. Kaum sumpfige Gewässer – die Lebensräume der Mücken – bedeuten also auch kaum Mücken und darum auch kaum Malaria. Kein Safari-Guide, der dauerhaft hier lebt, betreibt Prophylaxe gegen Malaria. Wer Malaria bekommt, nimmt ein Stand-by-Medikament. Trotzdem: Vorsicht ist besser als Nachsicht. Ich beuge trotzdem vor, indem ich mich zur Dämmerung mit Mückenspray einsprühe, nach Möglichkeit lange Sachen trage und außerdem unterm Moskitonetz schlafe. Das hat noch dazu den netten Nebeneffekt, dass ich mich wie im Himmelbett fühle.

Alan führt uns nun in westliche Richtung durch die Fieberbäume. Es gibt keinen anderen Ort auf der Welt, der sich mit diesem Waldstück vergleichen ließe. Es ist überwuchert von Schling- und Kletterpflanzen, Lianen hängen von den oberen Zweigen herunter, der moosbewachsene Erdboden federt unsere Schritte ab und jeder der Fieberbäume scheint seinen ganz eigenen Platz in Anspruch zu nehmen. In regelmäßigen

Abständen ragen die gelben Stämme in den Himmel und sorgen für ein warmes Licht und eine fast schon verwunschene Atmosphäre. Gäbe es einen Märchenwald auf Erden – das hier wäre er. In einer Mulde entdeckt Alan frische Elefantenspuren, die aus dem Wald herausführen. Im Matsch ist die Spur deutlich zu erkennen: Es ist nur ein Satz Fußabdrücke und sie sind sehr groß. Hier ist ein stattlicher Elefantenbulle gelaufen.

Für die nächsten zwanzig Minuten folgen wir Alan hinaus auf ein offenes Plateau und hinein in ein Wäldchen aus Mopanes. Der Sand ist hier so fest und trocken, dass ich überhaupt keine Spur mehr erkennen kann. Alan marschiert mit seinem Wanderstab vorweg und kreist immer wieder die Überreste der Spur ein, damit wir sie sehen können. Wenn er die Spur zwischendurch einmal verliert, scheint er einfach mit seinem Instinkt weiterzugehen. Er denkt wie das Tier, das er aufspüren möchte. Als schließlich wirklich keinerlei Fußspuren mehr aufzufinden scheinen, biegt Alan plötzlich nach Norden ab. Ich habe nichts gehört oder gesehen, was ihn in diese Richtung hätte leiten können. Vielleicht hatte er einfach nur ein Gefühl. Aber zwei Minuten später sehen wir einen jungen Elefantenbullen zwischen ein paar Lalapalmen stehen. Wir befinden uns gute zwanzig Meter von ihm entfernt und der Wind steht zu unseren Gunsten. Alan zieht seine Schlappen aus und schleicht nun barfuß durch den Busch. Sicher reduziert das Barfußlaufen noch mal den Geräuschpegel, allerdings kann das nur minimal sein, denn wir Schüler hinter ihm haben die Schuhe ja auch noch an. Vielleicht geht es ihm darum, den gleichen Boden wie der Elefant zu spüren. Elefanten kommunizieren unter anderem durch das Rumoren in ihrem Magen, das sie mit ihren Füßen auf der Erde spüren können. Vielleicht hat Alan Elefantenfüße, ich weiß es nicht. Er führt uns an ein paar niedrig gewachsenen Mopanes vorbei in einem großzügigen Halbkreis um den Bullen herum, und nun fällt mir noch ein zweiter Bulle auf, ein größerer, der jetzt aus dem Wäldchen stapft. Hätten wir uns nicht bewegt, wäre er direkt in uns hineingelaufen.

Alan setzt sich auf den Boden und bedeutet uns, das Gleiche zu tun. Mich zwanzig Meter von einem ausgewachsenen Elefantenbullen hinzusetzen scheint mir eine abwegige Idee. Aber Alan macht diesen Job seit über dreißig Jahren, ich vertraue ihm. Und setze mich hin. In den letzten Monaten hat mir mein Herz schon einige Male bis zum Hals geschlagen, wurde Adrenalin durch meinen Körper gepumpt, waren alle meine Sinne hellwach, mein Atem verstummt und meine Augen weit aufgerissen. All diese Male zusammengezählt ergeben ungefähr das Gefühl, das ich jetzt empfinde. Eine leichte Brise weht von hinten an meinen Rücken und trägt unseren Geruch direkt hinüber zu den Elefanten. Alan ist ein Vollprofi – ich bin mir sicher, dass er sich genau aus diesem Grund hierher gesetzt hat. Die Elefanten nehmen den Menschengeruch mit ihren Rüsseln auf. Sie stehen jetzt beide mucksmäuschenstill und lauschen. Einer von ihnen schickt ein Rumpelgeräusch in den Boden. Daraufhin fressen beide weiter, so als sei gar nichts gewesen.

»Was sie jetzt machen, nennt sich Verdrängungsverhalten. Sie tun so, als hätten sie uns gar nicht bemerkt, und spielen die Ahnungslosen. Aber wenn ihr genauer hinschaut, seht ihr, dass sie immer noch genau horchen. Seht wie der Schwanz des Jüngeren immer noch steil in die Luft ragt. Sie wissen, dass wir hier sind. Und natürlich haben sie mich jetzt gehört«, flüstert Alan, und Sekunden später, fast wie auf sein Kommando, drehen sich beide Elefanten zu uns. Alans Geflüster war die Bestätigung, auf die sie gewartet haben. Ja, hier sitzen Menschen. Beide Bullen gehen ein paar Schritte auf uns zu.

»Seid ihr alle einverstanden oder möchte jemand, dass wir uns zurückziehen? Dann wäre jetzt die letzte Chance. Wenn sie noch näher kommen, können wir nicht mehr aufstehen und müssen die Sache aussitzen«, sagt Alan.

Wir richten alle unsere Daumen nach oben. Die Situation kostet mich Überwindung, aber ich muss lernen zu vertrauen – Alan, dass er weiß, was er tut, und den Elefanten, dass sie uns wohlgesonnen sind. Wir haben uns den Elefanten nicht genähert, haben ihre Komfortzone nicht durchbrochen. Genau wie der Elefant an meinem Zelt in Selati kommen auch diese beiden freiwillig auf uns zu. Und sie können jederzeit die Flucht ergreifen, wenn ihnen die Sache zu haarig wird.

Wir sitzen zehn Meter vor zwei wilden Elefanten auf dem Boden, und es sieht nicht so aus, als würden wir uns in nächster Zeit hier wegbewegen. Der ältere Elefant bleibt nun stehen. Er scheint zu überlegen, ob wir seine Zeit wert sind, und entscheidet sich schließlich dagegen. Mit einem weiteren Rumpeln seines Magens trottet er in großzügigem Abstand an uns vorbei. Vielleicht hat er Alans Duftmarke wiedererkannt und sich gedacht: Ach, er schon wieder. Der jüngere Bulle ist noch nicht ganz überzeugt. Was auch immer da vor ihm auf dem Boden sitzt: Er traut der Sache nicht über den Weg. Vielleicht ist er auch nur neugierig oder will uns zeigen, dass er keine Angst vor uns hat. Was auch immer ihn bewegt – Tatsache ist, etwas bewegt ihn. Und zwar weiter auf uns zu. Neun Meter, acht Meter, sieben Meter.

»Keiner macht einen Mucks«, flüstert Alan. Sechs Meter,

fünf Meter … Der Elefant blickt zu uns hinüber und schüttelt heftig den Kopf. Er kickt Sand in die Luft und ist jetzt so nah, dass ein paar Sandkörner auf meinem Knie landen. Mir kommt es so vor, als würde ich irgendwo außerhalb meines Körpers über dem Geschehen schweben. Unmöglich, dass das hier ich bin! Aber ich bin es und sehe dem Elefanten in die großen, schwarzen Augen. Er schüttelt noch einmal den Kopf, scheint mit unserer ausbleibenden Reaktion nichts anfangen zu können. Jedes andere Tier im Busch würde bei so einer gewaltigen Zurschaustellung von Elefantenstärke das Weite suchen. Denn einen Zusammenstoß mit einem Elefantenbullen würde hier draußen niemand riskieren, der den Tag überleben möchte. Schließlich tritt der Bulle mit erhobenem Schwanz und Haupt den Rückzug an. Ein Ausatmen geht durch die Gruppe. Das war die intensivste Erfahrung, die ich bis jetzt in der Wildnis sammeln durfte.

Alan führt uns ein paar Hundert Meter in die entgegengesetzte Richtung, um ein bisschen Abstand zwischen uns und die beiden Bullen zu bringen. Dann setzt er sich erneut auf den Boden und erklärt uns en détail, was wir soeben erlebt haben. Er betont dabei immer wieder, dass dies nichts ist, was wir mit zukünftigen Gästen ausprobieren sollten. Aber bei einem Trails-Guide-Kurs sollen wir uns auch auf Situationen vorbereiten, die nicht im Lehrbuch stehen.

»Eine solche Herangehensweise wie eben ist nur bei Elefantenbullen denkbar«, ergänzt er, »Bullen sind wesentlich entspannter, weil sie alleine unterwegs sind und nur auf sich selbst acht geben müssen. Und indem wir uns hingesetzt haben, haben wir weniger bedrohlich gewirkt. Mit einer Herde Mütter, die ihre Kinder beschützen wollen, ist aber nicht zu spaßen.«

Es dauert eine ganze Weile, bis ich auf dem Rückweg zum Camp wieder bei mir bin. Ich hatte aber erstaunlicherweise überhaupt keine Angst, habe mich in Alans Umkreis die ganze Zeit sicher gefühlt. Eine unglaublich erdende Erfahrung und ich bin dankbar, dass ich sie machen durfte. Dieser erste Tag in Makuleke trifft mich mitten ins Herz. Nachdem ich die Wildnis am frühen Morgen habe erwachen sehen, nachdem ich meinen ersten Büffeln begegnet bin, auf moosbewachsenem Erdboden durch den Fieberwald gestreift bin und im Schatten eines Elefanten gesessen habe, kann ich es jetzt ganz deutlich fühlen: Genau hier will ich sein und nirgendwo anders.

27.

Der Elfenbeinpfad

Makuleke beheimatet einen sagenumwobenen Ort. Hier, im Nordosten von Südafrika, ganz am obersten Zipfel des Landes, wo die dicht bewaldeten Ufer des Limpopo die Grenzen des Drei-Länder-Ecks zwischen Südafrika, Simbabwe und Mosambik definieren, liegt ein Ort, der im Volksmund als *Crooks Corner*, als »Schurken-Ecke« bezeichnet wird. Es ist ein Ort voller Legenden aus alten Tagen, die nicht nur am Rande dieses Landes, sondern oftmals auch am Rande des Gesetzes stattfanden. Die Schurken vergangener Tage, die vor dem Gesetz flüchteten, fanden hier in dieser wilden Gegend Unterschlupf, bot sie doch die verlockende Möglichkeit, mal eben von einem Land ins andere zu hüpfen – und wieder zurück, falls auf der anderen Seite auch Gesetzeshüter lauerten. Von dem größten Schurken will Alan uns erzählen. Zu diesem Zweck nimmt er uns in der ersten Woche mit auf einen Buschmarsch, auf dem er uns die Schauplätze dieser wilden Zeit zeigt und so die Geschichte wieder lebendig werden lässt.

Sein Name war Bvekenya – *Der mit Schwung in seinen Schritten geht.*

Bvekenya war der König der Elfenbein-Wilderer, der dem Arm des Gesetzes in drei verschiedenen Ländern über zwanzig Jahre immer wieder um Haaresbreite entwischte, weil er hier draußen in der Wildnis zu überleben lernte. Aber Bvekenya hieß nicht immer so. Er wurde Ende des 19. Jahrhunderts in Knysna mit dem bürgerlichen Namen Stephanus Cecil Bernard geboren. Mit nur 15 Jahren sah sich Bernard nach dem Tod seiner Mutter und dem Einzug seines Vaters in den Krieg dazu gezwungen, seine Familie zu versorgen. Aufgewachsen in ärmlichen Verhältnissen, strebte er ein Leben im Wohlstand an. Er träumte davon, Großwildjäger zu werden, und begab sich deshalb auf die Spuren seiner Vorbilder. Er reiste mit seinem Eselskarren auf dem Elfenbeinpfad, der genau durch Makuleke führte, und erlernte sein zweifelhaftes Handwerk. In Rhodesien, dem heutigen Simbabwe, wurde er bis auf die Unterhose ausgeraubt. Splitternackt, so geht die Legende, fand er daraufhin auf einer tagelangen Reise durch die glühende Hitze seinen Weg zurück nach Makuleke. Aber er gab trotzdem nicht auf, ging nach Johannesburg und besorgte sich neue Waffen. Zurück in der Schurken-Ecke erlegte er seine ersten Elefanten. Doch von Beginn an war Bvekenya anders als die anderen Wilderer. Hatte er seine Stoßzähne, führte er die lokalen Volksstämme immer zu dem toten Tier, damit sie von dem Fleisch nehmen konnten. So machte er sich viele Freunde in der Gegend, die ihn über die Jahre immer wieder deckten. Die Einheimischen gaben ihm schließlich seinen Spitznamen. Doch das Leben als flüchtiger Wilderer – und wenn er auch ihr König sein mochte – wurde Bvekenya nach zwanzig Jahren lästig, und so marschierte er eines Tages in eine Polizeistation, um sich zu stellen. Die Polizisten waren daraufhin so perplex, dass sie ihn wieder freiließen, und Bvekenya kehrte nach Crooks Corner zurück. Er hatte so viele Elefanten erlegt und ihre Stoßzähne genommen, dass es für zehn Leben reichte. In den kommenden Jahren heiratete er und wurde Vater von vier Kindern. Anstatt die wilden Tiere zu jagen, setzte er sich für den Rest seines Lebens dafür ein, sie zu schützen.

Die Bewunderung für einen Wilderer scheint merkwürdig, aber es war eine ganz andere Zeit. Bvekenya ist in dem Glauben aufgewachsen, dass die großen Wildtiere Afrikas dazu da waren, um erlegt zu werden. Es gab sie damals noch in viel größerer Zahl als heute. Abgesehen von seiner Wilderei war Bvekenya ein wilder Abenteurer, ein Freigeist, der von dieser rauen und gesetzlosen Gegend so angezogen war, dass er über zwanzig Jahre lang unter den einfachsten Bedingungen hier gelebt hat. Bvekenya war frei. Aber manche sagen, dass dieselben Freigeister, die schon damals von Crooks Corner angezogen wurden, auch heute noch ihren Weg hierher finden und von diesem Ort in den Bann gezogen werden.

In den kommenden Tagen lerne ich immer mehr von und auch über Alan. Er ist wahrhaftig ein richtiger Buschmann. Seit dem Tag, an dem er die Schule verlassen hat, hat er im afrikanischen Busch gearbeitet. Er hat nicht studiert oder irgendwelche Kurse belegt und sich über die letzten dreißig Jahre mehr und mehr Wissen angeeignet. Seine Eltern sind schottischer Abstammung, er wuchs jedoch nahe der afrikanischen Wildnis auf. Nur dass er so oft so weit weg von seiner Familie ist, macht dieses Leben manchmal schwer für ihn. Es ist herzerwärmend, mit wie viel Liebe er von seiner Frau und seinen beiden Kindern erzählt, wenn man ihn danach fragt.

Wer sich als Back-up-Trails-Guide qualifizieren möchte, muss neben der Prüfung eine bestimmte Anzahl an Stunden in einem Logbuch vorweisen und mindestens zehn Begegnungen mit den »Big 5 Wildtieren« gehabt haben. Über jeden Busch- marsch führen wir darum genau Buch, und jeder Eintrag muss entweder von Alan oder Vaughn abgezeichnet werden.

Vaughn übernimmt an diesem Nachmittag die Führung, sagt uns aber nicht, wohin wir gehen werden. Er habe etwas Besonderes vor, sagt er. Zusammen mit Nicolas fährt er uns auf die andere Seite des Reservats. Nach knapp einer Stun- de erreichen wir unser Ziel, und Vaughn zieht mit seinem Wanderstab eine Linie in den Sand.

»Bevor ich Trails Guide wurde«, sagt er, »habe ich in einer Mine gearbeitet. Es war harte Arbeit und mein Vorarbeiter war ein Afrikaner, der nach seiner eigenen Aussage über einhun- dert Jahre alt war. Ob das stimmt, vermag ich nicht zu sagen, aber weise genug war er ganz gewiss.« Vaughn spricht mit tie- fer, fester Stimme. »Eines Tages gingen er und ich zum Son- nenaufgang hinauf und setzten uns mit dem Rücken an eine alte Scheune gelehnt ins Gras. ›Was hörst du?‹, fragte mich der alte Mann. Ich lauschte für eine Weile und beschrieb ihm, was ich hörte. Ein paar Vögel, deren Namen ich damals noch nicht kannte, den Wind in den Bäumen, entfernten Straßenverkehr. ›Was hörst du noch?‹, fragte der alte Mann mich weiter, aber ich hörte nichts weiter, darum sagte ich ihm das. ›Weißt du, Vaughn‹, sagte daraufhin der alte Mann, ›ich glaube, wenn du nur lange genug still bist und ganz genau zuhörst, dann wer- den die Bäume dir ihre Geheimnisse zuflüstern.‹«

Er guckt uns der Reihe nach an. »Nun glaube ich zwar nicht, dass Bäume wirklich flüstern können und ob sie Geheimnisse haben, das weiß ich auch nicht. Aber was ich glaube, ist, dass sich eine tiefe Verbindung finden lässt, wenn wir ganz alleine Zeit in der Natur verbringen und ihr einfach zuhören. Ich möchte heute mit euch etwas Neues versuchen. Und zwar möchte ich euch auf einen ›Silent Walk‹, einen stillen Marsch, mitnehmen. Jeder geht für sich alleine und wahrt einen gewissen Abstand zu seinem Vordermann. Sobald ihr diese Linie übertretet, dürft ihr nicht mehr sprechen, bis ich am Ende des Marsches wieder eine Linie in den Sand male, die ihr übertretet. Seid ihr damit einverstanden?«

Wir sind einverstanden, und einer nach dem anderen übertreten wir die Linie.

Die Gegend hier ist steinig. Vaughn führt uns durch den trockenen Lauf eines Bergbachs, an dessen Seiten steile Felsen hervorragen. Wir klettern über große Felsvorsprünge und bahnen uns einen Weg durch verworrenes Geäst, während sich unsere Sinne langsam mehr und mehr auf unsere Umgebung einstellen. Die Versuchung, etwas zu sagen, ist anfangs noch groß, doch je länger wir laufen, desto mehr verliere ich das Bedürfnis, einen Kommentar abzugeben, und beginne zu hören und mich auf meinen Atem zu konzentrieren, der nun ruhig und gleichmäßig meine Lungen mit Sauerstoff versorgt. Wir folgen dem Weg, den sich einst das Wasser durch die Felsen gebahnt hat. Die Steine sind glatt poliert von der Strömung. Unter einem massiven Vorsprung machen wir Rast und suchen ein wenig Deckung vor der heißen Nachmittagssonne. Auf der anderen Seite des Vorsprungs führt ein steiler Pfad in ein Tal. Wir müssen durch eine enge Felsspalte nach unten klettern. Hier wird es zu einer echten Herausforderung, den Mund zu halten und den anderen Schülern nicht mit Worten verständlich zu machen, wo sie am besten ihre Füße hinsetzen sollen, um sicher nach unten zu gelangen. Das Tal erweist sich als breite Schlucht, in der ein kleiner Fluss plätschert. Vaughn weist uns gestikulierend an, unsere Schuhe auszuziehen. Wir folgen ihm und Nicolas in die Schlucht und waten durch das flache Wasser. Die beiden Guides tragen ihre Gewehre über dem Kopf, damit sie nicht nass werden. Das Wasser ist angenehm kühl und die Vegetation wirkt hier auf einmal ganz und gar nicht mehr afrikanisch. Wir könnten auch gerade irgendwo in den Rocky Mountains in Kanada sein, wenn es nur nicht so heiß wäre. Das Wasser wird tiefer und tiefer, bis es irgendwann bis über unsere Knie reicht. Vaughn deutet uns nun an, aus dem Gänsemarsch herauszutreten und alle in einer diagonalen Linie nebeneinander herzulaufen. Was für einen merkwürdigen Anblick wir von oben bieten müssen. Ein natürlicher Damm versperrt uns schließlich den Weg, und wir müssen das Wasser verlassen und die Böschung hinaufklettern.

Auf der anderen Seite des Damms offenbart sich uns dann ein schrecklicher Anblick, den wohl niemand kommen sah: Vom Strom gegen die riesigen Felsen gepresst, liegt ein massiger grauer Körper und zu meinem Horror stelle ich fest, dass ihm der Kopf fehlt. Es sind die Überreste eines Flusspferdes. Vaughn klettert auf den Felsen näher an das Tier heran, um es zu untersuchen. Nicht zu sprechen wird auf einmal zur Qual, denn mir brennt die Frage auf der Zunge, was dem Tier zugestoßen sein kann. Der Kopf scheint mit einem scharfen Gegenstand entfernt worden zu sein, aber warum sollte jemand einem Flusspferd so etwas Grausames antun? Welchen Wert kann der Kopf dieses Tieres gehabt haben? Der Körper wurde unversehrt dort im Wasser liegen gelassen. Wir marschieren wortlos weiter.

Der Rest des Marsches ist von einer bedrückten Stimmung geprägt, die sich ganz ohne Worte deutlich überträgt. Wir klettern einen steilen Abhang hinauf und stehen schließlich am oberen Ende der Schlucht und blicken auf den Fluss. Von hier oben sieht das tote Tier nur noch wie ein großer grauer Stein aus. Vaughn führt uns durch ein paar Büsche zu einer Art Aussichtsplattform, wo Frank mit einer Picknickdecke, Snacks und Getränken wartet. Auch den Sundowner verbringen wir schweigsam. Es ist der seltsamste Sonnenuntergang, den ich seit langem erlebt habe. Ich lasse meine Beine von einem Felsvorsprung in die Tiefe baumeln und hänge meinen Gedanken nach. Dieser Silent Walk war so tief wie die Schlucht, die jetzt so friedlich vor uns liegt. Und auf merkwürdige Weise passt diese Tiefe zu Vaughn, der mich mit seiner Geschichte über das Flüstern der Bäume ehrlich berührt hat.

Als wir schließlich wieder über die Linie treten, bleiben wir zu meinem eigenen Erstaunen erstmal noch eine ganze Weile still. Die Stille ist plötzlich zu etwas Kostbarem geworden, das keiner zerbrechen möchte. Auf der Rückfahrt im Geländewagen ist es Vaughn, der das Schweigen bricht.

»Wir müssen die Park-Ranger verständigen«, sagt er zu Nicolas und Frank, »und sie über das Flusspferd informieren.«

»Was glaubst du, was passiert ist?«, fragt Claudio, einer der Afrikaans-Jungs.

»Wilderer«, sagt Vaughn und sein Tonfall macht klar, dass er nicht weiter darüber reden möchte.

Zurück im Camp setzen wir uns gemeinsam ans Lagerfeuer

und beschreiben bei einem kühlen Bier, wie es uns auf dem Silent Walk ergangen ist. Wir erfahren, dass die Schlucht, durch die wir gelaufen sind, Mutali-Schlucht heißt. Sie ist eine von zwei großen Schluchten, die sich durch das Reservat ziehen. Knapp vier Stunden lang sind wir schweigend durch die Wildnis gelaufen. Ich hätte noch viel länger laufen können. Erst als wir von oben in die Mutali-Schlucht hinabblickten, hatte ich das Gefühl, ganz bei mir selbst anzukommen. Der Marsch schließt für mich einen Kreis. Schon seit einigen Jahren habe ich das Gefühl, dass nicht jedes Geschehen meinen Kommentar braucht. Und ich überlege mir mehr und mehr, wann ich etwas sage und wann einfach nicht.

Auf dem Weg zur Kühlbox für den Biernachschub schaue ich bei Elisa und Olivia in der Küche vorbei. Ich mag die beiden Frauen sehr. Sie sind immer für eine kleine Plauderei zu haben. Elisa, die sich um die Zelte und die Wäsche kümmert, liebt Menschen. Das war schon von Tag eins an klar. Ständig nimmt sie einen in den Arm, rückt die Kleidung zurecht oder erzählt eine Geschichte aus ihrem Leben. Und wenngleich Olivia, die Köchin, auf den ersten Blick etwas grummelig wirken mag, trägt sie doch genauso viel Wärme in sich. Mir ist wichtig, dass die beiden Damen mich gut leiden können, sie sind das Rückgrat des Camps, das alles zusammenhält.

Als ich das Küchenzelt verlasse, höre ich einen Wagen in der Einfahrt. Wer sollte so spät am Abend noch ankommen? Ich sehe Taschenlampen näher kommen und als ein Lichtkegel mein Gesicht trifft, beginnt er wild auf und ab zu tänzeln, als die Person, die die Lampe trägt, mit einem Affenzahn auf mich zu rennt und mich mit einer fetten Umarmung zu Boden wirft. In der Dunkelheit erkenne ich sie am Duft ihres Shampoos, das sich nicht geändert hat. Da liegen wir zusammen auf dem Boden und halten uns in den Armen, Biff und ich.

»Du bist wirklich hier!«, sagt sie aufgeregt. »Du bist wirklich, wirklich hier!«

»Ich hab dir doch geschrieben, dass ich dahin komme, wo auch immer du landest«, sage ich lachend und schaue sie mir ganz genau an. Sie sieht auf einmal viel älter aus und trägt eine richtige, professionelle Guide-Uniform und einen neuen Hut mit breiter Krempe. Hinter ihr kommt jetzt der blonde Mike herangestiefelt, den ich nicht minder fest drücke. Die beiden altvertrauten Gesichter wiederzusehen, erfüllt mich mit tiefer Freude. Ich habe das alles Anfang des Jahres nicht nur geträumt. Es hat unsere gemeinsame Zeit wirklich gegeben.

Wir verbringen den Abend am Lagerfeuer. Mike kriegt es fertig, die alte Camp-Gitarre zu stimmen, und spielt die Lieder, die wir schon in Mashatu gern zusammen gesungen haben. Biff erzählt mir alles, was sie in den letzten Monaten erlebt hat, wie sie ihren eigenen Trails-Guide-Kurs bestanden und daraufhin zunächst als Back-up hier im Camp war, dann aber eine Anstellung in einem Camp fand, das ungefähr vierzig Minuten südlich von hier am Ufer des Levuvhus liegt.

»Das Schießen war überhaupt nicht so schwer, wie ich gedacht habe!«, erzählt Biff. »Hast du schon geschossen?«

»Einmal, auf dem Schießplatz in Johannesburg. Unser Training hier beginnt morgen früh. Ich hoffe, ich pack das…«

»Natürlich packst du das! Wenn ich das geschafft habe, dann schaffst du das auch! Wende einfach deinen Blick nie von der Zielscheibe ab, wenn du dran bist. Das hat mir total geholfen!«

Sie fragt mich nach Sam und kann nicht fassen, dass er eine Freundin hat.

»Dann hat er dich eben gar nicht verdient«, sagt sie und knufft mich in die Seite. »Hey, vielen Dank übrigens für dein Abschiedsgeschenk und die lieben Worte. Hier, ich habe auch was für dich.« Sie streift ein Perlenarmband von ihrem Arm und legt es mir ums Handgelenk. »Damit du mich nicht vergisst!«

Ich drücke sie fest. »Danke, Biff. Das wird bestimmt nicht passieren.«

Schön, sie wieder in meinem Leben zu haben, auch wenn es nur für kurze Zeit ist. Aber Freundschaft kennt eben keine Entfernungen, keine Grenzen, keine Zeit und kein Alter.

28.

Ich Greenhorn

Das Gewehr liegt schwer in meiner linken Hand. Ich schaue unverwandt in die Augen der Löwin, die knapp zwanzig Meter entfernt im Gebüsch auf mich wartet, lasse sie nicht einmal aus den Augen. Es ist der letzte Tag des Schießtrainings. Die Löwin ist natürlich nur eine Attrappe. Ein realistisches, großformatiges Foto von ihr klebt auf einem Schlitten, der mit einem batteriebetriebenen Seil gleich auf mich zugeschossen kommen wird. Mit dieser letzten Übung wird sich heute entscheiden, wie es für mich weitergeht. Ich muss die Löwin beim ersten Versuch direkt zwischen die Augen treffen. Nur dann bestehe ich das Schießtraining für Fortgeschrittene. Nur dann kann ich die Prüfung zum Back-up-Trails-Guide ablegen. Nur dann kann ich Alan fragen, ob ich noch länger in Makuleke bleiben darf.

Hinter mir steht Vaughn, auf dessen Kommando die Löwin gleich auf mich losgelassen wird. Wann genau, das weiß ich nicht.

»Denk dich noch einmal durch die gesamte Übung und wenn du so weit bist, gehst du los«, sagt Vaughn und mit seinen Worten pumpt das Adrenalin in Strömen durch meinen Körper. Ich atme einmal tief durch. Dann marschiere ich los. Und mit meinem dritten Schritt rast die Löwin schnurstracks auf mich zu.

Drei Tage vorher krabbele ich mit einem gehörigen Kater am Morgen nach dem Wiedersehen mit Biff aus dem Bett, schmeiße mich schnell in meine Klamotten und eile zum Study Deck. Vaughn wird uns in einer Theorie-Einheit an diesem Morgen zunächst im sicheren Umgang mit den Gewehren unterweisen. Einiges weiß ich ja schon von Peter und Bob und auch von Wolfgang, aber heute wird es ans Eingemachte gehen. Wir lernen heute nicht nur die Grundregeln der Ballistik, wie ein Gewehr aufgebaut ist und wie wir es zu benutzen und zu reinigen haben, sondern auch, wohin wir zielen müssten, falls es auf einem Marsch tatsächlich zu der furchtbaren Situation kommen sollte, dass wir ein Großwildtier erschießen müssten. In mir ruft diese Unterrichtsstunde große Zweifel hervor. Es wäre wohl auch schlimm, wenn dem nicht so wäre. Anhand von Fotos erklärt Vaughn, wo sich beim jeweiligen Tier das Gehirn befindet. Denn das müssten wir treffen. Nicht erst mit dem dritten oder vierten Schuss, sondern möglichst mit dem ersten.

Die Frage, die mir nicht mehr aus dem Kopf will, ist, mit welcher Berechtigung wir uns anmaßen, durch das Territorium der Tiere zu marschieren und uns mit einer Schusswaffe zu verteidigen. Wir könnten ja auch einfach fernbleiben. Ich finde keine Antwort. Eine Waffe zu tragen, ist wohl die größte

Verantwortung, die ich jemals in meinem Leben übernehmen musste.

Nach dem Unterricht beginnen wir mit Trockenübungen, um die genauen Abläufe des Trainings zu erlernen. Bevor wir überhaupt mit scharfer Munition schießen dürfen, erhalten wir Dummy-Patronen, mit denen wir unsere Gewehre laden. Die Schießprüfung besteht aus fünf Übungen, die alle unmittelbar aufeinanderfolgend bestanden werden müssen. Wer beim ersten Mal drei der Übungen besteht, dann aber durch die vierte durchrasselt, darf auch die fünfte Übung nicht durchführen und erhält am nächsten Tag noch eine weitere Chance. Schafft man es auch bei diesem zweiten Anlauf nicht, ist man durchgefallen. Die zwei Tage vor der Prüfung verbringen wir deshalb nur mit Trockenübungen. Damit erfolgreich geschossen werden kann, müssen die Drills – die genauen Abfolgen der Schießübungen – ins Muskelgedächtnis übergehen.

Die erste Übung besteht aus dem Laden des Gewehres mit geschlossenen Augen, auf Zeit. Bei der zweiten Übung muss bei eigener Zeiteinteilung dreimal auf eine 15 Meter entfernte Zielscheibe geschossen werden. Alle drei Kugeln müssen innerhalb des Kreises landen. Bei der dritten Übung müssen wir auf Zeit so schnell wie möglich hintereinander auf ein 15 Meter, ein zehn Meter und ein fünf Meter entferntes Ziel schießen. Auch diese drei Schüsse müssen innerhalb des Kreises landen. Übung Nummer vier ist der Büffel. Wieder auf Zeit muss auf zwei Büffelattrappen geschossen werden, eine ist zwölf Meter entfernt, eine acht Meter. Beide Kugeln müssen entweder das Hirn oder zumindest den Hirnschädel treffen. Die letzte und schwierigste Übung ist die sich bewegende Löwenattrappe. Bei dieser Übung ist es unfassbar wichtig, den genauen Ablauf einzuhalten. Es wird ein Busch-Walk mit Gästen simuliert, währenddessen eine Löwin aus dem Gebüsch jagt. Während die Attrappe auf einen zugeschossen kommt, muss man diese laut anschreien und in Windeseile auf die Knie gehen und eine scharfe Patrone abfeuern, die beim ersten Versuch direkt zwischen die Augen treffen muss. Wer es nicht schafft, zwischen die Augen zu schießen, fällt sofort durch.

Mir erscheint es absolut unmöglich, abgesehen von der ersten Blinde-Kuh-Übung, überhaupt eine der anderen Prüfungen zu bestehen. Ich schiebe meine moralischen Zweifel über die Waffenpflicht auf Buschmärschen also erstmal auf die lange Bank, es wird ja eh nicht dazu kommen, dass ich mir zu diesem Thema eine Meinung bilden muss, denn nie und nimmer werde ich diese Prüfung als absolutes Greenhorn bestehen.

Bei den Trockenübungen stelle ich mich ungeschickt an. Mein Problem ist nicht das schwere Gewicht der Waffe oder das schnelle Laden der Munition; nein, ich habe Probleme damit, mir die Abläufe einzuprägen. Irgendetwas in meinem Kopf scheint sich ganz arg dagegen zu wehren, das hier richtig hinzubekommen. Ich entschuldige mich immer wieder bei Vaughn, der jedes Mal, wenn ich die Reihenfolge wieder durcheinanderbringe, noch mal alles von vorne erklären muss.

Einen ganzen Tag lang gehen wir alle Übungen immer wieder durch, aber als die Sonne untergeht, habe ich sie immer noch nicht im Kopf. Ich schlafe mit einem mulmigen Gefühl ein.

So früh wie noch nie zuvor beginnt der nächste Tag für uns. Der Schießplatz ist eine knappe Stunde vom Camp entfernt, und da die Tage so entsetzlich heiß sind, wollen Alan und Vaughn noch vor Sonnenaufgang auf der Range ankommen. Die Range ist nichts anderes als eine sandige Fläche, an deren Ende ein mit alten Autoreifen gepolsterter Hügel steht. Vaughn stellt im Umkreis rote Fahnen auf und gibt über Funk durch, dass wir die Range nun benutzen, um ganz sicher zu gehen, dass sich niemand von den zwei Lodges, die es im Reservat gibt, in der Nähe aufhält. Wir bekommen ein detailliertes Sicherheitsbriefing und in Vaughns Stimme liegt heute eine Strenge, die ich so von ihm noch nicht kenne. Aber ich schätze, die Situation verlangt das von ihm. Schießen ist eine ernste Angelegenheit, bei der keine Fehler passieren dürfen.

Wir erhalten jeder ein Paar Ohrenschützer und sollen nun alle nacheinander ein paar Patronen abfeuern, um ein Gespür für die Waffe zu bekommen. Claudio und Hendrik haben schon viel Erfahrung mit dem Gebrauch von Schusswaffen. Beide waren bereits mehrere Male mit ihren Vätern auf der Jagd. Ihnen ist keinerlei Nervosität anzumerken. Benjamin und Roger haben genau wie ich noch nie geschossen. Sie wirken aber im Gegensatz zu mir recht unbefangen. Lauren, die ich sonst nur cool kenne, sitzt stumm im Sand und wippt nervös mit den Knien auf und ab.

»Alles in Ordnung?«, ich beuge mich zu ihr hinunter.

»Ich bin schon einmal durch die Prüfung gefallen«, gesteht sie mir. »Ich wollte das Schießtraining schon vor diesem Kurs aus dem Weg schaffen und hab es darum bei Bob und Peter in Johannesburg versucht. Aber die Löwenattrappe habe ich einfach nicht geschafft.«

»Manche Leute brauchen mehrere Anläufe, Lauren«, sagt Vaughn, der jetzt hinter ihr steht, »das macht sie noch nicht zu schlechten Schützen. Vergiss das jetzt mal.«

In der nächsten Stunde schießen wir mit scharfer Munition auf die verschiedenen Ziele. Als ich nach vorne an die Schusslinie trete, versuche ich, meinen Kopf ganz frei zu machen, aber der ist immer noch voller Zweifel. Durch die Ohrenschützer vernehme ich Vaughns gedämpfte Stimme, die mir die bevorstehende Übung erklärt. Gewehr laden, anlegen und schießen. Ich habe noch vom Training mit Bob und Peter in Erinnerung, wie heftig der Rückstoß einer .375 ist und merke, dass sich meine Schulter verkrampft. Trotzdem drücke ich schließlich den Abzug. Es knallt höllisch laut und ich rieche Schießpulver. Nachdem ich noch zwei Schüsse abgefeuert habe, treten Vaughn, Alan und ich nach vorne an die Zielscheibe und begutachten das Ergebnis.

»Nicht schlecht«, sagt Alan, »alle Kugeln haben die Scheibe getroffen. Aber alle befinden sich etwas zu weit links. Ich glaube, du lenkst mit deiner linken Schulter etwas zu sehr dagegen, weil du Angst vor dem Rückschlag hast, kann das sein?«

»Ja, das kann sehr gut sein.«

»Versuch, keine Angst zu haben«, rät Vaughn, »du weißt jetzt, wie er sich anfühlt, und du weißt, dass es dir nicht weh tun wird. Arbeite nicht dagegen an.«

Wir wagen noch mehrere Durchläufe, in denen sich alle stetig verbessern, Claudio und Hendrik schaffen es bereits an diesem ersten Tag, sich durch die Übungen eins bis vier zu schießen. Sie müssen am nächsten Tag also nur noch die Löwin erlegen. Für uns andere läuft es weniger gut. Ich mache immer noch die gleichen Fehler, kämpfe weiterhin gegen den Rückschlag an und vergesse die Abläufe. Mein einziger Trost ist, dass ich nicht alleine bin. Aber auch das hilft natürlich nur wenig. Man könnte meinen, dass diese Zeitspanne viel zu kurz sei, um Neulingen das Schießen beizubringen. Doch ich glaube, Schießen ist am Ende wie Tanzen: Entweder man kann es, oder man kann es nicht. Tanzen kann ich zum Beispiel gar nicht.

Während die anderen den Nachmittag im Camp damit verbringen, die Löwenattrappe aufzubauen und die Übung bis zum Ermüden zu trainieren, suche ich nach Alan. Ich habe seit dem gestrigen Theorieunterricht eine Blockade im Kopf und das Gefühl, sie nur dann einreißen zu können, wenn ich weiß, wie Alan über das Schießen denkt.

»Alan, hast du eine Minute?«, frage ich ihn, als ich ihn im Büro hinter dem Küchenzelt finde.

»Schieß los«, sagt er, »ja, der Wortwitz war Absicht.«

»Ich weiß nicht, ob ich das mit dem Schießen hinbekomme. Ich will unbedingt, aber ich kann nicht. Und ich glaube, es liegt an meinem Kopf. Ich weiß einfach nicht, ob ich die Verantwortung übernehmen will, die so ein Gewehr mit sich bringt.«

Alan nimmt sich einen Moment Zeit für seine Antwort.

»Was das angeht, muss jeder seine eigene Wahrheit finden. Ich für meinen Teil würde es als Versagen ansehen, wenn ich dieses Gewehr jemals benutzen müsste. Ich denke, das sehen wir wohl alle ähnlich. Darum sollten wir unser Menschenmöglichstes tun, um solche Situationen zu vermeiden. Je mehr du über den Busch weißt, je besser du ihn zu lesen verstehst, desto größer ist die Wahrscheinlichkeit, dass du dich nicht in dumme Situationen begeben wirst. Ich arbeite seit dreißig Jahren im Busch. Schießen musste ich noch nie.«

»Ich frage mich aber auch, ob wir überhaupt das Recht haben, hier durch die Wildnis zu laufen«, gestehe ich ihm.

»Hier kommen wir her«, sagt Alan schlicht, »hier haben sich

unsere Instinkte erst entwickelt. Hier liegen unsere Wurzeln. Ich glaube nicht, dass wir in diese Welt geboren wurden, ohne bereits irgendeine Verbindung zu ihr zu haben. Wir kommen auf die Welt mit genetischem Erbmaterial aus Millionen von Jahren. Und wenn wir Zeit in Afrika verbringen, wenn wir unsere Zeit damit verbringen, Elefantenspuren zu lesen, auf dem Boden zu schlafen, durch den Busch zu wandern, am Lagerfeuer zu sitzen und dem Brüllen der Löwen zu lauschen, können wir das Blut erst wieder richtig durch unsere Adern fließen hören. Und ich glaube ganz fest daran, dass dabei ein Wiedererkennen stattfindet. Ich glaube, dass dabei eine Verbindung wiederaufgenommen wird, die wir vergessen haben. Manche mehr als andere, keine Frage. Aber jeder spürt hier draußen irgendwas. Keiner bleibt davon unberührt. Das hat jetzt deine Frage wahrscheinlich nicht beantwortet oder?«, lacht er, »was ich meine, ist, dass es diese tiefe Verbindung zu der Wildnis ist, die es uns erlaubt, hier draußen sein zu dürfen. Genau wie alle anderen Lebewesen auch. Und es ist unsere Aufgabe als Wilderness- und Trails Guides, die Verantwortung anzunehmen, die damit einhergeht. Und damit meine ich nicht den Gebrauch eines Gewehrs, sondern Respekt vor der Natur zu haben, sie zu studieren und dann gewissenhafte Entscheidungen zu treffen. Wie du zu diesem Stück Holz mit Schießpulver und Patrone stehst, das musst du selbst entscheiden. Aber es ist nun mal leider eine Vorschrift in diesem Land. Und wenn du diesen Beruf ausüben willst, dann führt daran kein Weg vorbei. Es wäre allerdings noch genug Zeit, um stattdessen mit dem Stricken anzufangen. Aber irgendetwas sagt mir, dass das nicht dein Ding wäre.«

Wir lächeln uns verschwörerisch an.

Am Prüfungsmorgen gehen mir noch immer allerhand Fragen durch den Kopf. Auf der Fahrt zur Range bin ich still und die kalte Morgenluft lässt mich zittern. Vaughn lenkt den Wagen einen Hügel hinauf und stoppt vor dem Ausblick auf ein weites Tal, durch dessen Gräser eine Herde Elefanten stapft. Die ersten Sonnenstrahlen des Tages wärmen meine Haut und ihr Geruch steigt mir in die Nase. Der beste Geruch der Welt, so reich und süß und erdig. Und dann kenne ich endlich meine Antwort. Ja. Ich bin bereit, die Verantwortung zu übernehmen.

Auf der Range sind meine Gedanken glasklar. Eigentlich denke ich gar nicht mehr viel. Ich mache einfach nur. Und schieße mich tatsächlich durch alle Übungen, bis nur noch die Löwenattrappe übrigbleibt. Claudio und Hendrik meistern auch diese ohne mit der Wimper zu zucken. Die beiden Makuleke-Jungs Benjamin und Roger sind leider schon an dem Büffel gescheitert. Bleiben nur noch Lauren und ich und die Löwin. Lauren lässt mir den Vortritt.

Und da stehe ich nun und denke mich durch die Aufgabe. Ich laufe los, so ferngesteuert wie die Löwin, die jetzt von Null auf Hundert auf mich los jagt.

»LÖWE! KEINER BEWEGT SICH! HEY!«, höre ich mich brüllen. Ab dann übernimmt das Muskelgedächtnis mein Handeln. Noch während ich auf die Knie gehe, führt mein linker Arm das Gewehr an die rechte Schulter. Mit der rechten, offenen Hand lade ich zeitgleich die scharfe Patrone aus dem Magazin in den Lauf. Ich halte eine Millisekunde inne. Der Schaft ruht an meiner Wange. Mit meinem rechten, dominanten Auge blicke ich am Lauf vorbei und ziele direkt zwischen die Augen der Löwin, die jetzt in voller Fahrt ist. Ich atme aus. Die Luft entweicht gleichmäßig meinen Lungen. Ich drücke den Abzug.

Durch die Ohrenschützer höre ich den dumpfen Knall. Der Rückschlag lässt mich dieses Mal kalt. Ich rieche das Schießpulver. Ob ich getroffen habe, kann ich noch nicht erkennen. Ich folge dem Ablauf der Übung, lade die Dummy-Patrone, ziele erneut und drücke den Abzug. Ich stehe auf und bringe meine Mitschüler in Sicherheit, den Lauf des Gewehres und mein Blick weiterhin unverwandt auf die Attrappe gerichtet. Ich lade eine weitere Dummy-Patrone und feuere den letzten Schuss. Mit zittrigen Schritten gehe ich auf die Attrappe zu. Als ich mit der Spitze meiner .375 den Lidreflex teste, kann ich ein Grinsen nicht unterdrücken. Ich sehe mein Einschussloch. Die Kugel ist direkt zwischen die Augen gegangen. Ich beende die Übung und entlade das Gewehr. Als ich mich zu den anderen umdrehe und die Ohrenschützer abnehme, klatschen sie laut Beifall. Vaughn kommt verschmitzt grinsend auf mich zu und untersucht der Form halber die Attrappe, kreist mein Einschussloch mit einem Stift ein.

»Der beste Schuss des Tages«, verkündet er dann und reicht mir die Hand. »Herzlichen Glückwunsch, du hast bestanden!« Auch Alan gibt mir die Hand und grinst breit.

Als dann auch noch Lauren die Prüfung besteht, hüpfe ich vor Freude in die Luft. Das Beste daran, wenn man eine Löwenattrappe erlegt, ist das Glück auch noch mit jemandem teilen zu können. Die ganze Anspannung der letzten Tage fällt mit einem Mal von mir ab.

Am Abend kommt Nicolas auf mich zu und gratuliert mir zu meinem Schuss.

»Nicht schlecht, nicht schlecht! Ich habe es erst beim zweiten Anlauf geschafft«, sagt er und klopft mir auf die Schulter. »Ach, übrigens, Alan möchte dich sprechen. Er ist in seinem Büro.«

»Ach wirklich? Hat er gesagt, wieso?«

»Nein.«

Mit schwingenden Schritten biege ich um das Küchenzelt und sehe Alan am Laptop im Büro sitzen. Ich habe noch
nie einen Menschen gesehen, der so verloren vor einem Bildschirm gewirkt hat. Alan will einfach nicht recht zu so einem
technischen Gerät passen.

»Ah, da bist du ja, sag mal, kennst du dich zufällig mit so
Internet-Krams aus? Ich versuche die ganze Zeit, über dieses
Modem eine Verbindung herzustellen, aber es will mir einfach
nicht gelingen«, sagt er.

Ich klicke mich ein wenig durch den Computer und frage
mich, ob das jetzt der Grund war, warum er mich sprechen
wollte. Als es mir schließlich gelingt, bedankt sich Alan und
bietet mir einen Stuhl an. »Gesa, was hast du eigentlich nach
dem Kurs vor?«

»Sag mal, kannst du Gedanken lesen?«, frage ich zurück.

»Wieso?«

»Weil ich heute Abend nach dem Essen genau darüber mit
dir sprechen wollte!«

Alan lässt mir den Vortritt, mein Thema zuerst anzusprechen.

»Also, jetzt, wo ich das Schießtraining bestanden habe,
wollte ich mal fragen, ob ihr vielleicht noch einen Back-up für
die nächsten Monate gebrauchen könnt«, druckse ich rum.

»Ja, das können wir tatsächlich«, sagt Alan, »und ich wollte
dir gerne anbieten, den Posten zu übernehmen. Und außerdem
habe ich hier im Büro auch noch einige Sachen, bei denen ich
Hilfe gebrauchen könnte. Ich habe gerade erst die Stelle als
Head-Instructor übernommen und kann mich nicht um alles

kümmern, während ich den Unterricht gebe. Deine Aufgaben als Back-up würden also auch ein bisschen Papierkram bedeuten, wenn das für dich in Ordnung wäre.«

»Das wäre für mich in Ordnung«, sage ich und grinse breit, »aber erstmal muss ich ja noch die Back-up-Prüfung bestehen.«

»Also, nach dem, was ich heute auf der Range gesehen habe, mache ich mir keine Sorgen«, sagt Alan, »…du etwa?«

29.

Schockstarre

Und da ist sie schließlich, die Begegnung mit dem Elefanten, mit der ich meine Geschichte begonnen habe. Ich hocke auf dem feuchten Boden in Makulekes Fieberwald und schaue in die Augen des jungen Bullen in der Musth, keine zwei Meter mehr von mir entfernt. Ich kann seine Wimpern sehen und die Haare auf seinem Rüssel. Für einen Augenblick scheint die Zeit stillzustehen. Dann schreckt er mit einem Satz zurück, der mich zusammenzucken lässt, und schnaubt einmal laut, schüttelt aggressiv den Kopf und läuft erschrocken in die andere Richtung davon. Sein ganzer Körper ist angespannt vom Kopf bis zum Schwanz. Aber er sucht das Weite und verschwindet in den Fieberbäumen. Die Jungs hinter mir kichern. Ich drehe mich erbost um und zische: »Was? Findet ihr das etwa lustig?!«

Das Aufeinandertreffen mit dem jungen Bullen hat mich tief erschüttert. Das war einfach zu nah. Ich glaube zwar nicht, dass der Elefant angegriffen hätte, aber wir haben ihm einen riesigen Schrecken eingejagt.

»Alles in Ordnung?«, fragt mich Alan, und ich nicke.

Mit dem Gefühl, versagt zu haben, führe ich meine Gruppe weiter. Es ist die letzte Woche des Kurses. Seit der Schießprüfung sind knapp drei Wochen vergangen. Drei Wochen, in denen wir täglich im Busch unterwegs waren und bis zur Ermüdung gelaufen sind, um unsere Stunden zusammenzubekommen. Abwechselnd hat je ein Schüler die Führung der Märsche übernommen. Das hier ist der letzte Marsch, den ich leite, bevor die Prüfungen beginnen. Die vorherigen Male verliefen allesamt entspannt. Zwar begegneten wir auch unter meiner Führung reichlich Elefanten und Büffeln, aber immer aus einer sicheren Position heraus. Ich fühlte mich gewappnet für den großen Tag. Bis jetzt.

Jetzt will ich nur noch zurück zum Camp. Weit weg von irgendwelchen großen Tieren, die weitere Entscheidungen von mir verlangen. Doch der Wunsch wird mir nicht erfüllt. Zwischen uns und dem Camp liegt keine große Entfernung mehr, vielleicht noch zwei Kilometer. Aber um zurück zu gelangen, müssen wir durch dichte Palmbüsche und das hohe Gras der Flussaue, bis wir die Akazien erreichen, in denen das Camp versteckt liegt. Ich höre die Rotschnabelmadenhacker, noch bevor ich die Büffelherde sehe. Wenigstens erkenne ich den Vogelruf endlich. Das ist jedoch nur ein schwacher Trost, lieber würde ich ihn in diesem Moment gar nicht hören. Die Büffel müssen weit verteilt zwischen den dichten Palmbüschen liegen, ich höre sie schnauben. Sie sind nicht weit von uns entfernt. Ich sehe mich hilflos zu Alan um. Die Elefantenbegegnung steckt mir noch frisch in den Knochen.

Der schüttelt den Kopf.

»Das hier ist der einzige Weg zurück ins Camp. Alles andere würde zu lange dauern. Die Sonne geht gleich unter«, sagt er. Ich hätte gern etwas anderes von ihm gehört. Vielleicht habe ich sogar erhofft, dass er die Führung übernimmt, aber so kurz vor der Prüfung muss ich da wohl alleine durch. Nur weiß ich beim besten Willen nicht, wie ich es anstellen soll. Wir stehen am Rand der Palmbüsche, und ich höre Madenhacker und Schnauben und Trampeln aus allen Richtungen kommen. Ich frage Lauren um Rat. Wir haben uns zu einem Guiding-Team zusammengeschlossen. Abwechselnd spielt eine von uns den Lead-Guide, damit die andere als Back-up üben kann. Auch Lauren trägt ein Gewehr mit Dummy-Patronen. Eigentlich liegt Alans Augenmerk als Lehrer viel mehr auf ihr als auf mir, denn immerhin geht es bei diesem Kurs darum, sich als Back-up-Guide zu beweisen. Bisher hat sie einen wirklich guten Job gemacht und mir den Rücken freigehalten. Aber jetzt weiß auch sie nicht wirklich weiter.

»Alan, es tut mir leid, aber ich brauche Hilfe«, sage ich.

»Kein Problem. Das ist nur ehrlich. Ich kann übernehmen, wenn du willst. Aber ich glaube, du kriegst das auch alleine hin. Atme tief durch und mach dir einen Plan. Und dann arbeitest du dich von Deckung zu Deckung weiter vor.«

Ich atme ein paar Mal tief durch. Meine Gruppe ist beunruhigt. Auch wenn sie natürlich viel mehr wissen als normale Safari-Gäste, färbt meine unsichere Stimmung trotzdem auf sie ab. Sie sollen nun also dieser Deutschen da vorne folgen, die gerade offenkundig mitgeteilt hat, dass sie nicht weiß, was sie tut. Ich wette, auch ihnen wäre es lieber gewesen, wenn Alan übernommen hätte. Und damit lerne ich noch hier in den

Palmbüschen eine der wichtigsten Lektionen als Trails Guide: Selbstsicherheit ist das A und O. Selbst wenn eine Situation haarig wird, ist es unabdingbar, dass ich als Guide Zuversicht ausstrahle und mir in keinem Fall anmerken lasse, dass ich gerade selbst nervös werde. Sobald der Kapitän Angst zeigt, kriegt das ganze Schiff Angst. Und angstvolle Gäste neigen dazu, das Schiff zum Kentern zu bringen.

Als mir diese Gedanken durch den Kopf gehen, bereue ich, dass ich meine Zweifel laut geäußert habe. Ich hätte einfach machen sollen. Ich versuche, so viel Kraft und Stärke in meine Stimme zu legen, wie ich nur kann, und sage zu meinen Mitschülern: »In Ordnung. Wir gehen jetzt auf diesem Pfad bis zu dem umgefallenen Fieberbaum da vorne. Hinter dem können wir Schutz finden, und ich kann von dem Stamm aus das hohe Gras überblicken.«

Schon als wir die ersten Schritte durch das Unterholz wagen, schrecken die Büffel auf, als sie uns hören, und trampeln aufgeregt durch die Büsche. Sehen können wir sie immer noch nicht. Ich gehe vorsichtig weiter. Wir sind jetzt umgeben von den dichten Palmen und jedes Mal, wenn ich ihre Blätter rascheln höre, umschließe ich das Gewehr in meiner Linken noch ein wenig fester. Wenn alle Stricke reißen, kann ich einem angreifenden Büffel zumindest den Lauf zwischen die Hörner hauen – nicht, dass das viel bringen würde…

Noch immer ist meine Sicht begrenzt. Die Sonne steht so tief am Himmel, dass sie durch die Palmblätter ragt und mich blendet. Die Büffel schrecken mit jedem weiteren unserer Schritte wieder auf. Wenn jetzt hinter der nächsten Palme ein alter Dagga Boy liegt, mache ich mir in die Hose. Wir erreichen den umgeknickten Fieberbaum, und Lauren klettert auf den Stamm, um die Lage zu checken.

»Jupp. Sie sind einmal komplett über das hohe Gras verteilt. Tut mir leid«, sagt sie und kraxelt wieder hinunter. Uns bleibt nichts anderes übrig, als weiterzugehen. Noch knapp zwanzig Meter Palmdickicht liegen vor uns, bis wir die Flussaue erreichen. Ich bestimme den Beginn der Aue als meine nächste Insel und marschiere drauflos, während die Büffel unkoordiniert davontrampeln. Das Schlimmste ist, dass ich sie nicht sehen kann. Das Gras ist so hochgewachsen, dass es meinen Kopf um einige Zentimeter überragt. *Okay, wenn du da durch bist, dann hast du es geschafft,* spreche ich mir selber Mut zu. Im hohen Gras werden die Geräusche um uns herum gedämpft. Meine Ohren sind so gespitzt, dass ein Hobbit neidisch werden könnte. Als ich endlich auf der anderen Seite ankomme, atme ich tief durch. Auf den letzten paar Hundert Metern bis zum Camp kann ich mich kaum noch konzentrieren. Darum laufe ich auch direkt unter einem Jackalberrybaum durch, auf dem es sich ein paar Paviane für die Nacht gemütlich gemacht haben und nun laut losbrüllen, als sie mich am Fuße ihres Schlafplatzes erblicken. Und nicht nur das: Sie pinkeln außerdem auf meinen Hut. Meine Gruppe hat wohl genau das kommen sehen und deshalb einen weiten Bogen um den Baum geschlagen. Als ich meinen Hut fluchend ausschüttele, kichern sie verhalten.

»Hat sonst noch jemand Pavian-Pippi am Hut?«, frage ich in die Runde und gebe damit allen die Erlaubnis, laut loszuprusten.

Wahrscheinlich war es gut, dass meine Schockstarre noch vor der Prüfung eingetreten ist. Dieser Busch-Walk war für mich kein Spaziergang, aber gleichzeitig habe ich an diesem einen Nachmittag so viel gelernt wie auf keinem der anderen Walks. Wie gut oder schlecht oder auch wie sicher ein Busch-Walk wird, hängt von so vielen Faktoren ab. Es hat einen Grund, warum wir zu jedem Zeitpunkt wissen müssen, wo die Himmelsrichtungen liegen. Das hilft uns nicht nur bei der Orientierung, sondern auch schon bei der Planung eines Walks. Einen Nachmittags-Walk in Richtung Westen durchzuführen, ist nicht die beste Idee, weil die Sicht eingeschränkt sein kann. Wie sicher sich meine Mitschüler fühlen, hängt zu einem erheblichen Teil davon ab, wie sicher ich mich fühle.

Am nächsten Morgen bringen wir den Theorieteil der Ausbildung hinter uns. Habe ich mir noch bei meinem Level-1-Kurs den Kopf über das Examen zerbrochen, stellt sich dieser Test als recht einfach heraus, weil die Fragen genau das abdecken, was wir in den letzten Wochen immer und immer wiederholt haben. Außerdem kommt dieses Mal kein externer Prüfer. Ich hatte schon mit der Rückkehr von Dorothy gerechnet, aber das bleibt mir erspart. Alan ist zugelassener Prüfer und übernimmt das Korrigieren der Examen und auch die praktische Prüfung.

Die praktischen Prüfungen absolvieren wir in unseren Zweier-Teams. Lauren und ich sind als Erste dran und legen am Vorabend der Prüfung unsere Routen fest. Sie wird die Gruppe am Morgen als Lead-Guide gen Osten führen; ich will am Nachmittag in den Norden gehen. Alan prüft sowohl den Back-up als auch den Lead. Das Augenmerk liegt aber auf dem Back-up. Um qualifizierter Lead-Guide zu werden, müssen wir im Anschluss an die bestandene Back-up-Prüfung dreihundert weitere Stunden dokumentieren.

Job des Back-ups ist es, ein extra Paar Augen und Ohren für den Lead zu sein und ihm den Rücken freizuhalten. Außerdem achtet man als Back-up darauf, dass keiner der Gäste zurückbleibt, verloren geht oder aus der Reihe tanzt. Keine leichte Aufgabe, vor allem wenn die Herren der Schöpfung, die im Gänsemarsch hinter uns herlaufen, meinen, sich nicht an Laurens oder meine Anweisungen halten zu müssen. Als Frau da Kontra zu geben, kann manchmal schwerfallen, vor allem wenn sich die Männer in ihrer Position als das vermeintlich stärkere Geschlecht bedroht fühlen. Aber wir lassen uns nicht die Butter vom Brot nehmen, wir haben immerhin das Schießtraining gemeistert – und das ist mehr, als die Hälfte der Jungs auf den billigen Plätzen von sich behaupten kann.

Trotzdem kommt immer mal wieder ein blöder Spruch, und gerade im Umgang mit dem Gewehr gebe ich sehr acht, dass mir kein Fehler unterläuft. Frauen müssen sich in diesem Beruf noch stärker beweisen. Die Selbstsicherheit und die Stärke, die Männern oft allein durch ihre Statur in die Wiege gelegt wurden, müssen wir manchmal erst demonstrieren. Mich mit meinen knapp ein Meter achtzig Körpergröße hält man(n) von Natur aus für taffer. Ein klarer Vorteil gegenüber kleineren Frauen wie Lauren zum Beispiel, die in ihrer Karriere schon einige blöde Sprüche zu hören bekommen hat.

Am Morgen meiner Back-up-Prüfung reißen sich die Jungs aber Gott sei Dank am Riemen und folgen brav unseren Anweisungen. Ich mache mir wenig Sorgen wegen dieser Prüfung. Alan und Vaughn haben uns in den letzten Wochen so gut vorbereitet, dass ich entspannt bleibe. Tatsächlich verläuft unser morgendlicher Walk auch ohne große Vorkommnisse. Lauren macht einen großartigen Job als Lead und schafft es, einen sehr unterhaltsamen Walk abzuliefern, obwohl wir außer diversen Antilopen und einem Buschschwein nur wenig Spannendes zu Gesicht bekommen. Als sie uns durch ein dichtes Wäldchen führt, habe ich als Back-up zum ersten Mal etwas zu tun: Ich höre aus den umliegenden Büschen ein paar Rotschnabelmadenhacker. Als Zeichen für Alan, der ganz hinten läuft und sich Notizen macht, hebe ich demonstrativ den Zeigefinger ans Ohr, damit er merkt, dass ich die Vögel gehört habe. Ein Büffel folgt daraufhin aber nicht. Madenhacker suchen sich auch Impalas oder andere Antilopen als Wirte, nicht immer muss dieser Vogelruf gleich einen Dagga Boy bedeuten.

Ich halte weiterhin Ausschau nach diversen Zeichen von gefährlichen Wildtieren – hiervon darf mir bei der Prüfung nicht eines entgehen und ich muss auf alle so offensichtlich zeigen wie bei dem Madenhacker. Hier eine frische Elefantenspur, da ein paar Kratzspuren von einem Leoparden am Baum, in der Ferne das Schnauben eines Büffels. Was sich leicht anhört, ist in Wirklichkeit harte Arbeit. In meinem Kopf kreisen ständig die Fragen: Was hörst du? Was siehst du? Was riechst du? Und jetzt? Und jetzt? Und jetzt? Man kann sich auf so einem Busch-Walk nicht erlauben, vor sich hinzuträumen, alles, was zählt, ist dieser Moment. Nur wer vollkommen in ihm aufgeht, kann alles wahrnehmen, was um ihn herum passiert.

Lauren führt uns sicher wieder zurück ins Camp und bedankt sich bei allen für den schönen Morgen. Wir entladen unsere Gewehre, und ich bin nach der Konzentration und vierzig Grad im Schatten komplett durchgeschwitzt und freue mich auf die Dusche, denn mit Alans Ergebnis rechne ich jetzt sowieso noch nicht. Zum Frühstück versammeln wir uns alle auf dem Study Deck. Während wir den herrlichen Bacon und die

Spiegeleier von Olivia verputzen, erhebt sich Alan, um wie jeden Morgen ein paar allgemeine Ansagen zu machen.

»Bitte lasst uns wissen, wie ihr am Ende des Kurses übermorgen abreisen werdet, und bitte gebt alle eure Logbücher bei mir ab, eure Theorietests händige ich euch später aus. Ach so und herzlichen Glückwunsch, Gesa«, sagt er ganz beiläufig, setzt sich wieder hin und schaufelt sich einen Löffel Obstsalat in den Mund.

»Was war das eben?«, frage ich, auf einmal hellwach.

»Bie bitte? Hast bu bas micht verstanden?«, schmatzt Alan mit vollem Mund.

»Hab ich ... hab ich echt bestanden?«

Alan nickt lächelnd, und die anderen klatschen Beifall und gratulieren mir. Ich habe es tatsächlich geschafft: Ich bin jetzt Back-up-Trails-Guide. Und ich muss nicht abreisen. Ich bleibe genau hier, in Makuleke. Meine Freude über die bestandene Prüfung ist so groß, dass ich kurzzeitig ganz vergesse, dass ich am Nachmittag ja noch mal ran muss. Als Lead Guide steht zwar keine Qualifizierung auf dem Spiel, aber trotzdem erhalten wir am Ende des Kurses ein Zeugnis mit einer Empfehlung, ob wir uns zum Lead eignen. Auch wenn der für mich wichtigere Walk schon vorbei ist, muss ich also trotzdem noch alles geben, allein schon, um Lauren die Bälle zuspielen zu können, damit sie auch besteht.

Für meine Route wähle ich dieses Mal einen Weg, der mich aus nördlicher Richtung zurück zum Camp führt. Ich habe schließlich aus meinen Fehlern gelernt und will nicht wieder in die untergehende Sonne blinzeln. Ich führe die Gruppe durch die Mopanes hinüber zum Fieberbaumwald. Auf einem Trampelpfad, der sich »Elefanteneingang« nennt, bahne ich mir einen Weg durch das Gestrüpp und komme auf der anderen Seite auf einer wunderbaren Lichtung heraus. Schon von weitem sehe ich, dass wir nicht allein sind. Auch Lauren hat den Elefantenbullen bemerkt, der ungefähr dreißig Meter vor uns durch die Fieberbeeren spaziert. Das nennt man dann wohl Déjà vu. Aber dieses Mal will ich das anständig machen. In vorher vereinbarten Zeichen gebe ich Lauren zu verstehen, dass sie die Gruppe hinter einen großen Palmbusch führen soll, während ich mit meiner Aschesocke den Wind teste. Er steht perfekt – oder besser gesagt, wir stehen perfekt, gegen den Wind nämlich. Der Elefant kommt näher und näher. Ich deute den anderen an, sich hinzuknien, und aus unserem Versteck heraus beobachten wir den stattlichen Bullen, der gemütlich an uns vorbeizieht. Er hat uns nicht bemerkt. Diese Bewährungsprobe habe ich bestanden.

Lauren und ich führen die Gruppe weiter in nordwestliche Richtung zu einem ausgetrockneten Wasserloch namens *Hulukulu*, wo wir unter einer riesigen Maulbeer-Feige eine kurze Rast einlegen. Maulbeer-Feigen sind meine Lieblingsbäume. Ihre riesigen Wurzeln verknoten sich großflächig und ihre ausladenden Äste bieten reichlich Schutz vor der afrikanischen Sonne und sorgen für ein warmes Licht, das den Augen guttut. Die Maulbeer-Feige ist zudem ein richtiger Wunderbaum, denn sie pflegt eine ganz außergewöhnliche Beziehung zu einer winzigen Wespenart, die einzig und allein für die Bestäubung dieser Baumart zuständig ist. Eine faszinierende Verbindung, die sich hier im Busch abspielt und die immer dann stattfindet, wenn die Feigen des Baumes reif werden und einen Geruch entsenden, der die Wespen anlockt, die nicht größer sind als ein Stecknadelkopf. Diese Mini-Wespen sind die einzigen Insekten, die durch eine winzige Öffnung am Boden der Frucht passen, wo sie ihre Eier in die Blüte legen, die sich innerhalb der Frucht verbirgt. Während sie das tun, bestäuben sie gleichzeitig die Blüte. Ohne diese Mini-Wespen würde es die Maulbeer-Feige nicht geben – und umgekehrt genauso. Ich könnte noch stundenlang von den Maulbeer-Feigen erzählen, aber ich habe schließlich noch einen Prüfungsmarsch zu vollenden.

Nach unserer Verschnaufpause geht es zurück in westliche Richtung. Ich möchte den Wald an der Flussaue verlassen und mich von Norden den drei Affenbrotbäumen nähern, die wie Leuchttürme den Weg zurück ins Camp markieren. Doch gerade als ich aus dem Wald hinaus ins Freie trete, höre ich ein leises Schnipsen hinter mir – das Zeichen, das Lauren und ich vereinbart haben, wenn der Back-up ein gefährliches Tier erblickt. Und dann sehe ich sie auch, die gottverdammten Büffel. Kann es denn sein, dass ich an unserem Prüfungstag genau die gleichen Begegnungen mit Elefant und Büffel habe wie bei meinem Horror-Walk?

Ich wende mich meiner Gruppe zu und weise sie auf die Herde hin. Indem ich ein paar interessante Infos zu Büffeln durchgebe, erkaufe ich mir Zeit, um die Situation einzuschätzen. Es ist eine große Herde, die sich gleichmäßig in Richtung Flussaue bewegt. Die offene Lichtung scheint ein beliebtes Nachtquartier für sie zu sein, ermöglicht ihnen die weite Ebene doch, Raubtiere aus einer größeren Entfernung zu hören oder zu sehen. Die Lichtung, auf die sie zusteuern, ist aber leider auch unser einziger Rückweg zum Camp – es sei denn, wir kehren um und laufen den Weg zurück, den wir gekommen sind. Bestimmt an die hundert Büffel grasen nun friedlich auf der Lichtung und versperren uns den Weg. Ein paar einzelne

Mitglieder der Herde blicken ab und an auf, wenn sie ein Geräusch von uns aufschnappen. Langsam kommt Unruhe in die Herde, immer mehr Büffel werden nervös. Ich weiß nicht, was ich tun soll. Ich sehe eigentlich keine Möglichkeit, an den Büffeln vorbeizukommen. Gleichzeitig steht die Sonne aber schon tief am Horizont. Wenn ich jetzt die gleiche Strecke zurück einschlage, laufe ich Gefahr, dass wir nicht vor Einbruch der Dunkelheit ins Camp zurückkommen. Aber was bleibt mir übrig: Wir kehren um.

Auf dem Weg zurück sage ich kein Wort mehr. Ich zweifele, ob das die richtige Wahl war. Das Camp lag in die andere Richtung keine fünfhundert Meter mehr entfernt. Jetzt wird es mindestens fünfundvierzig Minuten dauern, bis wir es erreichen. Durch die Äste der Fieberbäume sehe ich die untergehende Sonne. Mit meinen Fingern messe ich den Abstand zwischen der goldenen Scheibe und dem Horizont. Wenn ich mich nicht irre, müsste ich noch knapp eine halbe Stunde haben, bis sie untergeht. Ich ziehe das Tempo an.

Lauren tut mir am meisten leid. Als wir durch den Mopanewald marschieren, höre ich sie leise fluchen: »Scheiße, ich habe einen Dorn im Fuß!«

»Soll ich anhalten?«

»Nein, dafür haben wir keine Zeit. Ich schaff das schon«, flüstert sie.

Tapferes Mädchen.

Die Sonne ist mittlerweile untergegangen. Jetzt haben wir noch ein paar Minuten, bis die Nacht wirklich hereinbricht. Als wir die drei Affenbrotbäume von der anderen Seite erreichen, atme ich auf. In unmittelbarer Nähe wird sich die Vegetation gleich ändern und der Akazienbusch wird beginnen, in dem unser Camp liegt. Wir haben es gerade noch rechtzeitig geschafft.

Endlich im Camp angekommen, zieht Lauren einen Dorn von der Größe eines Q-Tipps aus ihrer Schuhsohle. Wenn sie damit nicht bestanden hat, dann weiß ich's auch nicht. Und tatsächlich: Zum Abendessen finden wir in Alans Handschrift die Worte »Herzlichen Glückwunsch, Lauren!« an die Tafel geschrieben. Sie bemerkt es während der gesamten Mahlzeit nicht und erst, als Alan sie nach dem Essen darauf hinweist, hält sie sich vor Freude die Hände vors Gesicht. Diese Frau wird die Safari-Branche in Zukunft noch ordentlich aufmischen, da bin ich mir sicher.

Auch Claudio und Hendrik bestehen am nächsten Tag. Benjamin und Roger legen die Prüfungen auch ab und machen einen tollen Job, können die Back-up-Qualifikation aber leider nicht bekommen, weil sie das Schießtraining nicht geschafft haben. An unserem letzten gemeinsamen Abend fahren wir gemeinsam zu einer Aussichtsplattform, die als Makulekes schönster Sundowner-Ort immer hart umkämpft ist. Heute haben wir sie ergattert. In südwestlicher Richtung vom Camp liegt *Lanner Gorge*, eine riesige Schlucht, an deren östlichem Ende ein Felsen emporragt, von dem aus man zum Sonnenuntergang bis weit hinein in den Krüger Nationalpark schauen kann, während unten in der Schlucht ein seichter Fluss dahinplätschert und Krokodile auf ihre Beute lauern.

Hier oben scheint die Welt noch in Ordnung. Hier oben gibt es nichts außer wilder Natur und Weite. Und hier oben gönne ich mir nun einen Blick zurück. Ich bin weiter gekommen, als ich das je für möglich gehalten hätte. Nicht nur in meiner Ausbildung, sondern auch in der Welt. Nie hätte ich gedacht, dass ich mal hier landen würde, hier in Südafrika. Umso dankbarer bin ich für diesen Moment und dass ich ihn lauthals lebe, anstatt ihn still verstreichen zu lassen. Während nämlich die meisten Momente auf einer Reise irgendwann genauso vorbeiziehen wie im Alltag, gibt es auch solche wie diesen hier. Momente, die einfach groß sind. Und diese Momente vergesse ich nie. Da war einst das Echo der Muezzins über den roten Dächern Marrakeschs. Da war einst eine Zugreise durchs nächtliche Thailand, zwischen zwei Waggons. Da war einst eine halsbrecherische Fahrt mit meinem Geländewagen durchs australische Outback. Jede meiner Reisen war für etwas gut. Vor allem dafür, dass ich jetzt hier gelandet bin.

30.

Frühstück mit Elefanten

Am nächsten Morgen schlafen wir aus. Für die anderen ist es der Tag der Abreise. Für mich der erste Tag als Back-up. Eigentlich wollen wir noch zusammen frühstücken, doch wir werden von unverhofftem Besuch davon abgehalten. Dave ist da.

Dave ist ein uralter Elefantenbulle. Er ist leicht zu erkennen, denn sein rechter Stoßzahn ist abgebrochen. Er ist der entspannteste wilde Elefant, den man sich nur vorstellen kann. Von Alan wissen wir, dass er immer mal wieder im Camp nach dem Rechten sieht und sich gerne an den Jackalberries labt, während er den menschlichen Stimmen lauscht. Man kann sich Dave bis auf wenige Meter nähern, und es lässt ihn völlig kalt. Wer nicht daran glauben mag, dass Elefanten eine Seele haben und einen ganz eigenen Charakter, der sollte Dave unbedingt kennenlernen. Es gibt kein cooleres Tier auf der Welt. Und wenn es ein menschliches Pendant zu diesem Elefanten gibt, dann wäre es wohl Alan.

An diesem Morgen stehen die beiden sich für eine lange Zeit gegenüber und schauen sich einfach nur an, während wir Schüler das Schauspiel aus einiger Entfernung beobachten. Es ist der perfekte Abschluss für die anderen und der perfekte Anfang für mich.

Ich winke Lauren und den anderen zum Abschied. Schon am Nachmittag wird die nächste Gruppe anreisen, uns steht ein Schnupperkurs für Safari-Neulinge bevor. Doch weder Vaughn noch Alan werden ihn unterrichten, sie haben beide Urlaub und werden von einem Freelance-Instructor namens Daniel vertreten. Auch Nicolas wird uns heute verlassen. Bleiben nur noch Frank und ich als Back-ups zurück. Wir haben bis jetzt nur wenig miteinander gesprochen. Er hatte zwischendurch fast zwei Wochen frei, und danach verbrachte er seine Zeit zumeist mit den Makuleke-Jungs und den beiden Mamas in der Küche. Ab heute sind wir aber Kollegen.

Nachdem alle anderen abgereist sind, finde ich Frank mit Elisa und Olivia im Schatten vor dem Küchenzelt.

»Und, was hast du heute vor?«, fragt mich Frank.

»Ich weiß nicht, warten, bis die Neuen ankommen?«

»Wir könnten zusammen rausgehen, wenn du Lust hast.«

»Dürfen wir das denn? So ganz alleine?«, frage ich verwundert.

»Ja, klar dürfen wir das. Solange wir zu zweit sind, geht das in Ordnung.«

»Okay?« Jetzt bin ich aufgeregt. Es wird das erste Mal sein, dass ich ganz ohne einen Lehrer rausgehe.

Frank und ich schultern unsere Rucksäcke und holen je ein Gewehr aus dem Safe. Ich versuche, mir nicht anmerken zu lassen, wie aufregend ich das alles finde, lasse aber vor Schreck fast die Patronen fallen, als wir unsere Gewehre laden. Es wird nun auch das erste Mal sein, dass ich mit scharfer Munition unterwegs bin.

Wir wandern über die Flussaue in nördliche Richtung. Es ist ein ruhiger, heißer Morgen. Ich laufe hinter Frank her. Irgendwann dreht er sich grinsend zu mir um: »Hör mal, du kannst ruhig neben mir laufen, wenn du möchtest. Wir sind ja nur zu zweit.« Ich komme mir ein bisschen bescheuert vor, aber natürlich hat er recht. Gänsemarsch macht irgendwie nur ab drei Leuten aufwärts Sinn. Ich lerne Frank an diesem Morgen eigentlich erst kennen und stelle fest, dass ich ihn wirklich schwer in Ordnung finde. Er hat etwas Bodenständiges und von Grund auf Ehrliches an sich. Er hat in Australien Naturwissenschaften studiert, fand daran aber so gar keinen Gefallen und entschied sich stattdessen, in das Land seiner Kindheit zurückzukehren und hier in Südafrika seine Leidenschaft für den afrikanischen Busch zum Beruf zu machen. An diesem Morgen erzählt er mir von seinen liebsten Erinnerungen als Kind, als er in einem kleinen privaten Game Reserve am Rande des Krüger Parks gelebt hat. Plaudernd landen wir am Wasserloch in Hulukulu.

Hulukulu ist ein verträumter Ort unweit des Limpopos. Das Wasserloch hat sich über die Jahre aus einer einfachen Pfütze geformt, in der sich Elefanten, Warzenschweine und Büffel suhlen und die Pfütze so immer größer gemacht haben, heute so groß wie ein Fußballfeld. Sie ist eine wichtige Anlaufstelle für viele der hier ansässigen Wildtiere und vor allem auch für die Vögel der Gegend. Makuleke ist wegen seiner vegetativen Vielfalt ein Paradies für seltene Vogelarten – und lockt daher eine noch seltenere Art von Mensch an: Hobby-Ornithologen und Vogel-Nerds. Ich glaube fast, dass so ein Exemplar gerade

neben mir sitzt. Frank hat erst kürzlich seine Liebe fürs Federvieh entdeckt und ist nun schwer damit beschäftigt, neue Arten zu entdecken, die er noch nicht kennt. Ich glaube, Vogel-
Nerds sind Menschen, die den afrikanischen Busch über alles
lieben, aber der großen Tiere vielleicht langsam überdrüssig
werden und darum eine neue Herausforderung suchen. Auf
mich wollte der Vogel-Funke bis jetzt noch nicht so recht über-
springen. Ich bin nach wie vor froh, wenn ich einen Strauß von
einem Storch unterscheiden kann. Aber ab heute komme ich
damit nicht mehr durch. An diesem Morgen flötet und zirpt
und tiriliert es ununterbrochen, und Frank verbringt Ewigkei-
ten damit, irgendeinen Piepmatz im Gestrüpp zu suchen, anstatt die großen Wildtiere zu verfolgen.

Während er mit seinem Fernglas einen Braunkopfpapagei
beobachtet, finde ich eine riesige Pantherschildkröte am Boden und folge ihr durch den Busch. Pantherschildkröten sind
die coolsten Tiere, finde ich. Sie können bis zu 75 Jahre alt werden. Anhand der Unterseite der Schildkröte lässt sich das Geschlecht bestimmen: Die Weibchen haben eine flache Unterseite, die der Männchen ist leicht gewölbt. Die Panzerschuppen
einer Pantherschildkröte wachsen kreisförmig, und jedes Jahr
kommt eine neue Schicht hinzu. Wenn man diese Schuppen-
kämme also zählt, erhält man das ungefähre Alter der Schildkröte. Diese hier müsste demnach knapp dreißig Jahre alt sein.
Sie ist schon länger auf der Welt als ich.

»Gesa, komm mal rüber!«, flüstert Frank mir aufgeregt zu.
»Da, im Gebüsch«, sagt er, als ich zu ihm geeilt komme, »siehst
du?«

Ich knie mich hin und durch mein Fernglas sehe ich einen
knallroten Vogel zwischen den Ästen.

»Gorgeous Bushshrike«, sagt Frank.

»Ist das ein besonderer Vogel?«

»Man hört ihn hier eigentlich sehr oft, aber ihn zu sehen ist was Besonderes.«

Es ist dieser Vogel, der selbst mich kriegt, als wir die blutrot schimmernden Federn durch die Äste erspähen. Mit gebanntem Blick schauen wir durch unsere Ferngläser zu dem Vogel, der sich im strahlenden Licht die frühen Sonnenstrahlen aufs Gefieder scheinen lässt und munter von Ast zu Ast hüpft. Nun ist es doch passiert: Mein Name ist Gesa Neitzel und ich bin ein Vogel-Nerd.

In den nächsten Wochen verbringen Frank und ich viel Zeit miteinander. Nur vier Schüler haben den Schnupperkurs gebucht, und so bleibt uns oft die Möglichkeit, uns ganz auf den entspannten Busch-Alltag einzulassen. Frank und ich finden im jeweils anderen einen ganz unverhofften Vertrauten, und ich bin froh darüber, mit jemandem reden zu können, der all das hier genauso liebt wie ich.

Es sind gute, einfache Tage, die mit einer Leichtigkeit vorüberziehen, die mich alles andere vergessen lässt. Täglich gehen wir raus in den Busch und sammeln Stunden für unsere Lead-Qualifikation. Ohne den Druck einer Prüfung im Nacken verbringe ich nun viel Zeit damit, die Bücher der Camp-Bibliothek zu studieren oder neue Lieder auf der Gitarre zu lernen. Ich bringe Alans Büro in Ordnung und kümmere mich darum, dass das Essen wöchentlich ins Camp geliefert wird. Auf ein paar Game Drives habe ich das Glück, zufällig Biff zu begegnen, und an einem ihrer freien Tage kommt sie im Camp vorbei und bleibt über Nacht. Und an vielen Abenden sitzen Frank und ich zusammen, trinken zu viel Bier und reden über Gott und die Welt. Es ist Alltag – nicht mehr und nicht weniger. Aber es ist einer, der wunschlos glücklich macht.

In null Komma nichts sind Alan und Vaughn aus dem Urlaub zurück und mit ihnen kommt auch gleich die nächste Ladung Schüler. Ein großer Level-1-Kurs steht an. In mir weckt der bekannte Unterrichtsstoff alte Erinnerungen, und ich kann so gut nachempfinden, unter welchem Druck die Schüler jetzt stehen. Mir kommt es vor, als sei eine Ewigkeit vergangen, seitdem ich meine erste Prüfung bestanden habe, dabei ist das gerade mal ein halbes Jahr her.

Mit Alan und Vaughn im Camp entsteht eine entspannte Team-Dynamik, und Alan als unser Käpt'n sorgt für reichlich Lacher und eine wohlige Atmosphäre. Ich habe mir immer einen Mentor gewünscht. Einen, der mich so wahrnimmt, wie ich bin, und mir helfen kann, meinen eigenen Weg weiterzugehen. Alan, Vaughn und Frank helfen mir während meiner Zeit als Back-up jeder auf seine ganz eigene Weise. Von Alan lerne ich viel über den Umgang mit Menschen, und es gehört zu meiner geheimen Lieblingsbeschäftigung, ihn in einer großen Gruppe zu beobachten. Die Menschen, die ich bewundere, sind schon immer die in sich Ruhenden gewesen. Die, die von irgendetwas getrieben sind, die ihre Mitte gefunden haben, ihren Platz und ihre Aufgabe. Wohl weil mich noch immer vieles schnell mal aus der Bahn wirft, noch immer bin ich nicht ganz bei mir selbst angekommen. Jemanden wie Alan zu beobachten, macht Mut.

Vaughn hat selbst als Back-up hier in Makuleke angefangen und bekam danach zu seiner eigenen Überraschung die Stelle des Instructors angeboten. Ich weiß nicht, ob es je einen Menschen gegeben hat, der diese Gegend hier mehr liebt als er. Und ich glaube, wenn er Makuleke je wieder verlassen sollte, dann werden die Bäume seinen Namen flüstern wie ein Geheimnis, an das er selbst immer noch nicht so ganz glauben mag.

Frank wird zu meinem *partner in crime*. Wir teilen als Backups das gleiche Schicksal und reden viel über unsere Träume und über die Zukunft. Aber ich lerne auch viel von ihm. Angefangen damit, wie ich mein Gewehr richtig halte, über neue Vogelarten bis hin zu anderen Orten in Afrika, die ich mir unbedingt einmal ansehen sollte. Eines Abends auf unserem Deck erzählt mir Frank von diesem magischen Ort in Botswana: »Er heißt *Kubu Island* und liegt in den *Makgadikgadi*-Salzpfannen. Es ist eigentlich gar keine Insel, sondern nur eine Art Erhebung in der Wüste. Kubu ist *Setswana* und bedeutet Flusspferd. Die Insel besteht aus feuerrotem Granit, auf dem Affenbrotbäume wachsen. Die San glauben, dass es ein heiliger Ort ist. Meine Familie und ich sind früher zum Campen dorthin gefahren. Es gibt nichts Besseres, als auf Kubu unter den Sternen zu schlafen.«

Es gibt noch so viel mehr zu entdecken. Ich will noch so viel mehr sehen. Frank erzählt viel von seinen Trips durchs südliche Afrika.

»Es ist so großartig, wenn ein richtig heftiger Gewittersturm aufzieht und der Donner grollt und die Blitze durch die Nacht peitschen. Dann sind wir früher immer raus, weil wir wussten, dass die Leoparden auf die Jagd gehen.«

»Warum jagen die Leoparden in Gewitternächten?«

»Weil sie sich den Krach und das Chaos zum Vorteil machen. Hast du schon mal Antilopen in einem Gewitter gesehen? Sie sind wie paralysiert, weil ihre Sinne in einem Gewitter völlig nutzlos sind. Dann schlagen Leoparden zu! Manchmal kannst du sie auch hier in Makuleke während eines Gewitters hören. Vielleicht haben wir ja Glück.«

Menschen sind immer dann am wunderbarsten, wenn sie über die eine Sache reden, die sie lebendig macht. Sie haben dann so ein Funkeln in den Augen und merken das meist gar nicht. Wenn Frank über den Busch redet, dann funkeln seine Augen ganz gewaltig.

Was meine Augen zum Funkeln bringt, ist im Grunde nichts anderes. Es ist dieses Leben hier draußen. Es sind diese Menschen, mit denen ich meine Zeit verbringe und von denen ich lernen darf. Es sind die täglichen Begegnungen mit wilden Tieren, die mich lebendig werden lassen und die mich auf magische Art immer wieder aufs Neue erden. Ich frage mich oft, warum wir uns das Leben so kompliziert machen, warum wir so viele Dinge in unser Leben lassen, die wir im Grunde doch gar nicht brauchen. Natürlich ist das Leben auch hier draußen in der Wildnis nicht immer einfach, natürlich gibt es auch hier Probleme, vor denen niemand gefeit ist. Aber allein die Tatsache, dass wir hier von morgens bis abends an der frischen Luft sind, dass wir die tägliche Dosis Wildnis inhalieren und uns am Lagerfeuer Geschichten erzählen, dass wir Frühstück mit Elefanten haben und in der Nacht Leoparden knurren hören – all das macht es leichter, Wichtiges von Unwichtigem zu trennen.

So vergehen knapp zwei Monate. Es fehlt mir an nichts. Ich bin wunschlos glücklich. Oder nein, nicht ganz. Es gibt da eine Sache, die mir auf der Seele brennt. Ich möchte, nein ich *muss* auch einmal ganz alleine da draußen sein. Nur ich und die Wildnis. Keine Menschenseele, keine Zivilisation. An einem Nachmittag, als alle anderen auf einem gemeinsamen

Busch-Walk unterwegs sind, mache ich mich klammheimlich auf den Weg. Die ersten Schritte aus dem Camp gehe ich mit so viel Vorsicht, dass ich kaum meine Füße auf dem Boden hören kann. Es ist ein merkwürdiges Gefühl, so ganz allein zu sein und ohne das Gewehr in der linken Hand. Ich merke, dass meine Sinne noch wacher sind, merke, wie ich mehr höre und sehe und rieche und fühle. Ich steuere auf die Mopanes zu und erreiche schließlich den Fieberbeerenwald. Ich gehe nicht weit, bleibe im Umkreis des Camps. Auf einer kleinen Lichtung halte ich zum ersten Mal inne. Ich stehe inmitten der offenen Lichtung, die Nachmittagssonne strahlt warm durch die Zweige, über mir fliegen ein paar Zimtroller hinweg und in der Ferne trompetet ein Elefant. Ich strahle über das ganze Gesicht. Und dann werde ich wieder zum Kind. Ich klettere über umgestoßene Fieberbäume und hopse ausgelassen durch den Wald. Als ich schließlich Hulukulu erreiche, sehe ich aus einiger Entfernung ein Kudu am Wasserloch, in den Ästen der Fieberbäume tollen ein paar Pavianjunge und eine Warzenschweinfamilie grunzt durchs Unterholz. Ich pirsche mich langsam heran und setze mich leise unter meine liebste Maulbeer-Feige, lehne mich an ihren Stamm und schaue durch die Baumkrone in den Himmel. Ich ziehe meine Schuhe aus und vergrabe meine nackten Füße im Matsch. Und in diesem Moment fühle ich mich so frei wie noch nie zuvor in meinem Leben. Ich spüre meinen Atem. Ich höre meinen Herzschlag. Ich bin ein ganz natürlicher Teil von allem, was mich umgibt.

Ich bin.

Es gibt kein Gestern und kein Morgen. Es gibt nicht mal Heute. Es gibt nur das Jetzt.

Als ich mit dem Sonnenuntergang wieder im Camp ankomme, kann ich noch gar nicht wieder sprechen. Ich hole mir ein Bier aus dem Kühlschrank. Die Dose zischt, als ich sie öffne. Mir ging es nie besser. Und damit meine ich nicht nur diesen Tag, sondern dieses Jahr. Seitdem ich im Februar aufgebrochen bin, bin ich jeden Morgen glücklich aufgewacht. Selbst der Morgen meiner Prüfung war ein guter. Wenn das nichts heißt, dann weiß ich's auch nicht.

Alan kommt aus seinem Zelt und auf mich zu. »Wie war dein Nachmittag?«, fragt er mich, ein Grinsen im Gesicht, als wisse er ganz genau, wie ich ihn verbracht habe. Und vielleicht tut er das auch.

»Es gibt dafür keine Worte«, sage ich und grinse zurück.

31.

Der weiße Storch

Ich liege mit weit aufgerissenen Augen in meinem Zelt und starre angstvoll an die Decke. Noch nie in meinem Leben hatte ich so viel Angst wie jetzt. Nachdem ich im letzten Jahr einem Rudel Löwen, einem Elefanten in der Musth und unzähligen Büffeln aus nächster Nähe begegnet bin, habe ich wohl gedacht, mich kann nichts mehr erschüttern. Aber weit gefehlt. Diese Nacht lässt mir das Blut in den Adern gefrieren. Am späten Nachmittag kündigte sich mit einem peitschenden Wind ein Unwetter an. In weiser Voraussicht hielt Alan uns an, alles, was nicht niet- und nagelfest ist, in Sicherheit zu bringen. Wir saßen alle zusammen auf dem Study Deck und zählten die Sekunden zwischen Blitz und Donner. Jetzt aber bin ich allein, und das Zentrum des Sturms scheint direkt über meinem Zeltdach zu verharren. Ich habe noch nie zuvor so einen Lärm gehört und bin mir sicher, dass sich genau so der Untergang der Welt anfühlen muss. Es ist grauenvoll. Alle paar Minuten schlägt ein Blitz in unmittelbarer Umgebung vom Camp ein. Die Elefanten stol-

347

pern durch die nahe liegenden Akazien und trompeten lauthals durch die Nacht. Sie haben genauso viel Angst wie ich. Die Luft ist elektrisiert, und ich kann meine Gedanken nicht von dem großen Jackalberry abwenden, der direkt neben meinem Zelt steht. Wenn ich ein Blitz wäre, hier würde ich einschlagen. Mit jedem neuen Einschlag höre ich aus den umliegenden Zelten jemanden vor Schreck aufschreien, manchmal bin ich es auch selbst. Ich will nur, dass diese Nacht vorbeigeht. Aber der Sturm hält an. Und dann höre ich es: das Knurren eines Leoparden draußen vor meinem Zelt. Und schließlich einen furchtbaren Aufschrei, der nicht von einem Menschen kommt, sondern von einer Antilope. Der Leopard hat zugeschlagen. Noch minutenlang höre ich die Antilope, wie sie um ihr Leben kämpft. Dann ist sie still. Gut gejagt, Leopard.

Das muss ich unbedingt Frank erzählen, wenn er wieder da ist. Mit dem Heranrollen des Sturmes ist er für ein paar Tage nach Simbabwe gefahren, um dort seine Eltern im Urlaub zu besuchen. Es ist der Gedanke an ihn, der mich schließlich trotz Donnergrollen etwas zur Ruhe kommen lässt. Ich stelle mir vor, wie wir zusammen draußen auf dem Deck sitzen und er mir Geschichten erzählt. Und schließlich schlafe ich ein.

Am Morgen finde ich das Camp verwüstet vor. Was wir nicht dingfest gemacht haben, liegt kreuz und quer in der Gegend verstreut. Wir verbringen den Vormittag damit, alles wieder in Ordnung zu bringen. Es ist meine letzte Woche in Makuleke und die Zeit der Prüfungen für die Schüler naht. In diesen späten Tagen im November ändert sich nun langsam die Jahreszeit, und die ersten Zugvögel kehren nach Makuleke zurück. Die Senegalliesten singen wieder von den Baumkronen – ein Klang, den ich für immer mit meinen ersten Tagen in Mashatu verbinden werde, der mich aber gleichermaßen daran erinnert, dass es Zeit wird, Abschied zu nehmen. Bald ist Weihnachten – ich muss zurück nach Hause zu meiner Familie. Ich merke immer, wenn es Zeit wird zu gehen. Es fühlt sich an wie ein Seil um meinen Körper, das mich nach vorne zieht. Ich werde unruhig, Träume von morgen verfolgen mich in der Nacht. Ich packe, obwohl das Packen doch noch Zeit hat. Aber zum ersten Mal möchte ich gar nicht gehen. Ich möchte bleiben, genau hier.

Ich versuche, jeden Moment in dieser letzten Woche festzuhalten, aber es gelingt mir nicht. Momente haben leider die Angewohnheit, flüchtig zu sein. Aber ich versuche, so gut ich kann, alles in Erinnerung zu behalten: wie es aussieht, wie es riecht und sich anhört, am meisten aber: wie es sich anfühlt, hier zu sein. Wie sehr mir die Jungs und die Mamas fehlen werden! Und gleichzeitig ist da auch die stille Frage, ob ich ihnen wohl auch ein wenig fehlen werde. Ich erinnere mich an jeden einzelnen unserer Busch-Walks in dieser Woche ganz genau. Einer von ihnen bleibt mir aber besonders im Gedächtnis.

»Du gehst heute mit mir«, sagt Vaughn an einem Nachmittag bestimmt. Ich wundere mich über den Ton, stelle aber keine weiteren Fragen. Als sein Back-up laufe ich hinter ihm her, und wir nähern uns den Fieberbäumen über die Flussaue. In der Ferne grasen ein paar entspannte Büffel. Es ist später Nachmittag und die Sonne steht tief am Horizont. Ein großer Vogel fliegt über unsere Köpfe hinweg und setzt sich auf einen alten Leadwoodbaum zwischen uns und die goldene Scheibe. Als ich erkenne, was für ein Vogel es ist, läuft mir ein warmer Schauer über den Rücken. Es ist ein wunderschöner, weißer Storch. Er hat soeben nach mehreren tausend Kilometern sein Ziel erreicht.

»Du hast keine Ahnung, was mir dieser Vogel grad bedeutet«, sage ich zu Vaughn, und ein dicker Kloß krabbelt meinen Hals hinauf. Vaughn lächelt nur. Bei allem, was er über die Tiere dieser Gegend weiß, vermute ich, dass er wahrscheinlich auch um die Symbolik weiß, die die Rückkehr des Storches für mich hat. Im Februar, als ich in Afrika ankam, machten sich die weißen Störche auf den Weg dorthin, wo ich gerade herkam. Jetzt sind sie zurück. Und geben mir zu verstehen, dass es auch für mich Zeit wird, aufzubrechen.

Wir schauen den Storch für ein paar Minuten stillschweigend an, und plötzlich hat es Vaughn eilig, ins Camp zurückzukehren.

»Was ist los? Warum stresst du so? Das Camp ist doch gar nicht mehr weit«, flüstere ich ihm zu, aber er antwortet nicht. Es wird der kürzeste Walk, den wir je zusammen gemacht haben. Vielleicht geht's ihm nicht gut? Als ich zurück im Camp mein Gewehr in den Safe schließe, kommt Vaughn auf mich zugerannt. »Alan hat mich grad angefunkt, er ist mit dem Wagen rausgefahren und auf der Riverroad steckengeblieben. Wir müssen ihn mit dem anderen Wagen rausziehen.«

»Warum ist er alleine rausgefahren?«

»Er ist nicht alleine, Frank ist bei ihm.«

Ich bin verwirrt.

»Warum das denn?«

»Gesa, ich habe keine Ahnung, okay? Jetzt komm!«

Auf halber Strecke zwischen Camp und Riverroad schaut Vaughn auf die Uhr, überlegt kurz und sagt dann: »Scheiße, wir müssen noch mal zurück. Ich habe die Schaufeln vergessen!«

»Schaufeln? Wozu brauchen wir Schaufeln? Wir können ihn doch mit dem Abschleppseil rausziehen.«

»Er hat gesagt, er steckt ziemlich tief drin«, sagt Vaughn, als er den Wagen wendet und den ganzen Weg wieder zurückfährt. Ich verstehe nur noch Bahnhof. Dass Alan so tief im Matsch steckt, kann ich mir kaum vorstellen. Aber ich stelle keine Fragen und springe eifrig aus dem Wagen, um die Schaufeln aus dem Schuppen zu holen. Wir drehen wieder um. Plötzlich hält Vaughn schon wieder an.

»Hörst du das?«, fragt er.

»Nein, was denn?«

»Der Wagen macht komische Geräusche, oder?«

»Tut er? Ich höre gar nichts.«

»Warte, ich schau mal schnell nach.« Vaughn springt raus und krabbelt unter den Wagen. Im Nachhinein kann ich nicht glauben, dass mir das alles nicht äußerst verdächtig vorkam. Aber ich sitze gemütlich auf dem Beifahrersitz und nippe an meinem Sundowner, während Vaughns Stimme von unten ab und an bittet, das Lenkrad mal nach links und mal nach rechts zu drehen. Als wir schließlich weiterfahren, frage ich: »Und, was war's?«

»Keine Ahnung. Ich glaube, nichts.«

Wir fahren auf der Middle Road gen Westen. Die Sonne ist mittlerweile untergegangen. Auch wenn sie irgendwo im Matsch stecken, vermute ich, dass Alan und Frank da draußen trotzdem eine gute Zeit haben. Als Vaughn dann um eine Kurve biegt, entweicht mir ein panischer Aufschrei: »Wilderer!« – Keine Ahnung, wieso ich das rufe, aber es ist das erste Wort, das mir einfällt, als ich direkt vor uns Feuer auf der Erde ausmache. Es brennt!

Erst ein paar Sekunden später erkenne ich, dass es ein kleines Lagerfeuer ist, an dessen Rand Alan und Frank wie die

Zinnsoldaten aufgereiht stehen. Auf der kleinen Lichtung stehen außerdem Dutzende von Kerzen und auf einem kleinen Tisch eine Bierpyramide.

»Was ist das denn?«, frage ich Vaughn.

»Das ist für dich«, antwortet er und hilft mir aus dem Wagen.

»Vaughn? Ich kann nicht.«

»Und ob du kannst!« Er nimmt meine Hand, während er mich zu den anderen führt, die mich jetzt beide drücken. Ich kann nicht glauben, was hier gerade passiert. Die Jungs müssen diese Überraschung bis ins kleinste Detail durchgeplant haben. Darum sollte ich heute mit Vaughn los, darum hatte er den Walk so kurz gehalten, aus Angst, dass wir zu spät kommen würden. Und als er dann feststellte, dass es noch viel zu früh war, musste er schnell mit Ausreden um die Ecke kommen, um unsere Ankunft zu verzögern.

Wir setzen uns auf den warmen Boden ums Feuer. Ich bin noch immer sprachlos. So was traue ich meiner Familie zu Hause zu, aber doch nicht drei Leuten am anderen Ende der Welt, die ich grade mal seit drei Monaten kenne!

Alan durchbricht die Stille und sagt: »Gesa, wir wissen, heute ist noch nicht dein letzter Tag, aber wir wollten das hier anständig über die Bühne bringen, damit dein Abschied nicht in der Prüfungsphase untergeht. Es gibt nicht viele Menschen, die tatsächlich begreifen, was dieser Ort, was Makuleke bedeutet. Es gibt nicht viele Menschen, die hierherkommen und sich mit diesem Stückchen Wildnis verbunden fühlen. Ich glaube, vier davon sitzen jetzt hier am Feuer. Und wir wollten dir auf diese Weise zeigen, dass du eine von uns bist. Und dass du uns fehlen wirst, wenn du gehst.«

Seine Worte treffen irgendwo mitten ins Herz. Und ich weiß,

dass es jetzt an mir ist, etwas zu erwidern. Ich weiß, dass ich dieses eine Mal die richtigen Worte finden muss, dass das hier ein Abschied ist, den ich richtig hinbekommen muss. Aber alles, was mir über die Lippen kommt, ist ein leises »Danke«.

Wir sitzen noch eine Weile am Feuer, bis wir schließlich Scheinwerfer auf der Middle Road erblicken: Es sind Biff und Mike. Wir nehmen sie kurzerhand mit zurück ins Camp und feiern alle zusammen eine ausgelassene Party am Lagerfeuer. Irgendwann erhebt sich Vaughn und bittet für einen Augenblick um Ruhe. Er sagt, es sei Tradition in Makuleke, dass, wenn jemand das Camp verlässt, der eine lange Zeit da war, er oder sie gebührend verabschiedet wird. Er sagt dann im Beisein der Schüler so viele nette Dinge über mich, dass ich nur noch betreten zu Boden schauen kann. Es ist erstaunlicherweise viel einfacher jemandem zu glauben, der gemeine Dinge über einen sagt. Als Vaughn sich wieder setzt, nehme ich ihn fest in den Arm.

»Danke, Vaughn. Ich könnte das nie, so eine Rede halten«, sage ich.

»Dann ist es jetzt vielleicht an der Zeit, es zu lernen. Also, du musst natürlich nicht, aber ich finde, wenn dir Leute etwas bedeuten, dann haben sie es auch verdient, dass du es mal laut sagst. Versuch's einfach.«

Was bleibt mir also übrig, ich stehe also mit wackelnden Knien auf und schaue auf den Boden, als die folgenden Worte aus meinem Mund kullern.

»Wisst ihr, ich habe lange Zeit immer das Gefühl gehabt, was ich zu sagen habe, sei nicht von Bedeutung, darum bin ich gerne mal still geblieben. Aber es gibt da diese eine Sache, die ich loswerden muss. Und die ist tatsächlich wichtig, denke ich. Es gab in den letzten Tagen eine Frage, die mir immer wieder durch den Kopf geschwirrt ist. Und die Frage lautete: Werden sie mich genauso vermissen wie ich sie? Wenn wir an einen neuen Ort kommen, an dem wir uns wohlfühlen, dann hoffen wir immer, dass wir etwas zurückgeben können und dass wir dann vielleicht eine Lücke hinterlassen, wenn wir gehen. Die letzten Monate hier haben mir die Welt bedeutet, und ich bin so dankbar für alles, was ihr mir beigebracht habt. Und ich hoffe, dass wir uns wiedersehen. Und ich werde es mir zum Ziel setzen, dass das passiert.«

»Darauf trinke ich«, sagt Alan. Anstatt seine Bierdose zu heben, zieht er seinen alten Wanderschuh aus, füllt sein Bier hinein und nimmt einen großen Schluck, dann reicht er ihn mir und auch ich setze zum Trinken an. In alter Makuleke-Tradition macht der Bierschuh dann einmal die Runde ums Lagerfeuer und jeder nimmt einen Schluck aus Alans Stinkeschuh.

Wir sitzen noch bis spät in die Nacht ums Feuer. Schließlich bleiben nur noch Frank und ich übrig. Der Mond steht voll am Himmel.

»Weißt du was? Wenn du zurück in Deutschland bist und dir all das hier fehlt, dann guckst du einfach in den Himmel und schaust dir den Mond an, und dann ist es fast so, als wärst du wieder hier«, sagt Frank.

»In Berlin werde ich den Mond im Winter wahrscheinlich nur selten sehen.«

»Hm. Dann musst du wohl wieder hierher zurückkommen«, sagt Frank.

»Ja, das muss ich wohl. Auf jeden Fall.«

Mein echter letzter Abend folgt ein paar Tage später. Auch die Schüler werden am nächsten Tag abreisen, und wir fahren für einen letzten Sundowner runter zum Limpopo. Der Fluss führt noch immer kein Wasser, obwohl es in den letzten Tagen immer mal wieder stark geregnet hat. All die Tropfen sind im Grund versickert. Nur ein paar Pfützen liegen im weiten Flussbett. Wir setzen uns kurzerhand mit Klamotten in eine davon. Keine Frage: Es ist der beste Jacuzzi der Welt. Während die anderen ausgelassen planschen und eine Bierdose nach der anderen geöffnet wird, beschließe ich, noch ein paar Meter allein zu gehen. Kaum zu glauben, heute ist tatsächlich mein letzter Tag in Makuleke. Und der verdient einen ruhigen Moment. Aus ein paar Metern wird schließlich ein ausgewachsener Marsch. Immer weiter gen Westen wandere ich, bis ich das Gelächter und die Rufe der anderen nicht mehr hören kann. Ich bin allein. Allein in der Wildnis. Ich setze mich in den Sand, irgendwo zwischen Simbabwe und Südafrika, und beobachte die Sonne, wie sie sich immer näher an den Horizont schmiegt. Ich kann mir keinen schöneren Ort für meinen letzten Tag in Afrika vorstellen.

Und gerade als ich denke, dass ich ganz allein bin, vernehme ich eine Bewegung am Flussufer. Ein großer, grauer Schatten bahnt sich seinen Weg durch das Dickicht, und als ich erkenne, wer dort ist, kann ich nicht anders, ich muss lächeln. Ich erspähe eine alte Elefantendame, die wir in den letzten Tagen immer mal wieder auf der Riverroad gesehen haben. Mühevoll stapft sie durch den tiefen Sand entlang des Ufers. Ihre Bewegungen sind noch immer so elegant und anmutig, wie nur ein Elefant sich bewegen kann.

»Ich komme wieder, versprochen«, flüstere ich, wohl mehr zu mir selbst. Und das will ich tatsächlich. Ich weiß noch nicht genau wann, aber ich muss noch einmal hierher zurück, um meine volle Stundenzahl für meine Lead-Qualifizierung zu erreichen und die Prüfung abzulegen. Makulekes und meine Geschichte ist noch nicht zu Ende erzählt. Und auch wenn ich weiß, dass sich die Zeit nicht zurückdrehen lässt und dass es wahrscheinlich nie wieder so sein wird, wie es war, als es am schönsten war, so hoffe ich zumindest, dass die Menschen, die mir so ans Herz gewachsen sind, dann noch da sein werden.

Die Elefantendame wird wahrscheinlich nicht mehr durch die Fieberbäume wandern, wenn ich zurückkehre. Genau wie Mama Afrika in Damaraland weiß sie, dass ihre Tage gezählt sind. Und für einen Moment macht mich das traurig. Dann aber finde ich etwas Tröstliches in diesem Gedanken. Sie wird bald an den Folgen ihres hohen Alters sterben, nicht weil sie von Trophäenjägern gejagt oder für ihre Stoßzähne gewildert wurde. Sie wird sich auf dieser Erde zum Schlafen hinlegen und am nächsten Tag nicht mehr aufwachen. So soll es sein.

Am nächsten Morgen sitze ich mit gepackten Taschen an der Feuerstelle und sauge so viel Wildnis in mich ein wie ich nur kann. Ich brauche einen großen Vorrat für den langen, kalten Winter in Berlin.

»Gesa, hast du noch eine Minute?« Alan winkt mich zu sich herüber, und wir finden im ganzen Aufbruch-Chaos eine ruhige Ecke.

»Ich wollte mich nur noch bei dir bedanken für deine Hilfe in den letzten Monaten«, sagt Alan, »du hast dich wirklich gut in unser Team eingefügt und du wirst hier fehlen, wenn du gehst. Und ich möchte dir noch sagen, dass du jederzeit wieder nach Hause kommen kannst, wenn du möchtest.«

»Nach Hause«, sage ich, »das klingt gut.«

Ich weiß nicht, wie Alan es macht, aber irgendwie schafft er es immer, genau die richtigen Worte zu finden.

»Weißt du, Alan, ich finde, du bist irgendwie wie ein großer Baum ... also, wie soll ich das jetzt sagen, ohne dass es komisch klingt? Die Erde um dich herum ist sehr fruchtbar, weißt du? Menschen verbringen gerne Zeit mit dir, glaube ich. Vor allem auch junge Menschen. Weil du ihnen Platz zum Atmen und Schatten zum Wachsen gibst und sie so sein lässt, wie sie sind.«

»Wow, das sind große Worte«, sagt Alan bescheiden, »vielen Dank.«

Vor nur drei Monaten bin ich als Schülerin nach Makuleke gekommen, jetzt habe ich das Gefühl, als Freundin wieder zu gehen.

Nachdem ich mich unter Tränen von Vaughn und den beiden Mamas verabschiedet habe, fährt Frank mich ein letztes Mal durch Makuleke. Wir sind früh dran und Frank fragt: »Wohin willst du noch mal an deinem letzten Tag?«

Ich weiß genau, wohin ich will.

»Fahr mich zum Levhuvu.«

Am südlichen Fluss des Reservats liegt eine herrliche Lodge am Ufer.

»Kann ich Ihnen helfen?«, fragt die Dame an der Rezeption.

»Ich bin eine Freundin von Biff«, sage ich, »können Sie sie vielleicht kurz holen?«

Biff kommt über die Planken der großen Veranda gerannt. Sie hat nur wenig Zeit, aber ich bekomme eine dicke Umarmung zum Abschied.

»Wir sehen uns nächstes Jahr«, sage ich.

»Wehe, wenn nicht!«, antwortet Biff.

Dann muss ich wirklich los. Es ist Anfang Dezember. Schon morgen werde ich in Berlin bei Minusgraden aus dem Flugzeug steigen. Aber daran mag ich noch nicht denken.

»Und was machen wir jetzt?«, frage ich Frank.

»Das weiß ich auch nicht«, sagt er.

Ich weiß nicht, welche Hand zuerst die andere nimmt, aber was zählt, ist, dass sie sich in der Mitte finden.

Ja, ich komme wieder. Ganz bestimmt.

Epilog

Hier sitze ich nun, zurück in Berlin, an meinem gewohnten Platz am Schreibtisch. Genau vor einem Jahr bin ich losgezogen. Dieselben Bilder hängen an der Wand, ein Nachbar spielt laute Musik. Rieke wird bald von der Arbeit nach Hause kommen, und draußen tönt die laute Stadt. Alles ist wie immer. Nur ich bin auf einmal anders. Letztens bin ich an einem dieser glasklaren, sonnigen Berliner Wintertage auf den Kreuzberg gestiegen und konnte von dort oben über die ganze Stadt schauen. Und während ich das Treiben da unten in den verschneiten Straßen beobachtete, haben wir Frieden geschlossen, Berlin und ich. Einfach so. Ich habe von nun an zwei Zuhause. Das eine ist nach wie vor hier in dem kleinen Hinterhaus, wo mein Name an der Klingel steht. Das andere ist da, wo die wilden Wasser des Limpopos das Ufer küssen.

Ich blicke zurück auf ein Jahr, das mich gefordert, das mich verändert und mich so vieles hat entdecken lassen. Ich durfte großartigen Menschen begegnen und wilden Tieren in die Augen blicken. Was ich von ihnen gelernt habe? Zu viel, um es alles aufzulisten. Doch vielleicht sticht eine Lektion etwas mehr heraus als all die anderen: Seitdem ich mit 19 Jahren hinaus in die Welt zog, um mein Leben selbst in die Hand zu nehmen, war ich immer von dem Wunsch getrieben, meine Zukunft definieren zu wollen. Immer hatte ich irgendeinen Plan. Und immer kam das Leben mir dazwischen. Mein Jahr auf Safari hat mich gelehrt, die Zügel endlich locker zu lassen – ja, vielleicht sogar, sie ganz beiseite zu legen. Was zählt, ist der Moment. Ich muss nicht alles planen. Und ich muss auch nicht alles wissen. Alles, was ich wissen muss, ist, dass ich in einer Woche wieder losziehe. Zurück nach Südafrika. Zurück nach Makuleke. Zurück nach Hause. Frank, Vaughn, Alan, Elisa und Olivia warten schon auf mich. Wie es danach weitergeht? Das wird sich zeigen. Ganz gewiss.

Als ich am Morgen nach meiner bestandenen Back-up-Ausbildung mit Frank zu unserem ersten Busch-Marsch in die Wildnis aufbrach, fragte ich ihn: »Sag mal, welchen Tag haben wir eigentlich?«

Er überlegte kurz. Dann grinste er sein breites Grinsen und antwortete: »Ich habe keine Ahnung. Aber ich glaube, es ist heute.«

Und dann zogen wir zusammen los in die Wildnis.

Danke

Es ist schon merkwürdig: Am Ende steht vorne auf so einem Buch nur ein einziger Name, dabei wäre dieses hier ohne so viele andere Menschen gar nicht erst zustande gekommen. Was hätte ich nur ohne all meine Lehrer und Weggefährten gemacht, die mich in meinem Jahr auf Safari begleitet haben, die mir immer mit Rat und Tat beiseite standen und die ich heute, ein Jahr später, zu meinen Freunden zählen darf? Danke Frank, Biff und Alan. Ohne eure Ratschläge hätte ich dieses Buch nicht schreiben können. Danke Svenja, für deine Freundschaft und unsere unendlichen Spaziergänge durch Berliner Straßen und deine erstaunliche Gabe, deinem Gegenüber wirklich zuzuhören. Danke Stoffi, für deinen Glauben in meine kleine Buch-Idee. Du hast mir den ersten Schritt in dieses neue Leben überhaupt erst ermöglicht. Nee, echt jetzt!

Danke Marieke, für unsere wunderbare Zusammenarbeit im letzten Jahr, für deine Begeisterung und für deine ehrliche und sensible Art, mit meinen Gedanken umzugehen. Du hast dieses Buch noch so viel besser gemacht!

Und zu guter Letzt: Danke, Familie. Für euer unerschütterliches Vertrauen, eure grenzenlose Unterstützung auf dem Weg zu meinem Traum und dafür, dass ihr drei immer mein Zuhause sein werdet – egal wohin ich gehe. Ich hab euch lieb.

Fabian Sixtus Körner

Journeyman

1 Mann, 5 Kontinente und jede Menge Jobs

Mit zahlreichen Fotos.
QR-Codes mit Fotos und Videos
im Buch.
Taschenbuch.
Auch als E-Book erhältlich.
www.ullstein-taschenbuch.de

Ohne Geld um die Welt

Wie kommt man einmal um die Welt, mit nur 255 Euro auf dem Konto? Fabian Sixtus Körner schnappt sich seinen Rucksack und macht sich auf ins Ungewisse. Sein Plan: alle Kontinente dieser Erde bereisen – und überall für Kost und Logis arbeiten. Er legt Tausende von Kilometern in Fliegern, Zügen, Bussen, löchrigen Booten und Rikshas zurück und arbeitet dabei mal als Grafiker, mal als Architekt oder Fotograf. Zwei Jahre und zwei Monate, über sechzig Orte, querweltein.

ullstein

Christoph Karrasch

#10Tage
In zehn Tagen um die Welt

Mit farbigen Abbildungen.
Taschenbuch.
Auch als E-Book erhältlich.
www.ullstein-buchverlage.de

Mal kurz die Welt erobern

Video-Reiseblogger Christoph Karrasch reist mit Vollgas um die Welt – und bewältigt unterwegs jede Menge verrückte Aufgaben. Seine Fans und Follower haben die Route bestimmt: Lima – Las Vegas – Auckland – Kathmandu – Kapstadt. Und sie bestimmen das Programm: Ob Karrasch auf seiner außergewöhnlichen Weltreise halbnackt den Haka tanzt, Meerschweinchen isst oder in Vegas zum Star wird, liegt in ihrer Hand.

Der Weltenbummler ist schmerzerprobt, aber auf dieser Reise geht er an seine Grenzen. In *#10Tage* erzählt er farbenfroh und mitreißend, was man während der kürzesten Weltreise der Welt alles erleben kann.

ullstein